谢春霖 —— 著

认知红利

UNLOCK YOUR COGNITIVE POTENTIAL

机械工业出版社
China Machine Press

图书在版编目（CIP）数据

认知红利 / 谢春霖著 . —北京：机械工业出版社，2019.7（2024.4 重印）

ISBN 978-7-111-63135-4

I. 认… II. 谢… III. 认知科学 – 研究 IV. B842.1

中国版本图书馆 CIP 数据核字（2019）第 134821 号

  本书着力于全面训练认知思维和快速提升脑力，帮助读者理解自己、理解环境、理解财富，全方位提升读者的学习能力、思维能力和问题分析能力。

  作者思维开阔，对人、人性有独到的见解，对认知、思维有重构的逻辑，对效率和财富有独门的办法。阅读本书，既是一次脑力激荡之旅，也是一次认知丰盈之访。

认知红利

出版发行：机械工业出版社（北京市西城区百万庄大街 22 号　邮政编码：100037）			
责任编辑：程天祥		责任校对：李秋荣	
印　　刷：涿州市京南印刷厂		版　　次：2024 年 4 月第 1 版第 17 次印刷	
开　　本：170mm×230mm　1/16		印　　张：27.25	
书　　号：ISBN 978-7-111-63135-4		定　　价：79.00 元	

客服电话：（010）88361066　68326294

版权所有•侵权必究
封底无防伪标均为盗版

前　言

你做好财富自由的准备了吗

我有一个梦想

"我的梦想，就是要实现财富自由……然后，想去环游世界……"

这是许多年轻人挂在口中、埋在心底的梦想，他们渴望有一天，能通过自己的艰苦奋斗，当上 CEO，迎娶白富美；或者梦想有一天，能发现一个巨大的商机，然后投入其中大赚一笔；又或者幻想有一天，能买中一个像腾讯一样的股票，赚取数百倍的回报，从此走向人生巅峰……

可问题是……

凭什么是你最终当上了 CEO？

告诉你一个巨大的商业机会，并给你启动的资金，你是否真能实现 1 个亿的小目标？

就算你曾经真的买到了腾讯的股票，你能一直拿在手里，等它涨几百倍不卖吗？

这个世界上有太多关于成功学的书，相信你也听过许多所谓的创业方法论，还有无数的经商宝典和投资秘籍，它们似乎听着都很有道理……

然而，普通散户真正能做到长年投资盈利的比例不足 5%；如果粗略地拿上市公司的数量除以全部企业的数量，创业成功的概率，更是可怜得不到千分之一……

难道书上讲的内容都是错的吗？

不是！

大多数情况下，它们讲的都是对的，错的很可能是你自己……

如果把你自己比作是一部"手机"，把这些方法论、宝典、秘籍等比作是一个个 App 的话，并不是这些 App 错了，而是你这个手机的"系统"根本运行不了这些 App，甚至你这部手机的"硬件配置"还停留在功能机时代，连触摸屏和 4G 通信都没有，这些 App 连安装都没办法安装……

因此，再多再好的 App，对你这部"破手机"来说都是没有用的……

所以，在寻找这些 App 之前，你首先要考虑的是：自己是不是一部合格的手机？是不是应该更新换代了？是不是应该升级操作系统了？而不是去怪这些 App 没用……

那怎么办？

为了能让这些 App 发挥作用，至少能让它们在你这部手机上跑起来，你需要先升级自己的硬件和操作系统！

升级硬件和操作系统

1. 升级硬件

升级硬件，就是看看自己这部手机哪些零件落伍了，哪些新零件还没有，少 4G 的装 4G，旧的黑白显示屏换成新的彩色液晶屏……

那对于你个人来说，什么是硬件？

硬件，就是你大脑中的各种"概念"。

如果你大脑中缺少了某些必要的概念，你就无法理解一些事情，而自己可能还浑然不知。

比如，你现在生活在农耕文明，如果面前出现了一台电脑，你会怎么描述它？

你会说这是一台"电脑"吗？

不会！

因为你没有"电脑"这个概念，那你会怎么办？

你会动用在大脑中已有的概念来对它进行描述，你可能会说："这是一个奇怪的箱子。"

因为"箱子"是你在那个时候已经拥有的一个概念，但是类似于电脑、键盘、显示屏、扬声器、玻璃、铝、电、信息、英文字母甚至是光，等等，这些概念你统统没有，所以你没办法用它们来描述。而当你看到屏幕突然亮起，喇叭开始播放音乐时，你可能会被吓到，以为它被"神灵"附了体，正在向你发出警告！你灵机一动，竟然跪了下来，并开始向它磕头，祈求明年能够风调雨顺……

最要命的是，当你在这样做的时候，你甚至会觉得自己很有道理，而全然不知道这是错的！

所以，在缺少必要概念的情况下，你不仅理解不了什么是电脑，你更不可能会使用电脑……

再比如，很多人对"财富自由"这个概念的认知就不够精确，会认为所谓的财富自由，就是有很多钱，或者被动收入超过日常开支。

这个定义对吗？

你可能会说：对啊，这没问题啊，在《富爸爸 穷爸爸》这本书里也是这么说的！

确实，这样的解释不能说"错"，但没有意义！

因为你听了这个概念后，还是不知道该怎么才能实现财富自由。

怎么才能赚很多钱？

如何让被动收入超过日常开支？

是要去投资吗？可投资有风险，亏损了怎么办？

所以，在这个解释下，你虽然知道什么是财富自由，却不知道下一步该怎么办……

因此，这不是一个好解释。

那应该怎么理解"财富自由"这个概念？

其实你看，你拥有的金钱、财富，它们的本质是什么？它们本质是一种可用于交换其他商品的工具，我们真正想要的并不是有一天能有很多工具对吧？那我们想要的是什么？

我们想要的是有一天想做什么就能做什么。这什么意思？这个潜台词其实是：你想拥有"对时间的自主权"！就是你有一天可以"不用为了生活必需，而再去主动出售自己的时间了"。

你可能会觉得，这好像只是换了个解释嘛，这会有什么不同呢？

这当然不同了！

如果是第一种解释，那么它会让你更关注财富的具体数字。

当你有了这样的概念后，你每天心里想的是什么？你每天心里想的是自己的银行账户现在有多少钱，离想要的很多钱还差多少钱。你还会每天去看一下自己的股票账户，看看是亏钱还是赚钱，目前的收益离足够支付日常的开支还差多少。

然后呢？然后你越看越焦虑，但是你并不知道下一步该怎么办……

因此，这种对财富自由的定义，只是告诉了你什么是财富自由的状态，但是并没有告诉你获得财富的方式。

那第二种解释呢？

第二种解释是说："所谓的财富自由，是指你可以不用为了生活必需，而再去主动出售自己的时间！"

这句话是什么意思？

比如，你现在是公司里的一名小职员，你在为公司的老板打工，那么"打工"这种挣钱的方式，就相当于是把自己的时间卖给了公司，然后换来了工资。

但你的时间是有限的，你一天只有24个小时，你卖给了这家公司，就不能卖给其他公司或者其他人！因此，在这种模式下，不管你每小时能获得多高的收入，如果想再增加一笔收入，你就必须再多卖出一份自己的时间，也就是你得不停地上班才能获得收入的持续增加。

这也就是说，你的收入对你的时间极度依赖，一旦停止工作，财富也会停止增长，因此你在时间上是不自由的。

好，你再来看这句话："所谓的财富自由，是指你可以不用为了生活必需，而再去主动出售自己的时间。"

这句话的意思是说，你想要财富自由，你就得让"收入"摆脱对"时间"的依赖，你不用再出售自己的时间，收入也能增加！换句话说，哪怕你今天在国外度假，躺在沙滩上，享受着阳光浴，你的收入并不会受到影响，还在不停地增加！

这有没有可能？这是怎么做到的？

好，当你开始问自己这个问题的时候，你就不是在关注具体的财富的数字，而是开始关注自己的时间价值，以及出售时间的方式了！

你可能就会想到："打工的这种把时间卖给这家公司，就不能再卖给其他人或公司的方式，就相当于是把自己的时间给零售出去了，但时间的总量是有限的，所以这种方式必然是有极限的。"

那如何突破这种极限呢？如何摆脱收入对时间的强烈依赖呢？

对，把时间"批发"出去！

是否可以让自己的时间，在同一时刻不仅仅是卖给一家公司，而是卖给很多人呢？

当然可以！

比如写书、演讲、网络直播，这些方式就能把自己的时间，同时卖给很多人，当你在国外旅游的时候，你写的书还在书店里销售，你的演讲视频还在网络上持续热卖，你的直播频道，还有许多网友在不停地给你打赏点赞！

这时候，你每新增一份收入，并不需要再多付出一份时间，而是你之前产生价值的那段时间，被不断地重复出售了。这样，你的收入就能脱离对你单份时间的依赖，这就是在批发出售自己的时间了。

好，那除了零售和批发自己的时间，你还能想到什么经营时间的方式？

对啊，除了"出售"时间，你是否还可以"买卖"别人的时间呢？

当然可以！

比如创业、投资，它们的本质就是通过买卖别人的时间㊀来获得收益的，这个杠杆就更大了！

你看，用这个概念来定义财富自由，就不仅告诉你财富自由是什么状态，还能指导你现在该做哪些改变，下一步的努力方向是什么……

因此，对"概念"理解的不同，就会产生完全不一样的行动方式，结果自然就会不同。如果你连什么是"财富自由"的正确定义都没有，那么请问你该如何实现呢？

2. 升级操作系统

如果手机的"操作系统"版本很低，那么运行 App 的时候，速度就会很慢，或者根本无法运行，甚至导致系统崩溃……

因此，你需要先升级操作系统，才能顺利使用各种 App。

那什么是你的操作系统呢？

就是你的思维模式。

比如你想去创业，可具体该怎么做呢？

有人说区块链是下一代的互联网，又有人说人工智能才是未来的方向，可究竟该选哪一个方向呢？现在又该不该辞职呢？

你开始陷入无限的纠结……

但最关键的是，你现在完全不懂区块链和人工智能啊！而且也没学过怎么创业……怎么办？

看书呗！

于是，你去书店买了一堆相关的书籍，如获至宝般地把它们搬回了家。当天晚上，你便兴奋地打开其中一本，但 10 分钟后，大脑竟然表现出了睡

㊀ 关于批发、买卖时间的具体方法，我们会在之后详细讲解。

意。当你正调整姿势，准备重新拉回注意力的时候，突然微信响了，原来是朋友发来了一个段子，你不禁笑出了声，便与他攀谈起来……

40 分钟后，你们已经打完了两局王者荣耀……

你一抬头，发现时间已经 11 点多了，说好的学习呢？

你赶紧叫停，匆匆洗了个热水澡，回来后继续攻读书本上的第 3 页，睡意又一次袭来……

三个月过去了，终于，你啃完了其中一本书，心满意足地把它合上。老婆见到如此爱学习的你，不禁跑来给你点赞，说："你给我说说呗，这本书讲了些啥？"

你刚准备卖弄一下渊博的学识，却发现书里的知识在脑中竟然已经开始变得模糊了，可这明明是刚看完的啊！更要命的是，那些还记得的知识，当你想用自己的话来表达出来时，却怎么也讲不清楚了……

为什么看了书，却像没看一样呢？

老婆听着有些失望，小声嘀咕了一句："真笨！"

你顿时怒不可遏，拍案而起："请你不要人身攻击，你有什么资格说我笨？你也聪明不到哪里去！"

老婆也不甘示弱，开始还击……

就这样，你来我往，原本美好的学习氛围，瞬间升级成了一场家庭冲突！

为什么会这样？

为什么你控制不住自己的情绪？

为什么你工作学习时无法专注？

为什么你看了很多书、文章，却好像又什么都没学过？

为什么你遇到问题时大脑一片空白，想要表达时又语无伦次、逻辑混乱？

为什么你一旦面对选择就开始犹豫纠结？

为什么你一次次立下新年计划，又一次次铩羽而归？

为什么你每次解决了旧问题，更多新问题又接踵而至？

……

这些看似是性格的问题、能力的问题、环境的问题，但其实，它们都是由你的"思维模式"导致的。思维模式是你大脑的底层操作系统，任何的知识、方法、技巧都好像是一个个 App，如果你的操作系统版本太低，可能一个软件都装不上去，装上了也无法使用；不仅如此，遇到选择题你还卡机，遇到冲突你还发脾气，导致系统各种崩溃、瘫痪……

所以，你这辈子的成就，最终能达到多高，是靠你的思维模式支撑起来的。你看再多的书、学再多的技巧、遇到再好的机会，如果没有强有力的思维模式做支持，它们都会变成你手机里的一个个图标，只能看而不能运行，你虽心存梦想，却已无法将它们一一实现了……

寒门再难出贵子

很多人都说，这是一个寒门再难出贵子的时代，你再怎么努力和勤奋，也比不过别人有个好爹妈。因为你努力，别人也可以努力，而且还比你多个好爸爸，你怎么办？

我在综艺节目《超级演说家》里听到过一段演讲，题目叫作"寒门贵子"，演讲者是刘媛媛，演讲的大意是未来富人会越富，普通人再难有翻身的机会，而我们大多数人，都是出生在普通的家庭，我们该怎么办？整个演讲非常振奋人心，她在演讲的最后说："命运给你一个比别人低的起点是想告诉你，让你用你的一生去奋斗出一个绝地反击的故事，这个故事，是关于独立、关于梦想、关于勇气、关于坚忍。"

这是不是听着很感人？告诉你，起点低没有关系，你可以努力！你可以坚韧不拔！这样你就还有机会！

但很抱歉，你现在面对的是真实的世界，真实的世界是不公平竞争的！你能努力，别人也能努力，还比你多个富爸爸，你怎么办？天天喊口号，打"鸡血"吗？

这没用啊……

那怎么办？

他们在初始财富值这个维度上拥有优势，所以能和你进行不平等的竞争，你在这里是打不过他们的！你得找一个新维度，在另外一个地方，也拥有对于他们的不平等的竞争优势才行！

这个新维度，就是"认知"！

你得升级自己的认知，把自己变成和他们不一样的人，这才可能是你唯一的超车途径！

就像当年的鸦片战争，清政府有个富爸爸，但却在认知上和英帝国处在了不同的时代，所以才会被打得毫无还手之力，究其根本，是因为它们已经是两个不同的物种了。

所以，你只有将自己升级成一个不同的物种，你才有机会，在这个时代实现弯道超车！

很多人对战争的理解其实都错了,战争不仅是竞争和流血,更多的是等待与煎熬。这世界永远都不缺少机会,但千万别在你还没准备好的时候,就贸然上场拼杀。我希望你能通过对本书的学习,用一年的时间,慢慢升级自己的认知,不断积蓄能量,先把自己变成一个不同的物种。

然后,伺机而动……

静静等待那个生命中真正属于你的机会到来。

然后,出击!

拿走你的"认知红利"!

目录

前言　你做好财富自由的准备了吗

■ 上篇　概念重塑

1　你拥有的最宝贵的财富是什么

核心内容：注意力

"如何才能财富自由" / 003
你拥有的最宝贵的财富是什么 / 005
注意力的价值有多大 / 007
你是如何花费注意力的 / 008
那你应该将自己的注意力投到哪里呢 / 010
那你如何也能成为一个能量很强的人呢 / 012

第一模块　重新理解财富

2　世界上只买卖一种产品

核心内容：时间商人

努力的挫败 / 015
是啊，为什么 / 016
时间商人的四种模式 / 017
小结 / 025

3 富人越富的时代，普通人如何逆袭

社会阶层是否已经固化 / 028

这是一个残酷的世界…… / 031

命运之手似乎也有漏网之鱼？ / 032

如何学会坚持 / 033

你的人生密码 / 034

重新设计自己人生的四个步骤 / 037

你只要追求卓越，成功便会自动找上门来！ / 040

4 世界第八大奇迹，知者赚不知者被赚

世界第八大奇迹 / 042

那我们该如何使用复利 / 046

设计复利效应的具体步骤 / 047

两个特殊的复利模型 / 050

蓄势待发 / 055

5 你到底是谁

角色化人生 / 058

人为什么会被角色化 / 060

角色化是一把双刃剑 / 061

那你该如何"去角色化"呢 / 062

小结：为什么今天我们要学习角色化 / 065

6 你是第几流人才

一家零售店的困境 / 068

你是第几流人才 / 070

如何才能成为顶级人才 / 081

第二模块 重新理解自己

7　你思考过你的思考吗

一个新能力被激活 / 084

元认知能力 / 084

元认知的作用 / 086

如何提高元认知 / 091

开启元认知的一天 / 095

8　你值多少钱

你可能听过这么一个故事 / 098

因此，价值由什么决定？ / 100

打造稀缺性有两个方法 / 102

多维能力要发挥价值，需要两个重要的前提条件 / 105

如何把能力联结起来 / 107

打造多维能力的步骤 / 108

小结 / 109

9　未来世界给你发来的信号

已经学会了成功的方法？ / 111

为了回答这个问题，我先给你做个思想实验 / 111

未来已来，只是尚未流行 / 114

四类势能差 / 117

什么是点、线、面、体 / 121

站上势能高点的具体方法 / 122

小结 / 125

第三模块　重新理解世界

10　我有一个改变世界的想法，可行吗

我有一个想法 / 127
为"想法"估值的四个维度 / 129
对想法全面估值 / 134

11　你这么努力，最后还是输了所有？

这个世界似乎有些不对劲 / 140
你就生活在这个镜像世界中 / 143
四域空间的生存法则 / 145
这个世界是混沌的 / 154
这条统一的生存法则叫"守株待兔" / 154
胜可知而不可为 / 156

12　你的运气，为什么一直不好

运气可否被改变 / 158
运气的科学观 / 160
提升运气的具体办法 / 161
这个世界是活的 / 167
而你，是一切的原因 / 168

■ **下篇　大脑升级**

13　你的大脑，是不是被封印了

你的大脑被封印了 / 172
第一道封印：负面词语 / 172

第二道封印：负面情绪 / 175
解开封印的具体方法 / 179
小结 / 185

14　人工智能在疯狂学习，你却在刷朋友圈

人工智能比你爱学习 / 188
学习能力是未来的核心能力 / 189
那我们该如何学习 / 190

15　如何提高思考能力

吓尿指数 / 205
学习是如何完成的 / 206
思考是怎么回事 / 211
我们该如何提高思考能力 / 215
变聪明，并没有想象中那么难 / 219

16　不会专注，你的忙碌只是在演戏

不专注，无效率 / 221
为什么专注能提高效率 / 223
是什么让你无法专注？ / 225
获得专注的具体方法 / 227
不会专注，你的忙碌只是在演戏 / 232

第五模块 思维力提升

17 一秒钟，看透问题的本质
核心内容：透析三棱镜

公司业绩下滑…… / 235
问题的本质 / 236
如何描述一个问题 / 238
如何寻找答案 / 240
如何找到本质问题 / 240
透析三棱镜 B：校准目标 / 242
透析三棱镜 A：重构方法 / 246
透析三棱镜 C：消除变量 / 248
小结：穿透现象看本质 / 250

18 你的思维方式，也许还在学生时代
核心内容：线性思维

在电影《三傻大闹宝莱坞》中有一个场景 / 253
什么是线性思维 / 254
线性思维是逻辑思考的基础 / 255
光说不练假把式…… / 262
等等，很多人说线性思维有毒！/ 263

19 思维混乱，是因为大脑没有结构
核心内容：结构化思维

我们大脑处理信息有两个规律 / 266
语言没有逻辑是因为思维没有结构 / 266
什么是结构化思维 / 267
学会结构化的思维有什么好处 / 268
快速学会结构化思维 / 269
结构化思维的步骤 / 270
结构化思维的进阶技巧 / 277
平面切割的基本手法 / 279
还没结束…… / 286

20　如果你能穿越，现在会变得更好吗

蝴蝶效应 / 289

一个混沌的世界 / 291

系统 / 293

什么是系统性思维 / 295

系统性思维的基本概念 / 299

两种结构模型 / 303

系统性思维实战 / 308

一旦拥有了系统思维，你看到的世界，将和原来变得不一样了 / 313

21　成大事者，不做选择题

你为什么纠结 / 316

该如何做选择 / 317

比大小 / 318

人，是非理性的！／ 329

怎么克服非理性 / 331

小试牛刀 / 332

不要盯着选项看，要看目标 / 334

你永远都有第三选择 / 336

成大事者不纠结 / 339

小结 / 340

22　做计划！不是列一份愿望清单

最近，你正打算创业…… / 342

计划应该怎么做 / 343

不同的目标，计划的方式也不同 / 344

场景 1：EASY 模式 / 346

场景 2：NORMAL 模式 / 350

场景 3：HARD 模式 / 357

小结 / 364

那 HARD 模式是到头了吗 / 365

23　如何在迷茫中找到答案

计划为什么会失败 / 368

什么是演化 / 372

演化不仅发生在动植物身上 / 373

为什么要用演化的策略 / 375

如何拥有自我演化的能力 / 377

老蒋的故事并没有结束 / 386

小结 / 387

计划和演化有着各自的优缺点 / 388

下章预告 / 388

24　重修一个决定生死的能力：创新

又一颗改变世界的苹果 / 391

创新，是一家企业的核心能力 / 394

创新，不需要灵感 / 395

创新三要素 / 396

重组式创新 / 397

突变式创新 / 410

小结 / 414

@ 上篇

概念重塑

你拥有的最宝贵的财富是什么

概念重塑
重新理解财富　重新理解自己　重新理解世界

大脑升级
解开大脑的封印　思维力提升　解决所有问题

4%

注意力　时间商　人生密码　复利　角色化　理解层次　元认知　多维能力　势能差　估值模型　四域空间　运气催化剂　负面词语/情绪　学习三步法　背景知识　专注的力量　透析三棱镜　线性思维　结构化思维　系统性思维　选择　计划　演化　创新

1

"如何才能财富自由"

我猜你在某个时候一定问过自己上面这个问题，也许此时此刻，它正萦绕在你的心头。

但我在回答你之前，想先问你另外一个问题：

"你打算用什么来交换？"

很多人一辈子都在想如何发财，但很少想过用什么东西去交换……

而获得财富的基础，就是交换。

时光退回到 5000 年前

我们来看个例子，假如我们把时光倒退到 5000 年前的农耕文明……

你是村里有名的鞋匠，但是最近家里的粮食快吃完了，你打算去弄点粮食来，这个时候在你面前有三个选择：

第一：自己种。

但是自己种太慢了，可能粮食还没长成熟，你就已经饿死了。

第二：去偷或者去抢别人的粮食。

但是这种方式风险就比较高，你很可能会被人抓住，甚至小命不保……

第三呢？

对，你是个鞋匠啊，你是不是可以用鞋子去换吃的呢？

当然可以！

于是，你就做了双新鞋子，然后去村子里挨家挨户地推销，终于，你找到了一家，他们正好需要鞋子，也正好有多余的食物，你们很快达成了交易，你很开心！

但是没过多久，这天气越来越冷了，你发现家里的衣服也不够穿了，怎么办？

现在，你的面前还是三个选择：

第一，自己做。

第二，去偷，去抢。

第三，拿鞋子去换！

好，这是类似的问题。因为有了上一次的经验，你决定继续拿鞋子去和别人换衣服，这次你又成功了！

好，经过这两件事情，你就发现，你只要不断地做鞋子，就几乎可以换来任何想要的东西。

你心想："这是不是一个发财的机会呢？"

于是，你做了很多鞋子，然后不断地去跟别人换这换那，家里也因此开始变得越来越富裕了……

你看，这就是开头我说的："财富的基础是交换！"

等等，你可能发现了一个问题……

刚才你没选择的第一、第二个方案，不就是没有通过任何的交换，却能得到东西吗？那财富是不是就意味着可以凭空产生？

其实并没那么简单……

你看，如果你选择第一个方案，就是自己种粮食，或者自己制作衣服，好像是可以无中生有，但是你想想，这个过程其实是你用了自己的时间、劳动力以及配套的其他物料成本、自然资源等交换而来的……

同样也是交换！而且还可能因为你的不专业而导致制作失败。

因此，这些成本都加起来，就要远远高于你已经很熟练地制作一双鞋的成本了。

所以，农耕文明之后发展出来的专业化分工的社会协作方式，是整体财富爆发式增长的最核心原因。

那选择第二个方案呢？

这个看似是空手套白狼的方法，只要不被抓住，就几乎没有任何成本。

但真的没有成本吗？

当然有，而且很高！

这种方式，其实是你用自己"被抓的风险 + 受到的创伤 + 购买武器、道具的成本 + 作案的时间成本 + 计划的时间成本 + 训练偷盗技术的成本 + 训练体格、武力的成本，等等"去交换得来的！

你偷盗的次数越多，你交易出去的"被抓风险"就会越高，因此，一旦被抓到，你受到的刑罚也会变得越重；而你交易出去的"创伤"也因此会越来越多，所以你可能会遍体鳞伤；另外，你为了作案效率能更高，你可能还要苦练偷盗技术、增强武力、购买各种道具和兵器……这些都是成本！

当然，如果你在这条路上越来越专业，作案效率越来越高，从理论上讲，你也因此可以交换到任何你想要的东西，让自己变得富有。

只不过，你为此交换出去的潜在风险也将越积越多。之后，你可能需要组建一个团队来帮助自己了，一方面可以提高作案的成功率，人多力量大嘛！另一方面，团队的力量还能帮助你更好地抵御潜在风险。不过，这又会增加一笔管理成本，还有作案成功后兄弟们的分赃成本，这些也都是交换筹码……

你们屡次得手，团队不断壮大，钱也变得越来越多。

终于，你变成了一名恶名昭彰、被全城通缉的土匪帮老大……

这样算下来，你还敢说几乎没有任何成本吗？

相反，这个成本太高了！

所以，就算是去偷去抢，其实也不能算空手套白狼，本质上也是一种交换，而且成本可能比做鞋子要高得多！

我们把目光再拉回现在……

现在你知道了，想要获得任何财富，其实都是交换的结果。没有付出，就不可能会有回报，"交换"是财富的基础。

我们再回到开篇的那个问题：

"你想要财富自由，那么你打算用什么来交换呢？"

既然是交换，那你就得拿已有的东西去换，而且越宝贵的才能交换到越好的东西，对吧？这是很简单的道理。那么问题来了，什么是你与生俱来就拥有的最宝贵的财富呢？

你拥有的最宝贵的财富是什么

金钱？

金钱本身并不属于你，也是你通过交换得来的。金钱本质上是一种方便交换的中介物。比如你还是一个鞋匠，你现在想要吃苹果，怎么办？你就要去找种苹果且需要鞋子的人，但如果拥有苹果的人都不需要鞋子，或者他们觉得一个苹果需要用 10 双鞋子来交换，你怎么办？

于是，货币便诞生了，大家都认同一个叫作"钱"的东西可以作为所有东西的交换对象。然后把自己的物品和一定数量的钱画上等号，于是价格就出现了。这样你就可以把自己的物品换成等量的钱，再用钱去交换其他物品。

所以，金钱并不是你的财富，而是你"已经交换出去的那部分财富"的数字存在形式而已。

时间？

时间其实也并不属于你，它虽然就在你身边，但你抓不住它，也无法让它停下，更不能拿起它来使用，它就这么自顾自地不断往前流走……

因此，它更像是陪伴在你身边的一位朋友。

身体？

身体总该是属于你自己的财富吧？

嗯，身体确实是你的，但是在大多数国家，直接用身体去交换财富的行为都是被禁止的，比如卖淫，出售自己的身体器官，这些都是不允许的。即便允许，它也并不是你最宝贵的财富，因为身体会慢慢老去，能交换的价值会越来越低，而且还很有限……

那你可能会说："我总可以用身体提供一些劳动力吧？"

可以是可以，但这种交换的价值就太低了……

那还有什么，大脑？

体力劳动的价值低，那我用脑力行不行？
用我的思考能力，创造能力去交换财富？
这个当然可以！
但是你有没有想过，你的思考能力、创造力又是如何获得的？是不是也是通过某种交换得来的？那交换出去的是什么呢？

到底什么才是你拥有的最宝贵的财富

答案是：注意力！
啥？为啥是注意力？注意力怎么会是我的财富呢？

我举个例子，比如你给老板打工，但你只是坐在办公室里是没用的，你会因为没有任何产出而被老板开除，你想获得工资报酬，你就得把你的注意力集中在需要完成的事情上，然后用自己的经验、学识、行动去解决问题，再用你完成的工作去兑换工资。

那你的经验和学识又是怎么来的？

对，就是你曾经用注意力在课堂上、在工作中兑换而来的。

再比如说，你想拥有一段良好的亲密关系，怎么办？

那你就得把注意力放到伴侣身上，关注他、关心他，而不是只把身体和金钱给对方，留下自己的灵魂在外面随风飘摇，那是换不来长久幸福的。

所以你看，你的一切价值创造活动，最终都是由你的注意力交换得来的！

注意力，就是你拥有的最宝贵财富！

注意力的价值有多大

在量子力学中有一个非常著名且诡异的实验："双缝干涉实验"，相信你在高中的物理课上对它一定有印象。它的大致过程是这样的，当你用一束光去照射两条平行的细缝，然后你就会在细缝后面的幕布上，看到一组明暗相交的干涉条纹，具体细节你可以自行百度一下。

为什么说这个实验很诡异呢，因为这个实验有个奇怪的现象：就是在你不对实验中的光束做任何观测的时候，光是以波的形式存在的；但当你开始观测光的运动轨迹时，光又变成了粒子形态！

换句话说，你的这个观测行为本身，竟然影响了客观事物！

这个结论就有点夸张了，因为世界上所有的物质都是由基本粒子组成的，那么是否也就意味着在现实世界中，我们的注意力——观察事物的这个行为，在影响我们看到的事物本身呢？

荒谬而又千真万确

这个结论有点反直觉，但事实确实如此，特别是在互联网时代，这种效应甚至已经被数据化了。

比如，你阅读一篇公众号文章，文章的底部就会记录"阅读数+1"，而如果这篇文章获得了非常多的阅读量，公众号就可以把你们的这些注意力所产生的阅读量，打包卖给广告商。现在一条阅读量在10 000左右的文章，价值大约为 8000 元；换句话说，你只是看了文章一眼，就帮对方增加了 0.8 元的收入！而如果大家都不看这家公众号的文章，这个公众号也很快会走向衰亡……

所以，你看一眼，它生；你不看，它死！你的关注与否，切切实实影响到了它的收入乃至生死……

<u>别人关注你也会有类似的效果：</u>

如果有一位美女，她把每天大部分的注意力都放到你身上，你就会有种幸福的感觉，并可能因此而收获一段甜蜜的爱情；而如果有几十万人都把他们的注意力给了你，那你可能会成为一名网红，紧接着，就会有一大批商家排队给你送钱做广告……

注意力，就好比是你眼睛里发出的一束能量，当你关注某个事物，你就是在给它输送能量，你就是在改变着它！

你是如何花费注意力的

那么现在回想一下，你平时把自己这个最宝贵的注意力发射到哪里了呢？

第一种情况：浪费掉

比如有些人，特别喜欢关注一些明星的动态，比如某某歌手最近参加了一个大赛，竟然拿了一个冠军，你特别不开心，心想他唱得那么差，为什么还能得奖呢？一定有黑幕！还比如，谁和谁最近爆出了地下恋情，你特别吃惊，心想他们是从什么时候开始的啊，我怎么不知道，然后就去百度疯狂地搜索……

还有些人，整天喜欢琢磨各种国家大事，比如南海局势的下一步对策应该是什么……我国的对外贸易政策该如何改善……分分钟你会觉得这哥们儿在公司干销售，真的是太屈才了！

但仔细想想，上面说的这些事儿，要么是和他没有关系的，要么就是离他十万八千里的，他的注意力其实根本触及不到它们，这份注意力产生不了任何价值。

而如果你把注意力花在这些地方，就像是把这份能量射向了天空，完全浪费掉了！

第二种情况：被收割

既然你的注意力那么值钱，就一定会有人利用这个来赚取暴利。

有一本书就叫作《注意力商人》，它非常赤裸裸地告诉你，对，我就是要把你的注意力以极低甚至免费的价格收割过来，然后高价卖出，赚取暴利！

书中列举了一系列的方法论，目的就是要想尽一切办法把你吸引过来，并且留住你，让你看上瘾！比如越低俗的内容，越反常的谣言，越可怕的消息……越能吸引你的注意力！

总之，真不真不重要，对不对不重要，你看不看才重要！

你看的报纸、电视，浏览的网页、公众号，追的各种剧……这些看似免费的内容围绕在你的周围，几乎无死角地对你进行轰炸，24小时全天候地争夺着你的注意力！一旦成功吸引到了你的注意力，就马上进行无情地收割，然后将你的注意力和其他收割来的注意力，一起打包卖给广告商，谋取暴利！

为什么现在一个拥有百万粉丝的公众号、微博那么值钱？

因为你一旦选择了关注它们，就意味着对方已经锁定了你未来部分确定性的注意力，既然你未来的某部分注意力注定会来到它们这里，那么它们自然可以把这部分未来确定的收益，现在就一起打包出售了！这就是它们值钱的原因。

第三种情况：被利用

你在互联网上的任何注意力投放，几乎都会被完整地记录下来。通过对你的注意力轨迹进行大量的分析，商家们就能够更了解你，知道你更愿意把注意力花费在什么样的内容上，那么商家就可以针对你投放更多这方面的内容，继续收割你更多的注意力！或者，它们还能把这个分析结果直接卖给其他商家，告诉它们你爱看这些内容，那么其他商家也可以用这些定向内容去更高效地收割你的注意力……

这个，就是常听到的大数据分析。

既然你的注意力会对关注的事情产生影响，那么别人能否利用这一点，故意让你看到他们想让你看的东西，并达成他们的目的呢？

当然可以！

比如，2016年的美国大选，特朗普就利用社交网络和大数据分析技术，对某些还处在摇摆阶段的选民刻意投放有倾向性的内容，从而影响他们的选择！

除了以上三点，缺乏对注意力的有效管理，还可能出现更严重的后果：国内曾对1292名违法犯罪青少年做调查，发现其中有978人学龄期曾被诊断为注意力缺陷障碍（ADD），俗称"多动症"，患病率为75%，部分病例成年后，还留有性格和行为缺陷……

所以你看，在这样一个注意力稀缺的时代，如果你不懂得珍惜自己的注意力，自然就会有人替你珍惜，你不管好自己的注意力，它们就会随时被其他人收割、利用……缺乏对注意力的有效管理，甚至会对你的性格、行为能力等产生严重的影响……

那你应该将自己的注意力投到哪里呢

将注意力放在四个方面，会给你带来非常大的回报：

一、聚焦在能产生价值的事情上

比如你手头正在编辑的文案，你嘴边正在不停念叨的明天会议中要做的发言，Excel表中的一组组待统计的数据……

当你开始工作的时候，你得把注意力百分之百投入进去，不能让任何杂念杂事闯入，争取让自己进入心流的状态，不然效率就会变得非常低。

关于如何排除杂念、如何进入心流状态，我将在本书的第16课中详细讲到。

二、人际关系，特别是亲密关系

现在的很多事情往往都不是一个人可以搞定的，你需要团队，需要社会的分工协作才能完成，特别是一些难得一遇的好机会，你可能需要大家的帮助才能抓住。所以，你得未雨绸缪，提前构建自己的人脉圈。

不过，相比社会上的人脉，你更应该注重的是亲密关系。很多事业上比较成功的人，注意力大部分都会放在工作的事情上，留给陪伴家人的时间比较少，甚至会忽略对家人的关注，长此以往，亲密关系的恶化将几乎是必然的，这个就特别致命，会对你各方面都造成非常严重的影响。所以，工作之余，千万别忽略了对家人的关注。

三、寻找新的趋势

你需要将注意力投到寻找新趋势上，为什么？

你可能非常勤奋，但是在趋势面前，一个人的努力相对来说就会显得很渺小了。一片树叶从树上落下，你说是因为风的追求，还是因为树的不挽留？其实都不是，造成这个结果的最重要原因，叫作"季节"。

季节是什么？季节就是趋势。如果你能找到时代中的大趋势并顺势而为，那么，同样的努力你将获得数百倍的回报。

那么，你该如何才能找到这些新趋势呢？

先别着急，我会在本书的第9课里详细说。

四、自我成长

这也是最重要的一点：除了上面说这些方向之外，你应该把所有的注意力，都花在自我成长上！

为什么？如果都花在工作上不是能产生更多的收入吗？

那就得看你想要现在的收入，还是未来的收入了。

人和人的注意力所能产生的收益是不同的，是有能量密度高低的。

比如，你最近在关注"新能源汽车"这个行业，你想加入进去，不过巧了，阿里巴巴的马云也在关注这个行业，那你说，你们两人对这个行业所能带去的影响，会不会有所不同呢？

当然不同了，而且可能会有数量级的差别。

有句话叫作：隔行如隔山，意思是说"跨行"这件事是很困难的，但是在如今这个时代，你为什么却经常能听到跨界成功的案例？是现在行业之间的鸿沟变小了吗？

其实并不是，你去深入了解一下这些跨界成功的人，他们有什么共性？

你会发现，他们都是"自身能量很强"的人。什么意思？

就是他们在跨界之前就已经获得过成功了，他们的经验、学识、能力，积累的资金、人脉、社会资源等都非常的厚实，这些都能为他们的注意力进行赋能。虽然，他一天也只有24小时，但同样的注意力，能产生的价值就要比普通人大很多，因此，他们跨界的成功率会更高！

那你如何也能成为一个能量很强的人呢

那就是,将注意力全部投射到自我的成长上,比如,每天看一小时书,来丰富一下自己的知识;每天写一篇日记,总结一下今天的得失;每周写一篇文章,帮助他人的同时,梳理一下自己本周的收获……

这种方式在刚开始的时候,也许效果会很微小、不明显,甚至根本察觉不到变化:"我只是今天多了1小时看书嘛,我并没有发生什么变化呀,我还是我,是不一样的烟火。"

但是,你要知道,能量密度的提升是会呈指数增长的。你每次投入,都会带来一些微小的提高,虽然比例很小,哪怕每次只增长1%,但如果坚持1年,你的能量密度会增长多少呢?

37.8倍!

对的,你也许每天只是多看1小时书,每天只是进步1%,一年之后,你就会比现在厉害38倍!(当然,这里你别太去深究这个数字,你懂的,它是个象征意义……)

因此,最终人与人的差别,不是我们通常所能感知到的只有数倍的差别,而可能是数百倍乃至数万倍的差别!

最可怕的事情莫过于:比你优秀的人,还比你更努力!

将注意力尽量都花在自我成长上,你将会获得最高的投入产出比,这也许是你这一生,听到过的最重要的一条建议!

至于那些整天管不住自己的注意力,将它们随意浪费掉,被别人收割、利用……凑着事不关己的热闹,聊着远在天边的八卦,而从来不把注意力放到自己身上的人,如果他们能成功,那么天理何在?

再回到开头的那个问题:"如何才能财富自由?"

答:"请用你的全部注意力来交换吧!"

思考与行动

看完 ≠ 学会,你还需要思考与实践。

思考题1:罗列一下过去的一天你是怎么花费你的注意力的,哪些是和你有关的,哪些是跟成长有关的?

思考题2:罗列一下过去一周的呢?一个月的呢?哪些是和你有关的?哪些是

无关的?

思考题3：基于你目前的情况，你觉得如何安排你之后每天的注意力花费是最合理的呢？

微信扫描二维码，把你的思考结果和学习笔记分享至学习社区，与其他同学互相切磋、一起成长，哪怕只是一句话，也会让你对知识的理解更加深刻，收获也会更多，还能让其他人从你的感悟中获得启发。

世界上只买卖一种产品

概念重塑
重新理解财富　重新理解自己　重新理解世界

大脑升级
解开大脑的封印　思维力提升　解决所有问题

8%

注意力　时间商人　人生密码　复利化　角色层次　理解　元认知　多维能力　势能差　估值模型　四域空间　运气催化剂　负面词语/情绪　学习三步法　背景知识　专注的力量　透析三棱镜　线性思维　结构化思维　系统性思维　选择　计划　演化　创新

努力的挫败

我有一个大学同学,在一起读书的时候就非常努力,是我们班的学霸。在我的印象中,那时的他戴着一副金丝边的眼镜,总是一个人默默地在角落里翻看着各种课本,好像不太合群。但每逢大小考试,他又总能闪闪发亮,成为大家崇拜的偶像。

大学毕业后,同学们陆陆续续都找到了自己的工作,而他凭借在学校里的优异表现,毫无意外地拿到了当时我们班最高的5000元起薪,要知道,在当年一个应届毕业生能拿到这个数额的是非常少的。

他来自一个不太知名的小县城,通过高考来到了上海,进而被大城市的繁华所吸引。除了完成自己的学业,他也想毕业后在这儿安家落户,组建起自己的家庭,等买了房子把父母也接到上海来居住。

可能是由于他的这个初衷,无论是在读书,还是参加工作,他的努力程度都比身边的人高出一大截。为了能更快攒齐买房子的钱,他下班后也会接一些私活来增加收入。

也正因为如此,他几乎所有的时间都被工作占满……

起初,这种拼命的方式效果很明显,不出两年,他每月的工资加上兼职收入就差不多达到了10 000元了,而那个时候,其他同学的平均收入也就五六千的样子。

好多年过去了,近期我们在微信上有一次聊天,他突然说想回老家发展,这让我非常吃惊。就问了他近来的情况:他确实在上海结了婚,但并没有买房,因为还买不起,目前收入也就1.5万左右,扣除所得税、社保,减去生活的开支、交通、社交、房租,一个月其实没有剩下多少,看着日益高涨的房价,只能感叹道,"这座城市留得住我的青春,却留不住我的人……"

聊到后来,他甚至略带抱怨地说了一句:"凭什么现在一个啥都不会的小姑娘,弄个视频玩直播,唱唱歌、扭扭腰、斗斗嘴、喊喊麦就能一天抵我一个月的收入?我奋斗10年,还没有她半年的收入多!我那么拼命,还不如她天生长得漂亮!"

是啊，为什么

为什么我这位勤奋到感天动地的同学，最终却"输"给了 20 岁出头的小网红？

真的是因为时代变了吗？

还是这个社会现在不看努力看颜值了呢？

都不是，最关键的原因，是他们在用不同的方式售卖自己的时间！

什么意思？

我们每天做的任何一件事，都需要花费时间对吧？而如果，你在某段时间内做的某件事情能产生价值，并且，你还把这部分价值变成了收入，那么就相当于"你把这部分时间出售了"。

比如你花了 2 个小时写了一篇文章，然后把这篇文章卖给了报社，拿回了 500 元的稿费，那么你就可以把这个过程看作是："把这 2 小时卖给了报社，价值为 500 元。"

而如果你用这累计产生的价值 500 元，除以你创造这些价值所用的时间 2 小时，就可以得到你平均每小时的时间价值为 250 元。

这个 250 元，我们就称它为你的"时间单价"：

$$你的时间单价 = \frac{你累计创造的价值}{用于创造价值的时间}$$

那么如何衡量你在一定期限内创造了多少价值呢？

就是拿你的"时间单价"去乘以"能产生价值的时间"，就可以得出你在这段期限内的"个人生产总值"：

$$个人生产总值 = 时间单价 \times 能产生价值的时间$$

举个例子，比如你一天工作 8 小时，时间单价为 100 元。假设，在这 8 小时内，你没有偷懒，全神贯注地在创造价值，那么你这一天的个人生产总值 = 100×8=800 元；也就是说你的老板花了 800 元，买了你一天 8 小时全神贯注的工作时间。

当然，学习过上一章你就知道，如果你只是在公司度过了 8 小时，而没有把注意力投入其中，是不会产生价值的，所以，这里特指的时间是"能产生价值的时间"。从这个角度你就能看到，拥有时间并不一定能产生价值，你的"时间单价"可能很高，但是由于每天能集中注意力的时间很少，也就是"能产生价值的时间"很少，那么你的"个人生产总值"就会很低。

如果你吃过回转寿司，那么可以想象这样一个场景，时间就像在你身边的一个个不断往前流走的餐盘，而你作为厨师，只是站在边上是没有用的，没有人会买空盘子，你得集中注意力制作寿司，然后把它们放到餐盘上，才能把这部分"时间"卖出去。不同的厨师，放上去的寿司还都不太一样，所以价格也会不一样。

我们身处的这个世界，就像是一个偌大的回转寿司店，每个人都在用自己的知识、能力、产品将这些从自己身边流走的时间餐盘给装满食物，出售给其他需要的人；与此同时，我们也会购买其他人出售的时间，来满足自己的某些需求。这个世界只会交易一种产品，那就是"时间"，而我们每个人都是"时间商人"！

时间商人的四种模式

第一种方式：零售时间

回到前面的故事，如果我们从"个人生产总值"这个公式来分析，你就能明白我那个同学和网红的收入为什么有如此大的差距了。

我同学的那种方式，本质上是在用自己的"勤奋"来增加"能产生价值的时间"：别人工作8小时，其中3小时偷懒，而他全神贯注8小时；别人下班后就去约会、休息，而他要接私活，这又增加了能产生价值的3小时……

因此，时间一长，他就会获得和他付出的时间成正比的收入提升，别人一天创造价值的时间是5小时，而他是11小时。所以，当单位价值大家都差不多的时候，他的收入就能是一般人的2倍多。

说到这里，你可能已经意识到了两个问题：

第一，他这种增加个人生产总值的方式是有极限的，一天只有24小时，除去必要的休息时间，留给他还能填满的时间已经不多了。

第二，这种方式兑换成收入还要被打一次折，因为购买他时间的老板们也要赚钱，会在他的个人生产总值里再拿走一层利润……

另外，也正是由于他的勤奋，他花在提高个人"时间单价"上的时间太少了，几乎把所有的时间都用于了生产。长此以往，他只能不断重复着低水平的创造，最后把自己搞得精疲力尽，却也无法再进一步了……

你身边估计也不乏这样的朋友，自从大学毕业后就再也不读书了。中国人年均读书量比起美国、日本等发达国家少得可怜，具体数据大家可以去网上搜索，而仅剩的那些读书量，其中大部分还都是小说。

像这种把自己的时间出售给个人或者公司，就相当于把自己的时间给"零售"出去了，无论是在公司打工，还是下班后接私活、做兼职，其本质都是在零售自己的时间。

比如最近很火的一些共享职业：专车司机、兼职快递员、家厨、上门美甲师……这些工作的本质都是帮助你把剩余的个人时间给利用起来，再零售出去。它们短期内看似可以增加收入，但是这种方式是有极限的，而且会占用你很多原本可以用来提升自己的时间。

那么，在这种模式下有什么办法可以提高个人收入呢

首先，你需要提高你的时间单价。

一天能出售的时间是有上限的，但"时间单价"的提升在理论上是没有上限的，比如中国知名的"打工皇帝"唐骏，NBA中的很多球星，年薪可以达到上亿元。

那么，如何才能做到那么高呢？

方法也是显而易见的，我们上一章也讲过，就是将你的注意力更多地投入在自我成长上，提高自己解决问题的能力，提高自己在垂直领域里的专业水平……至于具体怎么做，我们之后会用一整章来详细讲。

其次，你需要管理好自己的注意力。

你工作的时间不等于你能产生价值的时间，而你的收入，只和你"能产生价值的时间"成正比。所以，千万别以为在工作中偷个小懒能让你躺着赚钱，心里边想着："反正做多做少，每个月收入还是那么多。"

如果把时间周期拉长，你就会发现，这种想法带来的损失将非常大……

最后，你得想办法把自己卖个好价钱……

第二种方式：批发时间

我们再来说一下网红的"时间售卖"模式是什么。

回顾一下这个公式：

$$个人生产总值 = 时间单价 \times 能产生价值的时间$$

如果想要提高你的个人生产总值，除了提高自己的时间单价或者挤满自己的时间之外，还有没有其他办法？

注意，公式右侧使用的是"能产生价值的时间"，你把你的个人时间出售给个人或者单个公司，就相当于把自己的时间给"零售"出去了，那么这种出售

时间的方式确实是有极限的，一天顶多 24 小时。

但如果你把创造出的价值，同时卖给很多人呢？

比如说，你做一次 2 小时的演讲，当你面对 1 个人的时候，需要花费 2 小时的时间，每小时收费 100 元，你的收入是 200 元；而如果你面对的是 100 人，你依然只需要花费 2 小时，但实际能产生价值的时间是多少呢？

对，变成了每人 2 小时，总共是 200 小时，你的个人生产总值 =100×200= 20 000 元！

这就相当于你把自己的时间"批发出售"了！

你发现了没？通过这样的方式，你"能产生价值的时间"就可以横向扩展，不再受个人每天 24 小时的限制了，理论上可以变得无限多！参考图 2-1。

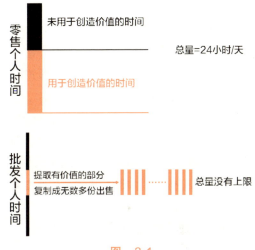

图 2-1

好，从这个角度，我们再来看网红的模式：虽然网红直播的内容，普遍来讲含金量并不高，我们姑且算你平均看一小时网红直播，可能打赏 0.1 元给网红吧，也就是她的时间单价只有 0.1 元/小时，但是同时可能会有 20 万人来看她的直播，因此她这 1 小时的个人生产总产值是多少？

网红的个人生产总值 =20 万 × 0.1 元 =2 万元！

如果还记得上一章的内容，你还可以帮助网红小妹优化一下她的商业模式，既然她可以吸引 20 万人的注意力，那么是否可以一起打包卖给广告商呢？

当然可以，这样她的个人生产总值可能又翻了一番！

所以，我这位同学真别急眼，一个有 20 万粉丝的网红小妹，她的个人生产总值确实是你的几百倍！

他们俩看似比的是"价值"，但其实，他们比的是"模式"。

最近崛起的一批提供视频、音频类课程的知识付费讲师，网红主播、抖音快播类的短视频……大量百万年薪的网师、网红涌现，背后的原因正是移动互联网技术的成熟，帮助他们能够将自己的时间更高效地"批发"出去。

这种模式最具代表性的当属娱乐明星，一线明星一年的品牌代言费平均在 500 万元左右，而他们的出场费可以达到 200 万元/场；拍一部电影，片酬可以达到3000万元；而如果是顶级明星，比如成龙，他巅峰期的时候，一部电影的片酬高达8000万元！

那么高的收入，并不是因为他们在"被买断的那个时间段内"产生了这么多的价值，而是因为他们所创造的产品，比如歌曲、电视剧、电影、娱乐节目，甚至是自己的一张照片、一个微笑……都可以通过他们的影响力，被复制成无数多份，然后批发出售！

所以，在娱乐圈里，唱歌水准、颜值、表演技巧……这些所谓的硬实力其实都不是最重要的——这些是基本功。最重要的是什么？是人气！其他的能力都是用来帮助他们增加人气的。

一个明星，有多少人喜欢，就意味着他的作品有多强的"批发能力"。因此，他们除了提高自身的技艺之外，还得不断地创造热点话题，参加各种综艺节目，让自己出现在各大媒体上……目的都是为了提升自己的人气，因为这才是他们的核心竞争力。

除此之外，他们还得保持三观端正，品行优雅，为人师表。为什么？

因为万一人设塌了，没人喜欢了，他们就失去了最重要的能力——"批发时间的能力"，虽然这个时候他们各种演艺技能一点都没变，比如唱歌还是那么好听，但就是没人喜欢了，因此时间就无法被大量地批发出去，他们也就没那么高的价值了。

除了演艺明星，畅销书作家也是该模式中的翘楚，比如英国著名小说家 J. K. 罗琳（J. K. Rowling），凭借一本《哈利·波特》，总共赚取了11.5亿美元！一度因此成为英国最有钱的女性之一。

听到这里，你是不是觉得："哇，太棒了！我也想做一个网红，或者开始自己写书，将自己的时间批发出去！"

别急，我们还有另外两种更高级的时间售卖方式要告诉你。

第三种方式：买卖时间

买卖时间是什么意思呢？

就是你能零售或者批发自己的时间，那是不是也能购买别人的时间呢？

当然可以，不仅可以，而且事实上，我们时时刻刻都在购买他人的时间，比如你正在使用的手机，你家里的水、电、煤气，你住的房子，你身边的那张桌子……其实都是别人用自己的时间制作出来的。

你看似是在购买产品，但其实你购买的是："为了让这个产品放到你的面前而消耗掉的所有参与人员的时间"。

好，这时候你心里可能会有个疑问："为什么我需要买他们的时间，而不是自己做一个？"

第一个原因，是因为自己做成本太高了，而且效率极低！

比如一部最新款的苹果手机，售价差不多1万元，你感觉挺贵的，但如果真让你自己去造一部，可能给你1个亿，再给你1年的时间，你也不一定能造出来……

第二个原因，是花同样的时间，你可以做其他更有价值的事情。

比如，你目前的月收入是1万元，那么按每个工作日8小时来计算，你每小时的时间价值就是62.5元。那么，如果一件事能够帮你节省1小时，而所需的费用又低于62.5元，你就应该花钱买，而不是自己动手，对吧？

比如，你正在工作，突然想要去买杯咖啡，但是一来一回可能需要花你半个小时的时间，而如果有个人愿意帮你去跑一圈，把这杯咖啡买回来，并且需要的酬劳是20元的话，那么你会付钱让他帮你去买呢，还是省下这20元，自己去跑一圈？

正确的选择是，你应该马上支付这20元让他去帮你买，而不是自己去跑一圈，因为你自己去跑一圈的成本，其实等于32元，更贵！

可现实生活中，大多数人往往都会选择做一次赔本买卖……

理解了这点，我们再来看另外一件事，就是企业为什么会花钱请你来工作，而不是老板自己去做，或者找公司其他人来兼一下呢？

你结合上面的公式思考一下，有两种可能：

第一，你在某方面更专业。

比如你懂人工智能，而他们团队里没人会；如果他们自己从头去学的话，成本太高，结果可能还没你做得好。因此，你的加入可以帮助他们快速补齐这个能力，你就被雇用了。

第二，你能成为他们的帮手。

公司里还有一类事，就是难度不大，但是又不得不做，还特别花时间的事情，比如一些基础的文案编辑工作、程序编译的工作或者重复度比较高的工作，还有类似前面提到的去买一杯咖啡之类的跑腿的活……这些总得有人干吧，如果让老板或者某某专家自己去做，时间成本就太高了，同样的时间他们能做更有价值的事。因此，他们就需要有人来帮助他们节约时间，比如经过一些培训，就可以帮他们把这些不得不做、又价值有限的事情给包圆了，让他们能更专心做更有价值的事情，这类员工公司也需要。

所以，任何公司里其实主要就是这两大类员工（见图2-2）：

① 创造价值的员工

② 提升效率的员工

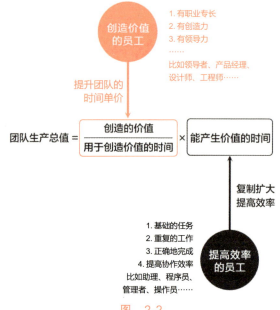

图 2-2

因此，如果你既不能给团队提供他们缺少的价值，又不能帮助团队提高效率，那么你对公司来说就没什么用，你的前途就比较堪忧了。

其实作为公司也一样，在招聘员工和管理团队的时候，就得分清楚谁是创造价值的，谁是提升效率的，要让适合的人才匹配适合的岗位。比如你为了奖励优秀员工，提拔了一位技术大牛去做管理，或者让一名优秀的管理者去负责设计一个产品，那就是把创造价值的人才和提升效率的人才给搞反了，结果就会很悲剧……

所以，并不是说"买卖时间"的这种方式就是让你去办个公司，然后花点钱买一堆人的时间，再把它们卖出去，这就能赚差价了，如果这么简单，就不会有那么多创业失败的人了。

那这个模式该怎么用？

"买卖时间"的本质其实是一个放大器，就是它得先看"你有什么价值"。

比如你文章写得不错，很受大家喜欢，用半天时间写的一篇文章，就能换来1000元的稿费，很厉害。但是现在你只有一个人呀，除了写稿的时间，你还得花时间寻找甲方，沟通需求，还得自己配图、排版，收集各种案例素材……这些得用去你很多时间，所以你一个月真正能用来写稿子的时间并不多，因此总价值也并不高，那怎么办？

这个时候你就可以开始招人来帮助自己了，你可以先找效率型的人才，培训他，让他帮你节省时间，比如帮你去和甲方沟通需求，给你写好的文章去配图、排版，帮你收集各种需要的案例素材……你只需要专心写文章就可以了。虽然说多请了一个人，看似成本提高了，但是你创造价值的时间变多了，原来一个月只能写 10 篇文章，现在能写 20 篇了，那么减去新增的人员工资，总收入反而提高了。

这个时候你可能又会有新的想法了，比如我写的内容既然有那么多人喜欢，为什么不直接运营一个公众号，经营自己的粉丝圈，让内容的价值变得更大呢？

当然可以，可是你并不会经营公众号啊，也不知道如何让公众号拥有商业价值，你只会写文章，怎么办？

对，这个时候你就需要招聘"创造价值的人才"进入团队了，你不需要自己去学如何运营一个公众号，或者学习如何将公众号变现，这些学习成本很高，你直接把这些领域里的牛人招募进团队就可以了，你还是只管写文章……

你看，这就是以"你"为核心，然后用"买卖时间"这个模式来不断放大你原有价值的过程……

而如果你文章写得并不好，也就是你本身的价值很低，甚至没有，但是这些人却还是都招进来了，那结果就可想而知，看看那么多不再更新了的公众号你就知道了……

以上是第三种时间商人的模式——买卖时间，下面我们来说最后一种模式——收时间税。

第四种方式：收时间税

从一个你可能非常熟悉的概念来解释这种模式，那就是"平台"。

平台的收入模式就是"收时间税"。

就是你并不需要自己去出售时间，而是创造出一个平台，让其他人到你这个平台上来自由交易他们的时间，而你，只需要对他们的每一笔交易进行"抽税"即可。

什么是抽税？就比如国家是一个平台，你每个月的工资超过一定金额之后（比如 2019 年的标准是 5000 元），那么你就需要向国家缴纳一部分原本属于你的收入，这笔缴纳出去的钱就叫作"税"，而这个过程中国家作为平台并没有直接向你出售商品或者给你提供服务。

除此之外，像淘宝、微信、滴滴专车、国外的亚马逊、Facebook、Uber、苹果的AppStore，还有类似证券交易所、赌场……这些都是平台，它们不直接向用户出售商品，而是提供一个平台，让尽可能多的人在上面进行自由的交易，而它们只需要从平台上的每一笔交易中，抽取一部分作为自己的收入即可。

你可以看到，当平台上的人越多，交易量越大，平台能抽的税也就越多，因此这种方式一旦成型，在保证安全、有序的前提下，它们就能像印钞机一样，源源不断地给平台赚很多钱。

听着是不是很诱人？

确实，这种方式太赚钱了，因此许多创业者都对它趋之若鹜，动不动就说自己要做一个平台，但结果呢？

结果往往是：平台是做出来了，但没有人来……

为什么会这样？

因为平台是结果，而不是原因。

很多创业者都把这点给搞反了，他们喜欢一上来就把什么都想好了，"咔"一下，做一个顶层设计，先把平台这个"空壳子"搭出来。然后呢？然后就开始既找卖家又找买家，然后发现没有买家，卖家不愿意来；没有卖家，买家来了没东西买……怎么办？结果恶性循环，最终两边都没有人。

那平台应该怎么做？

几乎所有成功的平台，都是从一个单点开始慢慢演化出来的。什么意思？

比如说，腾讯是从QQ这个即时通信软件开始的，亚马逊是从自营网上书店开始的，Facebook是从校园内的一个女生比美网站开始的……你想做平台，只有先瞄准其中某一端的用户，让他们对你的工具或者产品产生依赖，专心服务好他们，把他们先养大，等有了充足的流量之后，另外一端也就慢慢能自己长出来了。

有些人看到这里可能会表示不服，说："可以烧钱啊，我可以既补贴买家，又补贴卖家，如果效果不明显，那就加大力度！你看打车软件不就是这样烧出来的吗？"

好吧，土豪，我们还是做朋友吧……

不过，很可惜，这还只看到了表层，平台的成功不仅仅是因为网络效应，或者说网络效应也只是结果，而不是原因，真正的原因是你能不能对平台上的人"赋能"。

什么意思？

我们再回到那个公式：

个人生产总值 = 时间单价 × 能产生价值的时间

一个卖家，选择你的平台，是希望通过这个平台来帮助他的个人生产总值变得更高的。而通过之前的学习你已经知道，想要提高一个人的生产总值，有两种方法：

第一，提高他的时间单价。

比如说他是做知识付费的，你的平台能否帮助他在写内容、编辑内容、录制内容、声音优化、个人品牌塑造、专家指导等方面进行赋能呢？让他可以通过你的工具，将课程录制得更好，或者制作的效率变得更高？

第二，提高他能产生价值的时间。

就是让他的作品能更快地触达更多的用户。比如平台上已有 1000 个做知识付费的讲师，现在来了 10 万用户，请问用户怎么找到适合自己的课程？你又如何保证这 1000 个讲师在这里都有市场？又如何让其中的优质内容获得更多的用户，让劣质的内容自然淘汰？因此，你可能需要引入数据智能来优化供需匹配……

所以，如果你只是做了一个叫作"平台"的外壳，让双方仅仅拥有了一个可以彼此进行交易的"地方"，却没给他们"赋能"，那么他们为什么要过来，还心甘情愿地被你抽税？

这就像你买了一个足球场那么大的空地，然后告诉所有人，说："你们可以到这块场地内进行随意的交易，不过我并不保证你们的资金安全，我也不保证场内卖的都是正品，场地里也没其他东西可以看、可以玩……但是我却对你们有个要求，就是对你们的每笔交易要抽 5% 的税，你们愿意来吗？"

"好，都不愿意来？"

"那每个进来的人我补贴给你们 2 块钱，有没有愿意来的？"

……

所以，抽税抽的到底是什么？抽的就是你为他们赋的能所带来的"额外价值"对应的报酬。

因此，如果你想做平台，就先别去做什么顶层设计，也别迷信什么网络效应，傻乎乎地拿钱去干烧，你要先想清楚的是："你到底能如何为用户赋能？"

当你能把这点做到极致了，所谓的"平台"它自己就会慢慢演化出来了！

小结

我们每个人在这个世界上，其实都在经营同一种产品，叫作"时间"，而我们每个人都是"时间商人"。人与人之间收入有如此大的差距，看似是价值之争，其实是模式之争。你需要记住时间商人的一个核心公式，就是：

个人生产总值 = 时间单价 × 能产生价值的时间

从这个公式出发,我们得出时间商人的四种经营模式,从初级到高级依次是:

第一,零售时间:把时间单份售出,想要提高零售时间这种模式的收益,你需要提高自己的时间单价以及管住自己的注意力。

第二,批发时间:把同一份时间卖给尽可能多的人,你要学会善用互联网技术把边际成本降为零。

第三,买卖时间:本质是个放大器,通过买入别人的时间,来提升自己的效率、提高时间单价、扩大生产规模。

第四,收时间税:建立一个平台,让尽可能多的人在上面出售自己的时间,通过收税来赚钱。平台不是原因而是结果,从单点出发,先想清楚你能为谁赋能。

思考与行动

看完 ≠ 学会,你还需要思考与实践。

思考题 1:你现在正在使用哪种交易时间的方式?你认为自己更适合成为哪种时间商人呢?为什么?

思考题 2:你看到过什么有意思的批发时间、买卖时间、收时间税的案例吗?

思考题 3:投资属于四种时间商人中的哪一种呢?你又该如何优化你的投资决策呢?

微信扫描二维码,把你的思考结果和学习笔记分享至学习社区,与其他同学互相切磋、一起成长,哪怕只是一句话,也会让你对知识的理解更加深刻,收获也会更多,还能让其他人从你的感悟中获得启发。

富人越富的时代，普通人如何逆袭

概念重塑
重新理解财富　重新理解自己　重新理解世界

大脑升级
解开大脑的封印　思维力提升　解决所有问题

13%

注意力　时间商　人生密码　复利　角色化　理解层次　元认知　多维能力　势能差　估值模型　四域空间　运气催化剂　负面词语/情绪　学习三步法　背景知识　专注的力量　透析三棱镜　线性思维　结构化思维　系统性思维　选择　计划　演化　创新

3

社会阶层是否已经固化

有一部纪录片叫作《人生七年》

导演是迈克尔·艾普特。纪录片拍摄于1964年，拍摄的内容是记录14个孩子，从他们7岁的时候开始，每隔7年就采访他们一次，采访内容是去了解他们这7年的生活变化。

这14个孩子出身于不同的家庭环境，有些来自上流社会的精英家庭，有些则来自普通的中产家庭，还有些是来自社会底层的家庭，甚至是孤儿院。

整部纪录片想通过这种方式，试图回答一个问题："你的出身阶层能不能决定未来？富人的孩子是否还是富人？穷人的孩子是否依旧是穷人？我们的社会阶层是否真的已经固化？"

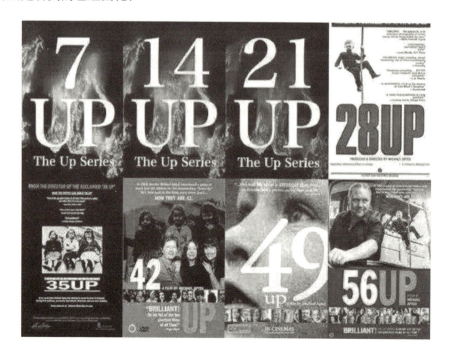

你猜结果是什么？

先留个悬念，你可以暂时带着这个问题和自己的猜想继续往下看。

一个财富分配的模拟实验

还有一个关于财富分配的模拟实验（实验原型来自：城市数据团），特别有意思，具体过程是这样的：房间里有100人，每人都有100元，他们在玩一个游戏，每轮游戏每个人都要拿出1元钱随机给到另一人。那么请问，当这个游戏进行了数万轮之后，最后这100个人的财富分布会是怎样的呢？

图3-1是三个不同的答案，请你猜猜会是哪个？

你可以把这个实验看作真实世界里财富分配的简化模型。

假设，每个人是从18岁开始进入这个游戏的，每天玩一次，一直玩到65岁退休。那么从18岁一直到65岁，差不多是17 000天，所以，我们的游戏也模拟执行17 000次。

游戏中设定的每人每次都需要拿出1元钱的行为，你可以把它看成是日常消费；而获得1元钱的人，可以视为提供了一次服务而获得了报酬。分配的方式设定为完全随机是为了让游戏更公平，也就是每个人都可以提供同样的服务，每次服务获得的收入也是相同的。

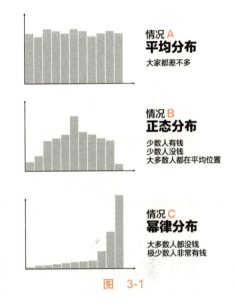

图 3-1

然后为了简化模型，我们在过程中也不设置负债；也就是说，如果你没钱了，这一轮就不必再拿出1元进行分配，而是等到哪次能从别人那里获得了新的收入后，再继续参与分配。

我们来看看这个模拟实验，最终结果会如何……

刚开始的时候，大家的财富都是一样的，但是随着时间的推移，数据开始逐渐拉开，并且越拉越大，最终财富的分配接近于情况C，也就是幂律分布，结果如图3-2：

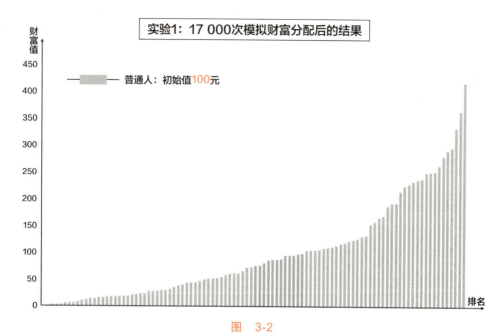

图 3-2

注：横轴代表财富的排名，越往右侧财富越多；纵轴代表财富的数值。

前 10% 的人掌握着超过 30% 的财富；前 20% 的人掌握着超过半数的财富；最富有的人财富为 417 元，是初始值的 4 倍多……

而超过 60% 的人已低于 100 元；超过 40% 的人不足 50 元……

这意味着什么呢？

意味着即使在最公平的环境下，哪怕财富的分配方式完全随机，最终的结果也会是少部分的富人掌握着社会大部分的财富。而如果是在现实生活中，由于富人掌握的资源更多，他们的能力更强，因此他们获得财富的概率也会比普通人更高，所以，在现实生活中，这个数值的差距会变得更大……

好，我们再来做一次实验，看看如果其中有一群人是富人的孩子，也就是把他们的起点设定得比普通人更高，那结果会如何呢？

富人还会是富人吗

这次，我们假设这 100 人中有 10 人是富二代，将他们的财富初始值从 100 元调整为 500 元，其他人保持不变，然后我们重新运行这个游戏 17 000 次，看看结果会如何。本次实验的运行结果如图 3-3：

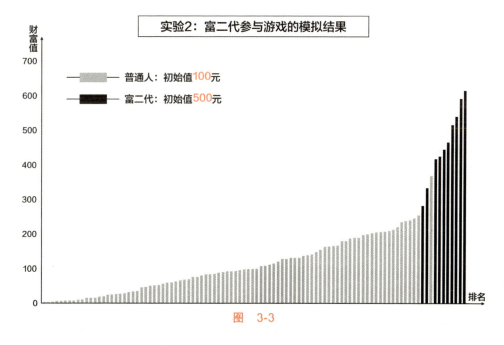

图 3-3

所有人财富值的分布图形和第一次基本一致,而富二代们几乎全部站在了食物链的顶端,10大富豪中富二代占了9名!!

富人的孩子,依然还是富人……

这是一个残酷的世界……

回到我们开篇《人生七年》的话题,最终这14位小孩,经过50年后,他们各自变得怎么样了?

你猜的没错,和上述模拟实验结果几乎一致:

- 那些上流社会精英家庭中的孩子,他们从小便拥有更好的教育,毕业后也从事着更高级的工作,他们如今拥有更高的社会地位,成年后的他们,依然在上流社会过着优越的生活;
- 中产阶层的孩子呢?他们大多数延续着自己父母这辈人简单而平凡的生活,从事的也是教育或者公益类的普通工作;
- 而来自底层的那些孩子,他们辍学、早恋、早婚、早育……如今几乎都从事着各种低端的工作,比如保安、修理工、清洁工等;而更可怕的是,他们的孩子也同样因为从小无法获得良好的教育,继续重复循环着他们父辈的生活轨迹……

富人的孩子还是富人，穷人的孩子还是穷人，这个社会似乎真的已经阶层固化！

但，这其中有一位叫尼克的孩子，他从一个偏远地区只有一间屋子的小学，通过自己的努力，最终考上了牛津，后来去美国当了物理教授，突破了阶层的壁垒！

命运之手似乎也有漏网之鱼？

他是如何做到"草根逆袭"的？

我们中的绝大多数人，其实都和尼克一样，没有腰缠万贯的亲爹，也没有一飞冲天的运气，我们都只是普普通通的一群人。想要改变命运，我们能怎么办呢？

回到那个模拟实验

我们这次还是假设100个玩家里有10个富二代，他们的财富初始值为500元，其余人的初始值为100元。但这次，我们设定普通的90人里面有10个人比别人更加努力，比如更努力地工作、更努力地学习，从而获得了1%的竞争优势，从数据上来看，就是随机获得财富的概率提高了1%，那么结果会如何呢？请看图3-4。

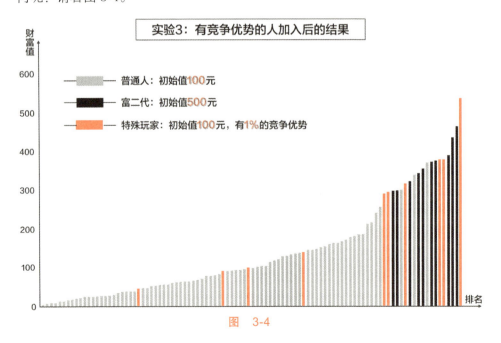

图 3-4

最终的分布图基本没什么变化,而且富二代们也全部留在了食物链的顶端,富人的孩子依旧是富人……但是,我们却看到了那10位特殊的玩家竟然有6人进入了财富榜的前20,其中一位竟然成了整个游戏的首富!

这意味着什么?

意味着你只要比别人多努力一些,也许,你就能拼搏出一个绝地反击的故事!

感谢这个残酷的世界还给我们留下一条生路……

所以,我们该如何面对这个残酷的世界?

答案是两个字:"努力"!

好吧,写到这里,已经完全是一篇鸡汤文了。

但,你真的以为我今天想说的是"努力"吗?

其实不是,努力并不是重点,而且要做到努力也不难,谁没努力过呢?可为什么还是有那么多人离成功如此遥远?

因为,真正难做到的不是努力,而是坚持!

如何学会坚持

刚才的模拟实验,把"努力"的因素加入之后得到了"草根逆袭"的结果,但其中是有一个特别大的隐含前提的:就是这个人从18岁开始,一直到65岁,必须每一天都比别人更努力,而不是1天、1个月、1年……是每一天!

这才是"草根逆袭"真正困难的地方!

从小我们看过很多励志的电影,剧情大多是一个出生在贫困家庭的孩子,通过自己的努力,最终获得了财富与荣耀的故事,比如《当幸福来敲门》《三傻大闹宝莱坞》,还有在中国曾经挺火的一部电视剧《奋斗》……

为什么草根逆袭的故事经常用来拍成电影?

因为太少了嘛!

为什么太少了?

因为这条路太难了,很多人坚持不下去,就放弃了!

这才是真正可怕的地方……

我们并不是没有梦想,更不是没有努力过,而是未曾坚持下去!

所有的成功学都在教导我们应该努力,却从没有告诉我们该如何坚持!而今天,我真正想给你讲的,就是我们该如何学会坚持!

那我们该如何让自己"坚持"努力

靠意志力硬扛吗?

还是去爬个雪山,走个戈壁?

或者是要天天打鸡血、日日喝鸡汤?

还是把"坚持"写上100遍,贴满整个屋子?

都不是……

答案是:

不坚持!

任何需要靠"坚持"的事,往往都坚持不了多久。

而能让你每天都乐此不疲、废寝忘食在做的事情,你大脑里根本就不会跳出"坚持"两个字……

比如喜欢玩游戏的人,他会说需要凭意志力坚持才能接着玩下去吗?不会!只要开始了,就根本停不下来,反而是想停下来才需要坚强的意志力呢!玩上瘾了,你抢都抢不走!

你正在坚持的,说明这件事你内心根本就不喜欢。既然不喜欢,你又为什么要期待有一天你能在这条路上获得成功?

那些你不需要坚持的事,才是你正在"坚持"的事。

我们要做的事情,不是把不喜欢的事坚持做下去,而是去找到自己真正喜欢的事,然后一生都为它乐此不疲!让自己"玩上瘾"!

你的人生密码

OK,那么问题来了,如何才能找到自己真正喜欢的,还能有机会让自己成功的事情呢?

总不能天天玩游戏吧?(当然,这个时代,如果你发自内心地热爱玩游戏,并确实很有天赋,你一样也能获得成功,很多职业玩家收入不比大公司的CEO们少)

第一:找到自己的天赋

美国有一所大学曾做了一个为期3年的研究,具体内容是这样的:

研究人员先对10 000名被试者做了一次"阅读速度和理解能力的测试",其中一般读者每分钟的阅读速度为90个字左右,而一些特别优秀的人,每分钟可以差不多读完 350 个字。

然后，研究人员对所有人都进行了一段时间的"快速阅读的训练"。训练结束之后，一般读者的阅读速度提升到了 150 字每分钟，也就是翻了差不多一倍。而你猜一下，那些原本每分钟可以读 350 字的人，他们提升到了多少？

答案是：每分钟 2900 字左右，提升了将近 10 倍！

这个结果让所有人都非常震惊，因为一开始大家都几乎认定，水平比较差的读者进步应该会更大，而事实上却正好相反……为什么会这样？

因为，一个人只能从优秀走向更优秀！

而反观我们从小接受的教育，好像并不是这样的观念，从小我们就一直被教导说："你得全面发展，比如你数学不错，但是英语太差，因此你得补习一下英语""你挺有主见的嘛，想法也很独特，但是你太自我了，你要收着点性子，要学会与人和睦相处"……

然后，我们磨平棱角，补齐短板，收起天性……

终于，我们都变成了一位……普通人……

因此，如果你是按这种策略在培养自己的能力，那么你是很难有机会实现质的飞跃的，那怎么办呢？如何才能脱颖而出，如何才能成为一名不普通的人呢？

那就是找到自己天生就有优势的地方，也就是所谓的天赋所在，然后在这里持续投入你的注意力，不断地训练，那你在这方面的技能就会像刚才说的那些在速读方面有天赋的人一样，得到飞速的发展，最终脱颖而出！

那如何才能找到自己的天赋呢

我们可以把天赋分成两类，一类叫作显性天赋，一类叫作隐性天赋。我先来说一下显性天赋的寻找方法：

所谓显性天赋就是那些你能看得到、摸得着、感知到的"那部分看上去比别人更擅长的"能力。那具体该怎么寻找呢？

1. 寻找过去的成功经验

你回顾一下自己的人生经历，看看有没有哪些能力是你在还没有接受专业训练之前，就表现得比一般人更好的？比如你从来没学过演讲，但是第一次登上讲台，你就能够口若悬河，引得台下掌声不断？或者你在某个领域，曾经拿过某某比赛的第一名？那这些地方，很可能就是你的天赋所在。

2. 寻找成长更快的技能

你回想一下自己的毕生所学，看看有没有哪项技能，你的学习速度比一般人更快的？比如你以前从来没学过画画，但是一旦开始学习，你的进步速度就很快，能明显甩开其他同学，还经常被老师赞不绝口？这也可能是你的天赋所在。

什么？这两种方法你都找不到？那就试试第三种方法……

3. 专业的性格测试

在我的认知范围内，一个叫作MBTI的职业性格测试题最具有参考意义，它也是世界500强应用次数最多的性格测试工具。我原本以为自己是个很外向的人，可我的测试结果却是INTJ型，什么意思？就是说我的能量更容易从安静独处中获得！除此之外，这个类型的人还比较善于分析、总结、推理，善于把事情概念化，对文字、语言都很敏感……

好吧，于是我调整了自己的工作方向，所以才有了你今天看到的这本书……

<u>好，以上这些是寻找显性天赋的方法，接下来我来说一下更加重要的隐性天赋。</u>

什么是隐性天赋？就是你有没有做某件事情时，能够感受到一股从内心涌上来的愉悦感？这份愉悦感可以让你不厌其烦地在这里花时间。如果有这么一件事情，能够让你持续不断地投入，那么时间一长，你自然就会在这方面变得与众不同。

你也许想到了10 000小时理论，可你有没有想过，你为什么愿意在一件事情上花10 000小时？靠坚持吗？

这个恐怕很难……

因为在过程中，你会感到痛苦、会不用心，想逃避、想放弃……比如，让你对着PPT练演讲，你刚练了2遍可能就觉得很痛苦了，感觉坚持不下去了！

但为什么乔布斯为了苹果大会，可以对着PPT反反复复练100次，还能始终保持热情呢？为什么同一件事情上，有人做着很痛苦，而有人却能做得很享受？

这里，就是你的隐性天赋！

这种天赋能让你从某些事情中获得愉悦感、满足感、成就感，以及做完之后的爽快感！当你深陷这类事情当中时，你会一不小心，就在这上面花了10 000小时；你会一不小心，竟然就变成了高手！

在别人看来，可能会觉得你是在坚持，而实际上呢，你只是乐在其中而已……

因此，搜索一下自己的过去，看看有没有这样一些事情，是你愿意不厌其烦地一直做下去的？而做完之后又感觉非常爽快的，或者做不到完美就无法忍受的？

这些让你不厌其烦的地方、追求完美的地方、无法忍受的地方，也许就是你另一种天赋的所在，也许这就是上帝留给你的"人生密码"。

第二：重新设计你的人生

找到自己的天赋之后呢？

写个PPT，做份简历，然后告诉别人，你在这块有天赋，这是你的兴趣爱好吗？

不是，你需要开始围绕天赋和优势重新设计自己的人生。

国内有个歌手叫李健。

他毕业于清华大学，算学霸级别的了吧？可他在班内真的算不上有学习天赋的，他的室友要不就是从小看黑格尔长大的，要不就是会六国语言的，要不就是获得各种奥林匹克金牌的……

每次考试他都需要非常努力，才能勉强考个六七十分，而那些真正的学霸，轻轻松松98分、99分……

相反，只要校园内有歌唱比赛，李健几乎每次都能轻轻松松拿到第一！

毕业的时候，他做了和大多数人一样的选择，去了对口的广电总局上班，还算不错的单位吧？可他却感觉，自己每天做着不喜欢的工作，用着自己不擅长的技能，在一个陌生的环境下听人使唤，虽然非常努力，却还是没能把事情做好，完全没有存在感，只能在下班后去KTV唱歌发泄……

直到几年后，校友卢庚戌点醒了他，让他去做自己最擅长的事情，也就是：唱歌。然后，中国就有了一个叫"水木年华"的组合，中国就此多了一名家喻户晓的歌手：李健！

就像我们前面说过的，当你在有天赋的地方持续投入的话，回报效率是最高的。

所以，如果你发现了你的天赋，千万别再只把它当成"兴趣"，它可能就是你的"人生密码"，你需要围绕它，开始重新设计自己的人生。

重新设计自己人生的四个步骤

一、设定一个身份目标，并赋予其伟大的意义

什么是身份？就是你想成为怎么样的一个人。

比如你喜欢唱歌，你将来想成为一名"歌手"；比如你喜欢画画，你将来想成为一名"画家"；歌手、画家就是身份。

然后再为这个"身份"赋予一定的"使命"。

什么是使命？就是这件事情"利他"的意义。也就是说，你成为这个身份之后，能够给其他人带来什么好处。

比如你想成为一名歌手，那是一名什么样的歌手？你在为谁发声？你在为谁歌唱？你的歌声能够给别人带来什么力量？是治愈还是愉悦？比如你想成为一名画家，那是一名什么样的画家？你打算主要画什么主题？为什么要画这个主题？你在传达一种什么精神？

没有这些意义，你如何打动人心？

没有这些意义，如何形成自己的风格？

没有这些意义，你的用户为什么需要你？

用户不需要你，你如何商业化？

二、刻意练习套路，完成 10 000 小时的积累

有天赋当然不够，它只是告诉你，你在这里持续投入的话，会得到最高的回报率，但并没有说，你找到天赋，就不需要再投入了。

从一个有天赋的人进化到这个领域里的高手，你还差"套路"！

什么是套路？就是前人总结的经验。

比如你喜欢唱歌，不是天天去 KTV 吼两嗓子，就能直接发唱片了，你需要专业化的训练，比如如何用气唱歌，练习音准，学习乐理知识，学习舞台表演……

你所擅长的技能，在这个领域里一定已经有人总结了非常多成熟的"套路"供你学习，这些套路能够让你少走很多弯路，减少无用的练习，帮助你更加快速地达到专业水准。

10 000 小时刻意练习的是"套路"，而不是你的"兴趣"……

顶尖的高手，比如职业运动员、职业歌唱家、艺术家、企业家，都是在熟练掌握了套路之后，站在巨人的肩膀上，然后再往前迈出自己的一步！

而这一步，是你的一小步，也许却能成为人类在这个领域里的一大步。

三、思考商业化，把天赋变成事业

如果是想重新设计自己的人生，那就不能只是把它当原来的兴趣一样玩玩

就可以了，因为这个时候，你可能已经没有了其他的经济来源，你必须要思考如何商业化。

那如何把天赋商业化呢？

如何从你的使命出发，理解你的用户？如何把你的想法落地，变成一个产品？如何构建自己的商业模式？如何搭建团队？如何赚钱？……

每一个拿出来都是大话题，这里就不展开详细讲了，讲了也没用，你还有好几道关卡没过，这些我会在另外一本书里详细拆解，你可以提前先预习一些商业类的知识。

四、设立一个个小目标，逐个完成它们！

你要将这个新的人生目标，按时间和阶段拆分成一个个小目标。

除了因为那些"罗马不是一天建成的""一口吃不成胖子"等烂大街的大道理之外，最主要的是：你得在过程中，给自己设立一个个"正反馈"来帮助自己持续精进！

什么叫正反馈？

就是：经验值。

你如果玩过RPG（Role-Playing Game，角色扮演）之类的游戏，对这个概念应该不会陌生。在游戏中，你每杀掉一个敌人，或者完成一个任务，你就会获得一些经验，当经验积累到一定程度之后，你就会升级；升级了你就会变得更强大，获得一些新的技能和新的能力；然后展开一段新的旅程，过程中还会给你一些意外的惊喜……

这个"经验"和"升级"就是你的"正反馈"，它是在告诉你，你目前做的这件事是正确的，是有意义的，并且会给你带来一些奖赏，持续地激励你不断地朝这条路继续前进。

这些稳定的获得感、成就感和不确定的意外惊喜叠加起来，就会让你"上瘾"，而你在规划自己的人生道路上，就要为自己设置这些"上瘾点"让自己乐在其中。

具体拆成多长的时间？多小的目标？

没有标准，越多越好，让自己不断达到这些小目标，并记录下达成的那些时刻，看到自己成长的进度条，不断激励自己持续前进，并在过程中等待那些命中注定的"意外之喜"的到来……

就像电影《三傻大闹宝莱坞》里说的那句话：

你只要追求卓越，成功便会自动找上门来！

回到《人生七年》里那位逆袭的尼克：

他真的是靠"努力"完成的逆袭吗？

不是！

真正的原因，是他从小对物理的狂热和对自己理想的坚持！

他7岁那年，就梦想着要探索月亮的奥秘，进而推动着他更努力地学习物理；他在21岁那年考入牛津物理系；后来，揣着推动核物理发展的梦想移民到美国……

虽然他的天赋没有支撑他再进一步，最终只成了大学物理教授，但他已完成了阶层的穿越！

再回到那个财富分配的模拟实验：

那个能贯穿人生、能让你始终比别人多1%的竞争优势的因素，真的是"努力"吗？

不是！

而是你在某个领域里的"天赋"！

因为只有天赋，才能贯穿一生，而你要做的事，就是发现它，使用它，并不断加强它！

你需要用你的天赋，重新定义你的一生！

思考与行动

看完 ≠ 学会，你还需要思考与实践

思考题：搜索一下自己的过去，看看有没有一些事，是你愿意不厌其烦地一直做下去的？有没有什么事你做不到完美，你就无法忍受的？

微信扫描二维码，把你的思考结果和学习笔记分享至学习社区，与其他同学互相切磋、一起成长，哪怕只是一句话，也会让你对知识的理解更加深刻，收获也会更多，还能让其他人从你的感悟中获得启发。

世界第八大奇迹，知者赚不知者被赚

概念重塑
重新理解财富　重新理解自己　重新理解世界

大脑升级
解开大脑的封印　思维力提升　解决所有问题

17%

注意力　时间商　人生密码　复利　角色化　理解层次　元认知　多维能力　势能差　估值模型　四域空间　运气催化剂　负面词语/情绪　学习三步法　背景知识　专注的力量　透析三棱镜　线性思维　结构化思维　系统性思维　选择　计划　演化　创新

4

世界第八大奇迹

2500年前,腓尼基旅行家昂蒂帕克写下了世界七大奇迹,它们分别是:
① 埃及的金字塔;
② 巴比伦的空中花园;
③ 土耳其的月亮神阿泰密斯女神庙;
④ 希腊奥林匹亚的宙斯神像;
⑤ 土耳其国王摩索拉斯陵墓;
⑥ 罗德岛太阳神铜像;
⑦ 埃及的亚历山大灯塔。

不过可惜的是,除了金字塔被保留了下来之外,其他六个遗迹已经全部损毁了。

那这节课要说的"世界第八大奇迹"是什么?

是中国的万里长城,还是秦始皇陵兵马俑?或者是印度的泰姬陵?……

都不是,其实到目前为止"世界第八大奇迹"还没有定论。不过传说,科学家爱因斯坦把这"第八大奇迹"颁给了一个概念——"复利"。

世界前七大奇迹都是人类文明的伟大遗迹,而复利是什么?为什么爱因斯坦要把第八大奇迹给一个经济学上的概念?它究竟有何神奇之处?

先给你看看"复利"在世界上都干了些什么好事(见图4-1)……

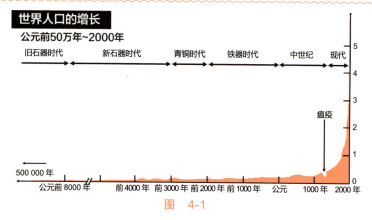

图 4-1

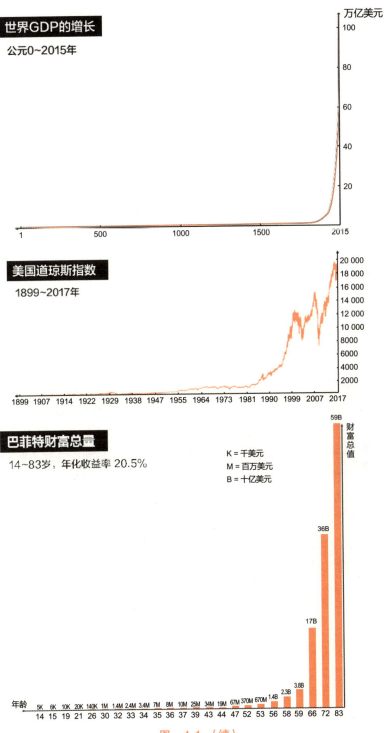

图 4-1（续）

4 世界第八大奇迹，知者赚不知者被赚

你有没有发现上面这些"趋势图"都有一个相同的特征？

就是它们的曲线都是这样的（见图4-2）：

随着时间的推移，数值会不断增大，时间越长，增长速度越快……

除此之外，还有类似阿里巴巴、腾讯、Facebook这些快速成长起来的明星企业，也几乎都符合这样的增长方式。

而造成这种增长趋势的"幕后黑手"，就是"复利效应"。

复利，就像是一把能开启爆炸式增长的钥匙，无论是财富，还是其他什么，一旦拥有了复利效应，它就像拥有魔力一般飞速上扬，直到冲破天际……

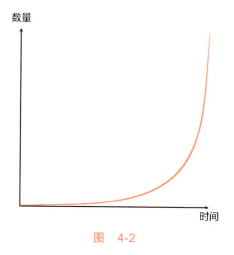

图 4-2

那究竟什么是复利

<u>曾经有这样一个关于复利的故事：</u>

传说有一位古印度的宰相，发明了国际象棋，使得当时的国王非常高兴，就问他想要什么奖励。这位宰相说："陛下，我不要您的金银珠宝，您只要在我的棋盘上奖励一些麦子就可以了，第一格放1粒麦子，第二格放2粒，第三格放4粒，第四格放8粒……以此类推，后面一格是前一格麦子数量的2倍，然后一直这样放满64个格子就行。"

国王一听，感觉没多少嘛，很简单啊，就愉快地答应了。

可没想到，当真的开始在棋盘上放麦粒的时候，64粒、128粒、256粒、512粒……就这么不停地翻倍增加，国王就突然发现，如果按这个增长趋势，即使把全国的麦子都搬过来，那也不够啊！

到底有多少呢？

$1+2+4+8+\cdots+2^{63}$，当放满64个棋格后，总麦粒数等于2的64次方$-1 \approx$ 1844亿亿（粒），换算成重量的话就是5500多亿吨，相当于当时全印度小麦产量的好几万倍！

这就是复利效应，是不是很神奇？

所谓复利效应，就是可以把原来一个极小的数，通过一个简单的数学公式运算，每一次都在上一次的基础上，按一定比例增长，在执行若干次之后，整个结果就会形成爆发式的快速上扬,最终变成一个天文数字!

它一开始的增加幅度很小,甚至微小到你感觉不出来,但是随着时间的推移,重复次数的增多,它就会在某一个拐点,开始急速上扬,形成爆发式增长。

复利还有个数学公式,可以用于计算复利的增长趋势:

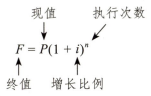

$$F = P(1+i)^n$$

现值、执行次数、终值、增长比例

是不是感觉熟悉又陌生?

没错,这是你中学课本里的一个数学概念,相信你一定学过,还用它计算过许多应用题,甚至有些同学现在还能背出这公式……

可自从你毕业后,它好像就和你没什么关系了。

偶尔间,听到有人说它能让你财富自由,你便翻出课本,看着这个公式,两眼呆滞……

除了能想到去买个理财产品来"利滚利"之外,并不知道该如何使用……

现值?

是指投资的本金吗?我现在钱很少啊,复利至少得先有钱投资吧……

增长比例?

我怎么知道增长比例会是多少,我买的股票亏钱的多……
买理财产品?收益又低,还经常遇到风险,不敢买啊……

执行次数?

一说复利,就让我等30年,那请你告诉我,我这10年怎么办?

终值?

完全没头绪,还是放弃吧……

明晃晃的一个公式写在那里,每个字母也都能看懂,可为什么就是用不了?

然后,你合上书,想想还是算了吧,复利公式从此又将束之高阁,这个"奇迹"就此变成了你的"遗迹"……

难道复利真的只能作为一个用在投资上的数学模型吗?

如果真是这样,你就太小瞧它了!

那我们该如何使用复利

我们之所以不会使用复利，通常情况下就是被那个复杂的数学公式给困住了。

保罗·洛克哈特（Paul Lockhart），在他的一本著作《一个数学家的叹息》中说：数学的本质是表达的艺术。

什么意思？

数学应该是一个思考工具、表达工具，而不是简单的计算工具。

我们一看到这个数学公式，就会想到计算，然后在这个不完美的世界中，寻找各种条件参数往公式里塞，但是发现竟然塞不进去，你就懵了，然后就不知道这个公式该如何使用了，然后，就没有然后了……

数学公式，是一种理想情况下的完美表达，可现实世界常常是不完美的。当你眼里只有公式的时候，你的思维就会被死死地限制在这个等式的两端，出不来……

那我们应该如何使用这个复利公式呢？

首先，就是不要将视线局限在公式的细节里："每一个字母代表什么意思？我应该如何去套用……"

你要理解公式背后的思维方式，弄明白它到底是想表达一种什么逻辑关系。

你可以这样想，如果你现在面对的是一个小孩子，你会怎么描述这个公式呢？这个大白话的描述，很可能就是这个公式背后的那个思考方式。

然后，把"具体的公式"抽象成为"思考方式"之后，就能将这个思维方式应用到其他地方了。

听起来是不是很简单？

这里暂停 2 分钟，再看一眼这个复利公式，你试着自己想一想，这个复利公式是想表达什么逻辑关系？

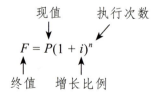

$$F = P(1 + i)^n$$

现值、执行次数、终值、增长比例

想到了吗？

复利其实就是："当你做了事情 A，就会导致结果 B，而结果 B 又会加强 A，如此不断循环，循环次数越多，A 就越强大。"其实就这么简单的一个逻辑（见图 4-3）。

基于这个逻辑，就能产生不断自我增强的复

图 4-3

利效应。比如：
- 网站是复利增长的，流量越多，搜索权重越高；搜索权重越高，流量越多；如此往复……
- 淘宝店是复利增长的，销量越高，排名越高；排名越高，销量越高；如此往复……
- 电商平台是复利增长的，买家越多，商家就越多；商家越多，就能吸引越多的用户过来买东西；如此往复……

这样解释，是不是就特别简单了？

那接下来你该怎么办？

如何把这个模型应用到你的商业模式、个人成长、财富增值上来呢？

接下来，我就一步步教你，如何设计一个拥有复利效应的模式出来。

设计复利效应的具体步骤

第一步：找到因果关系

设计复利效应的第一步，是一定要找到一个"支点"。

什么是支点？就是我做了 A，是否能得到结果 B？

就像"鸡生蛋，蛋生鸡"是否有这个因果关系？

所有的复利效应都是建立在这样一个支点上的，如果这个支点不成立，复利效应就会轰然倒塌。

那支点怎么找？

答案是：看书！

除非特殊情况下，一般不要去重新发明轮子。什么意思？

就是不要自己去摸索着写个因果关系，然后用自己的时间和金钱来验证它是否正确，你要学会站在巨人的肩膀上。

最高效的方式，就是去相关领域中，找到那些已经被验证过的结论，或者是一些基本常识，甚至是数学定律来用作"支点"。

很多大佬喜欢讲"第一性原理"，为什么？

因为第一性原理就是那个必然为真的支点，从这个支点开始推演出的逻辑关系就必然为真。如果从这个点出发，设计出拥有复利效应的商业模式，就不会轰然倒塌。

比如你是做电商的，那必须熟记下面这个公式：

销售额 = 流量 × 转化率 × 客单价

这样你就知道，如果你想提高销售额，无非就是从流量、转化率和客单价这几个维度入手去提高。

支点必须是公式吗？

不一定，只要有因果关系即可，比如：

- 文章写得越好，转发率就会越高；
- 在电商平台上，销量越高的产品，排名就越高；
- 同样的产品，价格越贵，销量就越低（需求第一定律）；

因果关系不一定要百分之百，不一定是发生 A 就百分之百会发生 B，世界上也没有百分之百的因果关系，比如经典物理学在量子尺度下就会失效。因此，你找到的这个支点，只需要在大部分情况下有效，或者说有比较大的概率会发生即可。

第二步：设计增强循环

就是 B 如何反过来增强 A。

第一种情况，它们之间天生就有增强循环

比如"鸡生蛋，蛋生鸡"，这是自然规律，彼此天然有复利效应；再比如，我们常见的"利滚利"，你投资了一个理财产品，年化收益10%，你投入10万元，1年后获得1万元收益，然后把这1万元收益再作为本金，就可以利滚利，产生复利效应了（见图4-4）……

再比如，这两年非常火的网约车平台：打车的人越多，就会吸引越多的司机加入；更多的司机加入，打车的人就越容易打到车，也就能吸引更多的用户；如此往复，不断互相促进（见图4-5）……

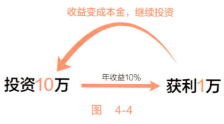

图 4-4

这种天生有复利效应的模型，你只需要找到，并按这个逻辑落地执行出来就行。

第二种情况，需要补充要素的增强闭环

天然有复利效应的模型并不是那么好找，大多数情况下是你找到了某个支点，做了动作 A，产生了结果 B，但是 B 好像无法反过来增强 A 了，怎么办？

比如在淘宝上，流量越多，销量越高；销量越高排名就越高，因此获得的流量就会越多。可线下门店呢？没有平台给它排名，销量好并不能直接带来流量，怎么办（见图4-6）？

如何把销售额用来增强人流？

这个时候，我们就需要在"销售额"和"门店人流"之间，增加一些环节，让它们之间连成一个"增强闭环"：

比如，销售额越多，意味着利润越多；利润多的话，是否可以把这些超额利润转化成新的分店？有了新的分店，就意味着有了新增的客流，这不就从"销售额"回到"门店人流"了吗？

然后你再用赚到的钱，开更多的门店……如此往复。在不考虑经营能力的可复制性、市场变化等其他变量的情况下，你开店的速度，理论上会越来越快，并产生复利效应。这样，你就能从一家单店裂变成大型连锁店了（见图4-7）。

当然，你还可以设计其他的循环方式，比如把"超额利润"的部分折换成优惠券的形式，发放给老客户，两人同行8折优惠，通过"老带新的优惠券"来新增客流（见图4-8）。

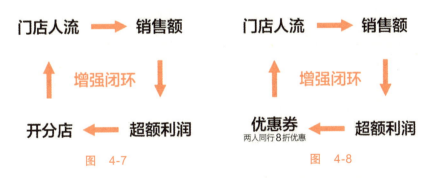

第三步：重复与耐心

为什么很多人找到了复利效应，比如说花了10万元买了年化收益10%的理财，但是没过几年就坚持不下去了？

因为复利效应天然有个缺陷，就是在初期很漫长的一个时间段里，增效都非常低，低到你几乎感觉不到它在增长；甚至怀疑它的存在，因为几乎感觉不到有变化啊！

只有坚持走到某一个位置，可以称这个位置为"里程碑"，这个曲线才会急速上扬（见图4-9）：

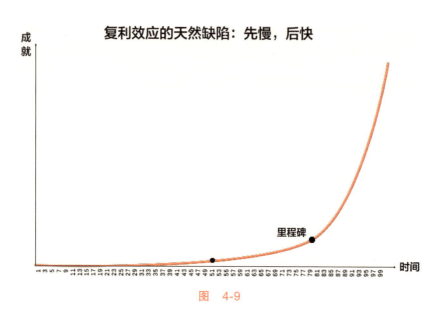

图 4-9

也就是说，即便你在做的事情，目前是拥有复利效应的，但是如果坚持的时间不够长，重复的次数不够多，你是感觉不到太大变化的，你会怀疑目前的方法是否正确，然后就会开始思考该不该放弃的问题。

每当你想要放弃的时候，记得回来看看这张图，找找自己所在的位置，然后你要相信，你的未来一定是这样的一条曲线，只是现在还没走到"里程碑"这个位置而已，你要学会保持耐心，然后继续不断地重复做正确的事情，总有一天，你会来到自己的里程碑，然后，扶摇直上！

两个特殊的复利模型

现在你已经知道复利模型的基本设计步骤，接下来我会介绍两种特殊的复利模型：

第一种:加法运算→幂运算

什么意思?就是这件事情原来你是做加法的:$F=10+1+1\cdots$现在变成幂运算了:$F=10(1+10\%)^n$

是不是想起开头讲的复利公式了?

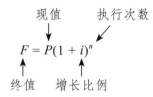

$$F = P(1+i)^n$$

终值　增长比例　执行次数（现值标注于P上方）

对的,这个就是标准的复利计算公式,可问题是,是什么导致它变成幂运算的?

我们讲两个例子来理解这个概念:

案例1:你的知识量是如何增长的

假如你不断地看书学习,那么请问,随着你读书的数量越来越多,你的知识量是按"算数增长"的,即每多读一本书则"知识量+1"?还是按"指数增长"的,即每多读一本书则"知识量增加1%"?

答案是:都有可能,看你用哪种方式学习。

如果你把每一本书作为孤立的一本书来学习,那么知识量就是以加法的方式增长的。比如你学习了复利效应、比例偏见、SWOT分析,那么你知识库里的知识量就增加了3个。

原有知识 + 新知识1 + 新知识2 + 新知识3……

那应该怎么学才能产生复利效应,让你的知识量呈指数增长呢?

那你就要把新学到的知识,放到自己原有的知识储量中去,然后和其他知识产生关联(见图4-10)。

比如你今天学习了"复利"这个新概念,如果只是作为一个孤立的点来学习的话,它就是一个公式,储存在你的脑中。

那么如何让它和你的原有知识产生关联呢?可以试着这样思考:

如何在设计产品时加入复利效应?
如何在团队激励中加入复利效应?
如何在商业模式里加入复利效应?
复利效应和庞氏骗局是什么关系?
……

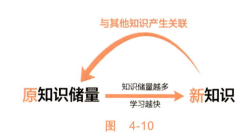

图 4-10

可以在白纸上画草图，或者用脑图工具，或者直接写文字笔记，把你的想法记录下来，让这个复利概念，和你其他的各种知识做一次关联。这样，这个新学到的知识就不是孤立的存在，而是在你知识存量里"长"出来了一个新概念（见图 4-11）。

注：为什么我每章末尾处都会建议你做作业？就是想让你把新学到的知识和你的知识存量发生一次关联，这样才能让这个新知识从你大脑里"长"出来，以此提高你的学习效果。

你的知识存量就像是一个偌大的网络图，每个知识点之间都有关联，而每新增一个知识，就像是在这个网络图中增加一个新节点，这个节点又和其他节点相连，关联的数量越多，这个网络的总信息量增加得也就越多，那么你的知识量就会按复利的方式作指数增长。

每一个新知识，都与旧知识发生关联

图　4-11

案例 2：乐高积木

再说说乐高积木，乐高是全球最大的玩具公司，至今估值已达到 2500 亿元。

是什么缔造了这样的一个玩具帝国？

是什么让孩子们对它的玩具爱不释手？

它和其他玩具厂家又有什么区别呢？

乐高有一种标志性的玩具产品：是各种一面有凸粒、一面有可嵌入凸粒的凹槽的塑料积木。

目前乐高总共生产了不同颜色、不同形状的这种积木共有 9000 多种，但是你猜由这 9000 多种不同积木可以组合成多少种玩法呢？

官方给出的数据是：超过 9.15 亿种拼法，是积木数量的 10 万倍。

为什么会这样？

因为乐高每创新出 1 款新积木，并不是多了 1 款新积木，而是所有旧积木多了一种新玩法，每一款新积木都可以和原来所有的积木发生关系，这就产生了复利效应！

不仅是玩法的复利效应，也是销量的复利效应，因为拥有的套装越多，意味着你有更多的玩法和更多的创意，你就会越买越多，任何一款你都会想带回家，和原来的组合起来玩玩看……

第二种：量变→质变

就是原来这个模型是没有复利效应的，但是由于其中某个环节的数值增长到一定程度之后，这个模型突然拥有了复利效应。比如说微信公众号文章的传播，它的逻辑是这样的（见图 4-12）：

一篇文章从公众号发出，有一部分人打开了文章，带来了初次阅读量。在这些初次阅读者中，有一部分人觉得文章不错，便分享到了朋友圈（分享的人数 = 初次阅读人数 × 分享率），而发到朋友圈的文章，又会带来新的浏览量，而新带来的读者中，又会有一部分人将文章转发到朋友圈，继续带来一批新增阅读量……

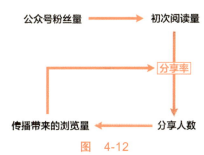

图 4-12

因此，从逻辑上看，不断有人分享到朋友圈，不断带来新的阅读量，看似是一个"复利效应"的循环，但在这个环节中，有一个关键的指标：分享率。

分享率的大小，决定了这个循环能循环多少次。

假设，公众号带来的直接阅读量为 500，一个人转发到朋友圈带来的平均阅读量为 7，那么我们就可以计算，在不同分享率下，能分别带来的总阅读量是多少：

情况 A，在分享率 =5% 的情况下，总共循环了 3 次，共计带来 745 的阅读量（见表 4-1）：

表 4-1

分享率	5.0%	平均朋友圈阅读	7
阅读量测算			
初始阅读量	500	转发人数	25
1 次传播量	175	转发人数	8
2 次传播量	56	转发人数	2
3 次传播量	14	转发人数	0
4 次传播量	0	转发人数	0
5 次传播量	0	转发人数	0
6 次传播量	0	转发人数	0
总传播量	745	总分享人数	35

情况 B，在分享率 10% 的情况下，总共循环了 9 次，共计带来了 1263 的阅读量（见表 4-2）：

表 4-2

分享率	10.0%	平均朋友圈阅读	7
阅读量测算			
初始阅读量	500	转发人数	50
1 次传播量	350	转发人数	35
2 次传播量	245	转发人数	24
3 次传播量	168	转发人数	16
4 次传播量	112	转发人数	11
5 次传播量	77	转发人数	7
6 次传播量	49	转发人数	4
7 次传播量	28	转发人数	2
8 次传播量	14	转发人数	1
9 次传播量	7	转发人数	0
10 次传播量	0	转发人数	0
总传播量	1263	总分享人数	125

也就是说，分享率决定了循环次数，分享率越高，传播次数就越多，但整体上看，每次循环带来的新阅读量是越来越少的。因此，它并不是具有复利效应的模型。

那有没有一种情况，当阅读量提高到某一数值之后，每次循环带来的新流量变得越来越多了呢？

经过计算，我们得出这个数值 =14.5%（见表 4-3）。

表 4-3

分享率	14.5%	平均朋友圈阅读	7
阅读量测算			
初始阅读量	500	转发人数	72
1 次传播量	504	转发人数	73
2 次传播量	511	转发人数	74
3 次传播量	518	转发人数	75
4 次传播量	525	转发人数	76
5 次传播量	532	转发人数	77
6 次传播量	539	转发人数	78
7 次传播量	546	转发人数	79
8 次传播量	553	转发人数	80
9 次传播量	560	转发人数	81
10 次传播量	567	转发人数	82
总传播量	2033	总分享人数	294

也就是说，当分享率 ≥ 14.5% 的时候，每一次循环带来的新流量就比前一轮的流量更多，因此会带来更多的人分享到朋友圈，如此往复，不断增强，从理论上来说，这篇文章的阅读量就会不断变大，而且增速越来越快……

如果你写的一篇文章能超过这个分享率,你就会听到"呼"的一声,整个朋友圈被刷屏了……

注:当然,这个是理论测算,现实中会遇到过夜、触达重复人群或者接近用户总量等情况,平均朋友圈阅读量和分享率会衰减至复利效应停止。

因此,影响公众号阅读量高低的最核心因素是分享率;而影响分享率的核心要素,就是你内容的质量。你能否给读者带来新的启发、新的思考?你能否帮助用户说出心声、带出热点话题、成为他的社交货币?

从这点上来看,认真打磨好内容,才是经营一个公众号最核心的事情,而其他都是治标不治本的短期策略。

蓄势待发

到这里,是不是感觉一切都很美好,就准备设计个复利系统,然后坐等成为亿万富豪了?

先别激动,就像我刚才说过的,复利增长有个天然的"缺陷",就是在初期很漫长的一段时间段里,增效都非常低,低到你几乎感觉不到它在增长,只有走到某一个位置,这个曲线才会急速上扬。如果你未来的人生也是这样一条复利曲线的话,你可以从"里程碑"处画一条横线,把这条横线称之为"地平线",复利增长只有突破了地平线,才开始真正有意义,在那之前都是积累与等待……

就像是竹子,在地平线以下的时候,它会将自己的根在土壤里延伸数百平方米,不断地为未来做着准备和积累,这个过程需要用4年的时间,在这期间它只长了3厘米。而当它来到了里程碑,冲出地平线之后的那一刻起,便开始以每天30cm的速度疯狂地生长,6周的时间,能长到15米高!

因此,如果你每天已经非常努力,做的也都是正确的事情,却依然感到前途一片迷茫,请不要灰心,也许这只是你正处在地平线之下而已,未来的路还很长,只要你相信自己的未来是这样的一条复利曲线,那么你现在要做的事情,就是继续不断地进化自己,继续坚持做对的事情,然后重复、重复、积累、积累、耐心、耐心……

也许,这世界上根本就不存在什么"第八大奇迹",爱因斯坦也从来没说过这样的话,但是,如果复利效应真就发生在了你身上,那么对于你来说,它不就是这世界上最大的一个"奇迹"吗?

愿你能早日到达自己的里程碑，然后，破土而出，创造出属于自己的人生奇迹！

思考与行动

看完 ≠ 学会，你还需要思考与实践

思考题1：你目前的企业是做什么的，有什么办法可以让它复利增长吗？

思考题2：你目前的收入是如何构成的？你平时又会将钱用在哪里呢？请试着设计一个具有复利效应的模型，让你的收入具备指数增长的潜力。

微信扫描二维码，把你的思考结果和学习笔记分享至学习社区，与其他同学互相切磋、一起成长，哪怕只是一句话，也会让你对知识的理解更加深刻，收获也会更多，还能让其他人从你的感悟中获得启发。

你到底是谁

概念重塑
重新理解财富　重新理解自己　重新理解世界

大脑升级
解开大脑的封印　思维力提升　解决所有问题

21%

注意力｜时间｜人生商人｜复利密码｜角色化｜理解层次｜元认知｜多维能力｜势能差｜估值模型｜四域空间｜运气催化剂｜负面词语/情绪｜学习三步法｜背景知识｜专注的力量｜透析三棱镜｜线性思维｜结构化思维｜系统性思维｜选择｜计划｜演化｜创新

5

角色化人生

前两年有一部非常火的电视剧,叫作《三生三世》,具体的情节已经记不清了,但是里面有个演员我印象特别深刻,就是主演杨幂,她在剧中一个人饰演了好多个角色:

- 第一个,司音:为了拜师学艺,女扮男装,率真可爱;
- 第二个,素素:白浅的第二世,夜华的妻子,隐忍善良,性格刚烈;
- 第三个,白浅:四海八荒的上神,武功高强,妖娆而不失尊贵大气;
- 第四个,玄女变身:心狠手辣,阴险狠毒;
- 第五个,人偶素素:由素锦幻化出来,一脸呆滞……

你是不是也感觉,杨幂同学在这部剧里的演技简直爆表了?竟然一人能够同时分饰五个角色,拥有完全不同的性格气质,还没有任何违和感,穿梭自如……

其实比起杨同学,你的演技更加爆表!

我们每个人在生活中扮演的角色可一点都不比杨幂少:你可能是一位孩子的父亲,是你父母的孩子,是你妻子的老公,是公司里的领导,是大学里的同学,是你远房表哥的亲戚……

而且每个角色的性格、能力、行为还都不太一样:

作为父亲,你可能会比较严厉;

作为老公,你可能会比较温柔;

作为领导,你可能会很有威严;

作为同学,你可能又会很亲切……

而且,你可比杨幂厉害多了,她换个角色得拿个剧本先练习几遍,正式演出的时候还得换个衣服,而你只需要一个电话,1秒老子变儿子……

因此,别人认识的……到底是你,还是你所扮演的"角色"?

在别人口中，你可能是位李局长、王科长、杨总……

但他们叫的到底是"你"，还是你扮演的"角色"？

等有一天，你老了，退休了，他们会认识新的李局长、王科长，继续和他们交朋友，那时的你又会是谁？

我们好像已经习惯了这种角色化的生存

除了刚才说的那些"基本角色"之外，你每天头顶上可能还有如下众多角色：

按职能划分的角色：码农、销售、模特……

按地区划分的角色：中国人、上海人、北漂……

按比较得来的角色：聪明人、笨蛋、好人、坏人、穷人、富人……

这些角色，并不只是一个"代号"，它们是有生命的，每一个角色都很鲜活，都想让自己"长大"：

比如销售，会想把业绩做得更好，让自己变成更好的销售；父亲，会想办法讨孩子欢心，让自己成为一个更好的爸爸……

各种角色都会奋力前行，拉扯你的内心，让你感觉好累。当你回到家，一个人躺在沙发上，脱去所有的"角色外衣"，顿时感觉轻松了一些，终于可以好好休息一会儿，不用再"演"角色了。然而，突然有一种无所适从的感觉油然而生，好像刚演完戏，突然没有角色加身了，心里竟然感觉空落落的了，脑袋处在真空状态。

为了填满这种"空虚"的状态，你拿起了手机，开始刷剧、刷抖音、玩网游……

有时候，角色和角色之间还会有戏份上的冲突：

比如老婆希望你多点时间陪陪自己、陪陪孩子；而公司希望你多多加班，创造出更好的业绩；就在这个时候，你接到个电话，老妈和你说，你得常回家看看……

你是想做老婆的好老公、老妈的好儿子，还是公司的好员工？父母、老婆同时落水了，你先救哪个？

任何一个角色都很重要，你都想做好……

随后，角色和角色之间的矛盾和撕扯就开始了。

但神奇的是，你最终竟然全部搞定了，还能游刃有余地穿梭自如……不得不说，"人生如戏，全靠演技"，下一届奥斯卡颁奖典礼，得有你一份。

但，那些真的是你吗？

5 你到底是谁

你以为你在做自己，其实你是在演戏，如果去掉这些角色，你到底是谁？

你为什么会有这些角色？

不知道。

好像生来就这样了，好像这些角色是别人给你的。

人为什么会被角色化

为了便于管理和协作

2100年前，董仲舒建议汉武帝实行新的统治政策，罢黜百家，独尊儒术。为什么？

因为儒家定义了我们的角色，以及角色之间的关系，君为臣纲、父为子纲、夫为妻纲……这些角色的定义，能够更好地帮助统治者维护社会的稳定。

所以，角色是什么？

角色就是"规则"。

你是这个角色，你就应该符合这个角色应有的行为准则和处事态度。

比如你是父亲，你就应该爱孩子和孩子他妈，你应该每天花时间陪伴孩子，你应该尊重孩子，你不应该只关注他学习……

比如你是一名交警，那么你在执勤期间，不准穿高跟鞋或黑色以外的杂色鞋，不准背手、叉腰、插兜、扶肩搭背，不准吸烟、吃东西、看书报，不准闲谈、会客、办私事，等等。

像这样，每一个角色都有一些明确的行为标准，就像演员在剧本里，她在戏里扮演什么戏份，应该做什么，不应该做什么，都已经帮你规定好了。

在封建时代，如果你不按你这个角色应有的行为方式行事，你可能会被判有罪而入狱。

为什么角色需要有这些规则

为了让你的行为可以被预期。你从事某项工作，扮演某个角色，你的动作、语言其实大都被规定好了。所以，当我知道你是某个角色之后，我对你的行为举止、言谈内容、需要遵守的规范标准等等大致会有个预判，而这个预判，会让我们的协作变得更加高效。

有了角色，大家就会各归其位，大家互相之间可以不必认识，甚至连名字都无须知道，只需要知道彼此所扮演的角色，就能产生很高效的相互协作。

这些，就是"角色化"所带来的好处。

角色化是一把双刃剑

那么，怎么才能让一个人被角色化呢？

举个例子，比如说你家的狗狗爱随地大小便，为了能够让它在规定的地方撒尿，你可能会做如下的行为：

① 在规定的地方，比如厕所里放个垫子；
② 如果狗狗在其他地方撒尿，你就惩罚它；
③ 如果狗狗在垫子上撒尿了，你就奖励它；
④ 重复前三步，直到狗狗每次都能把尿撒在垫子上为止。

这个过程是什么呢？

对，教育。

角色化的过程，其实就是被教育的过程。

狗狗被教育之后，变得非常"有效率"，每一次都会按照"规则"去垫子上撒尿。

可是狗狗开心吗？它愿意这样做吗？

不开心……不愿意……

这只狗狗因为训练而变得"听话"，背后藏着的是什么？

藏着的是恐惧，是边界，是束缚。

它不敢跨越你划定的边界，因为离开这个边界就会受到伤害；它把自己框定在一个很小的范围内，束缚自己，因为这样比较安全。

所以，角色化一面带来了规则和效率，另外一面却带来了边界和束缚。它让我们忘记了"真实"是什么：看不见真实的自己；看不见真实的对方；做产品时也看不见真实的用户……

比如有些人，在工作的时候得心应手，回到家就不行了。为什么？

因为工作环境是高度角色化的，对方的反应你是可以预期的，而家里则不同，特别是在没有第三人在场的时候，夫妻之间更多的时候是"去角色化"相处的，而你如果还要用"角色化"那一套去要求、去预判对方的行为，结果通常会比较糟糕。你的"应该如此"，就会变成对方的"凭什么要我这样"……

所以，一旦在"不需要角色化"的时候，你却用了"角色化"的思考模式，就会出现很多问题，比如独处的时候，你会感到人生迷茫；亲密关系相处的时候，你会感觉对方不可理喻；做产品需求调研的时候，你会感觉用户口是心非……

那我们今天为什么要学习角色化？

答案是：为了有一天，能够"去角色化"！

因为只有脱掉了角色化的外衣，你才能让真正的自己来到人生舞台的中央！

你，才会是你！

那你该如何"去角色化"呢

有一本书叫作《用户体验要素》，虽然它讲的是如何从 0 到 1 设计一个网站，但是湖畔大学的梁宁老师在她的得到课程《产品思维 30 讲》里，把这个分析框架做了一些改变，拿来分析人的话也非常适合，可以更加清楚地透视一个人的全貌。

这里，我们就借用这个框架把人分成 5 个层级来一层层剖析，层次越深越接近这个人的真实内核。

注：关于这部分内容的更多详情，欢迎关注梁宁老师在得到 App 的专栏《产品思维 30 讲》。

第一层：感知层

就是对一个人的整体感觉，是高矮胖瘦，还是漂亮难看？整体的气质如何？言谈举止是否得体？为人处世是否礼貌？……

我们和一个陌生人接触，通常情况下是在这个层级的，我们和他见过一次面，有过一次交谈，对他有了个"第一印象"，这个就是感知层。

第二层：角色层

也就是这章主要讲的部分。他是在哪家公司上班？担任哪个职务？他是否结婚生孩子了？

我们每个人都生活在一个个角色里，并被这些角色所驯化。比如说你遇到一个银行职员、公务员、程序猿……你和他在打交道的时候，能够明显感觉到他身上这个角色的痕迹。他与你交谈的内容，所做的动作，都是被这个角色所影响，甚至是被控制的。还记得吗？角色是边界，是束缚。

当你们在办公室里，在社会交往中，如果是基于表面的"感知层"的了解，基于"角色化"的接触，那么你们的交谈内容就会被牢牢地设定在一个很小的范围里，无非就是些关于工作内容的对话、寒暄式的问候、调查户口式的问答……

基于这种方式的接触，你们之间只能是一种非常浅层次的关系。这个就像是你和另外一个演员，在一起拍一部电影，你们两人看上去在剧中关系很不错，但这都是基于你们扮演的角色的交际，一旦舞台落幕，脱去演出的服装，你们也许又将回到陌生⋯⋯

如果你想要更深入地了解自己和对方，你就要再往下走一个层次⋯⋯

第三层资源结构和第四层能力圈

第三、第四层，我们一起讲。

从第三层开始就是一个人的深层部分了。

第三层：资源结构层，它是指你的财富资源、人脉资源、精神资源，等等。

第四层：能力圈，它是指你的各种能力，比如管理能力、商业能力、沟通能力、专业技能，等等。

每个人在人生初期时的角色都差不多，一开始都是学生，毕业后都是小职员，但是每个人未来能去向哪，成为另一个什么角色，是由你的能力和资源结构决定的。每个人的家庭环境、人脉资源、财富资源以及能力水平的不同，会支撑着你们成为不同的角色。

角色会改变，而资源结构层和能力圈只是不断地进化和扩张。

如果你的资源结构和能力不发生改变，那即便是更换了角色，也是在同层次的角色中跳来跳去，甚至还会变得更糟，因为你不进步别人会进步，而随着你年龄的增大，相对价值也就变小了。

比如你原来在一个大公司里做程序员，现在辞职去创业了，和朋友合伙组建了一个公司，成了公司的老板，虽然你的角色发生了变化，但是你的能力和资源结构并没有一起改变，而决定你是否能够胜任这个新角色的，不是那一张崭新的名片，而是你的能力圈和资源结构层是否能够在接下来的这段时间里获得扩张和进化。

因此，从这点出发你也可以看到，很多人工作不顺心，想换工作，眼睛里盯着的都是不同公司里的不同角色，而从不把注意力放在提升自己的能力圈和资源结构层上，结果就是在很长的一段时间里，都是在同层次的角色中跳来跳去，而随着自己年龄的增大，同样的角色可以由更有潜力、要求更低的年轻人来做，那么这类人的职业竞争力就会大幅缩水了。

第五层：存在感知层

第五层，就是对自己存在感的定义。说得通俗一点，你是通过什么方式"刷存在感"的？

有些人吃顿美食，发个朋友圈，收获100个点赞，就感觉很有存在感；有些人拥有一段幸福的爱情，被爱人时刻惦记，内心就会充满存在感；而有些人光有这些是不够的，他需要在职场里被领导关注，在事业上获得非凡成就，在行业里被同行看见、被别人重视……这样他才能感觉到存在感！

所以，人与人是不同的，你到底想成为怎样的"存在"？

你到底在什么状态下才会感到满足？还没达到，你就会百爪挠心？

还记得我们第3章讲的"你的人生密码"吗？你愿意为它乐此不疲的，做不好你就无法忍受的，这个就是你最内核的存在感知。做到了，满足了，你也就感知到自己的"存在"了。

还没有被满足的时候，你才需要扩充自己的能力圈、资源结构层，每天上蹿下跳，找人找钱找事。如果存在感被满足了，你才不会那么费劲。因为扩充能力圈是一件很累的事，就像很多女人结了婚就不化妆了，很多男人成功了就不奋斗了一样。

所以，你希望自己是一个怎么样的存在，才能驱动着你能走多远，你的边界才会被扩展到哪里。

你想成为怎么样的一个人，你的人生使命是什么？

是不是感觉这几个问题都好大好陌生？脑袋里一片空白，从来没想过？偶然想过，也从未找到答案？

那是因为你已经习惯了生活在角色之下，习惯用角色化的视角来思考，关注的是"角色"的长大与变迁，却从未关注过你自己真正想要什么。

所以，你要想清楚这个问题，你就得抛开这些角色，现在你就是你，如果你身上没有这些职位、身份，你想要的到底是什么？

这个答案，也许你不能马上回答我，但没关系，因为你还没习惯去掉角色的状态，等你习惯了，答案也就自己冒出来了。

每个人的内核：存在感知层

到了这一层，其实就是每个人的内核（见图5-1）。

也只有了解到这一层，你才能和对方建立深度的关系，你才能看见一个真实的自己。

不管角色层看上去活得多滋润，如果你的存在感没有被满足，你感受到的还是痛苦。存在感的需求越高，没有被满足的落差越大，痛苦感也就越大。而你，如果放弃了对存在感的追求，也许你就超脱了，但也许你也就此平庸了。

图 5-1

如果，你要想和一个优秀的人在一起，并和他建立深度关系，那你就既要懂他真实的快乐，更要懂他真实的痛苦，并且给予他能量，支持他的存在感，互相依赖共存，才能成为灵魂互相交织的伙伴或者伴侣。

所以，你与人相处是要看到了他的哪个层次：是与他的角色层相处，还是存在感知层？你看自己是看到了哪一层？看到的是自己的角色，还是角色下自己的能力和资源？还是看到了自己的存在感知？

被动的人生是从外往内探寻的，很多人被困在角色层，在角色下生活，一生都在寻找人生的意义；

主动的人生是从内往外拓展的，是去角色化的，一生都是在自我成长，没有边界的限制纵情向前！

而想要选择哪种生活的决定权，就握在你的手中，借用电影《黑客帝国》里墨菲对尼奥说的那段话："如果蓝色药丸代表继续过角色化的生活，而红色药丸代表去角色化的生活，你会选择哪个？"

如果你选择了红色药丸……

那么恭喜你，欢迎来到真实的世界！

小结：为什么今天我们要学习角色化

第一，为了理解自己

角色意味着规则、边界和束缚，有太多的条条框框，让你无法突破自己。你在什么时候应该做什么，不应该做什么，其实早都被确定好了，你是没有自主权的。你以为是你在思考，其实你是在替角色思考，你想做的事情，其实是角色想让你做的事情。

你想要突破这些限制，你就要看到自己的存在感知层，从这里出发，扩展你的能力圈和资源结构层，你才能突破角色的边界，纵情向前。

第二，为了理解伙伴

如果你追求的是深度、长期的关系，那你需要看到的就绝不仅仅是对方表面上已经呈现出来的结果。基于角色层的交流都是浅层次的，你需要来到对方的存在感知层，了解他真实的快乐，更了解他真实的痛苦，交换彼此的能量，才能成为灵魂的伙伴。

第三，为了理解陌生人

我们要能够意识到，日常生活中你所接触到的大多数人，其实都是"角色化"的，你以为的他，并不一定是真正的他，他今天对你这么说、这么做，或许是完全基于角色化的考量，而非他真正的本意。你要学会在与人交往的过程中，把"他"和"他的角色"区别对待。

如果你在创业，或者从事着和产品相关的工作，那么更要对你的用户"刮目相看"，你要知道自己到底在为"他"还是为"他的角色"提供产品或者服务。比如各种协同办公、CRM、任务清单等软件就是为用户的"角色"提供服务的，你就不能加入娱乐功能，不然用户玩开心了老板就不买单了……

再比如，你设计了一款母婴产品，你觉得对方是一位母亲，就应该喜欢看这个，应该喜欢点那个……为什么？用户"演"了一天的角色，回到家躺在沙发上，想"去角色化"地自己待会儿，脑袋放空地刷刷存在感，你凭什么要求她此刻还带着"母亲"这个身份？为什么她就不能像孩子一样，玩一晚上的王者荣耀？刷刷五杀的存在感？和自己的萌宝拍个抖音短视频？

因此，你的用户到底会用他真实的自己来用你的产品，还是穿上角色的外衣来使用，这个你一定要分清楚，这个定位一旦模糊，产品就容易走形。

思考与行动

看完 ≠ 学会，你还需要思考与实践

思考题1：你觉得自己更适合角色化生存呢，还是去角色化生存？

思考题2：我们还能把这个概念运用在其他什么地方？

微信扫描二维码，把你的思考结果和学习笔记分享至学习社区，与其他同学互相切磋、一起成长，哪怕只是一句话，也会让你对知识的理解更加深刻，收获也会更多，还能让其他人从你的感悟中获得启发。

你是第几流人才

概念重塑
重新理解财富　重新理解自己　重新理解世界

大脑升级
解开大脑的封印　思维力提升　解决所有问题

25%

注意力 | 时间商人 | 人生密码 | 复利 | 角色化 | 理解层次 | 元认知 | 多维能力 | 势能差 | 估值模型 | 四域空间 | 运气催化剂 | 负面词语/情绪 | 学习三步法 | 背景知识 | 专注的力量 | 透析三棱镜 | 线性思维 | 结构化思维 | 系统性思维 | 选择 | 计划 | 演化 | 创新

6

一家零售店的困境

假设你是某品牌运动鞋的线下门店代理商,门店开在上海的闹市区有好几年了,你雇用了几个伙计在经营着自己的小店面,你每周来店里一次了解经营情况,生意一直以来都比较稳定。

可是最近,你发现生意越来越差了,销售额一直在下滑。而且你还发现,某几款鞋子的"进货价"竟然比淘宝上的"零售价"还要高,很多客人来店里试了一圈鞋子,结果都跑去网上下单了。

伙计们的士气也开始变得低落,客人进来了,都不太愿意主动去搭理,你刚要发火,一名员工却突然提出了辞职……

你非常苦恼,这个地段的房租开始变得越来越贵,库存因为滞销越积越多,甚至本来热闹的地段,现在逛街的人也开始变少了……

店铺已经开始亏损,而你投入了大量的装修成本和库存,现在关门损失极大,你焦头烂额……

请在这里停顿30秒,想象自己就是这个代理商,请问在这个时候,你会怎么办?

有些人说可能会说:
"都是万恶的淘宝惹的祸,马云毁掉了实体经济!"

"线下房租越来越高,卖一个月的鞋还不够付房租,线下店谁做谁赔钱……"

"现在的年轻人太不负责任了!生意有点波动,稍微有点压力,人就跑了……"

还是你会这样思考?
"员工不积极,我就提高员工的销售提成呗,有钱能使鬼推磨,冰箱都能卖给爱斯基摩人,就不相信卖不出去几双鞋子,明天开始我亲自来盯店……"

"我们上个月不是有几个企业订了一批鞋子吗?这个月我们多打点电话,联系更多的企业，做企业客户！"

"我也可以开个淘宝店啊，把我的生意也搬到网上……"

或者你选择另辟蹊径？

"时代变化太快，新时代一定有我不知道的新方法和技巧，我要去学习一下……像什么新零售啊、O2O（Online to Offline）、体验经济、短路经济、社群经济……听说都是能解决目前这种困境的方法！"

"其他同行是怎么解决的？有没有同行的资源，我去交流学习一下……"

为什么面对同一个困境，每个人的反应和解决方法会如此不同？

有些人抱怨环境，有些人变得勤奋，有些人却选择开始补习功课，寻找新的解决办法。

到底哪种方式才是正确的

这里，我们就需要用到一个新概念"NLP理解层次"来解释这个现象：

注：NLP（神经语言程序学）是由理查德·班德勒和约翰·格林德在1976年开创的一门学问，美国前总统克林顿、微软领袖比尔·盖茨、大导演斯皮尔伯格等许多世界名人都接受过NLP培训，世界500强企业中的60%采用NLP培训员工。理解层次是NLP中的一个核心概念。

在这个世界上，每一件与我们有关系的事，我们都会赋予其一些意义。比如前面的例子，有些人可能会觉得造成这一切"都是马云的错"！这个就是他赋予的意义。

但是，每个人对同一件事情所赋予的意义是不一样的，因此，我们的理解就会不同，而理解不同，各自给出的解决方案当然就会不同。

"NLP理解层次"把对一件事情的理解分成了六个不同的层次，而这些层次是有高低之分的。

如果你用低维度的视角去看这个问题，可能会感觉它根本无法解决。但当你站在一个更高的维度去看它，它也许就变成了一个很简单的问题，甚至连问题本身也消失了。就像马车的时代，大家都在寻找更快的马，但是当汽车被发明出来之后，这个问题就不存在了，因为马的快慢已经变得无关紧要了。

好，铺垫了那么多，那么理解层次到底应该怎么用呢？

为了便于你理解，我们以每个人所处的不同理解层次，把人"极端化"地分成六种不同的类型。理解层次越高的人，解决问题的能力也就越强，就越是我们社会需要的人才。

那么接下来,我们就从这个线下门店的案例出发,看看这六类人分别会如何思考,如何解决这个问题。

你是第几流人才

第五流人才

别名:怨妇
所处理解层次:环境
典型思考模式:都是你们的错!
请看图 6-1。

图 6-1

理解层次的最低层是"环境"

什么是环境?就是除你自己之外的一切都算是环境:你身边的人,你的领导、同事,你的公司,你的竞争对手,市场环境,天气,大众舆论,诸如此类。

处在这个理解层次的人,当问题发生的时候,他首先会把问题归结到"因为环境的不好"而产生的问题。比如:

- 工作不顺利,是因为领导是个蠢蛋……
- 没有晋升机会,是因为公司的办公室政治严重,没有好的晋升机制……
- 房子太贵买不起,都是因为那些黑心炒房团、政府调控不到位、没有一个富爸爸……

总之,发生了现在的这个困局,不是我的问题,是别人的问题,是公司的问题,是市场的问题,是政府的问题,是运气的问题,都是我命不好,生在了这样的一个时代,遇到了这样一群人……

而他寻找解决办法的路径,也会从改变环境的角度去思考。比如:

- 这家公司不好,导致我没有晋升机会,那我就换个公司呗……
- 找了一个男朋友,他现在对我越来越差了,又是一个渣男,再换一个呗……

不知道你有没有接触过这种人,只要一与他们接触,就会感受到这"满满的负能量",感觉这人世间的不幸都被他们碰巧遇上了,命运多舛得不行,分分钟生活就无法继续了……

我们通常把这种行为叫作"抱怨",但你是不是也曾劝说过这些人不要抱怨?他们似乎也知道抱怨不好,但为什么还是在不断抱怨呢?

那就是因为他们的理解层次处在了最低的"环境层",他们对世界的理解被死死地困在了这个层次,并不是他们想抱怨,而是在他眼里,除了看到环境之外,再也无法看到其他的了。因此,他们能想到的最好办法,也就只能是换个更好的环境了……

如果是第五流的人才遇到了案例中的困境,他似乎除了抱怨房租、淘宝、员工,他是真找不到还有什么原因能解释这个问题……

第四流人才

别名:行动派

所处理解层次:行动

典型思考模式:我还不够努力!

请看图 6-2。

<u>我们往上走一层,来到第二个层次"行为"</u>:

想要解决问题,那你就得开始行动啊!你不能改变环境,你能改变的只有你自己!你为什么还没有成功?就是因为你还不够努力!你不改变,环境如何改变?你不行动,环境如何改善?

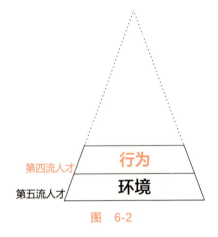

图 6-2

是不是听着很鸡汤?有点像成功学?

处在这个理解层次的人,在外人看来就是一位非常乐观、充满正能量的人,他们从不对环境妥协,他们相信上天不负有心人,只要持续努力,事情一定会有转机!

他们是人们眼中的"行动派""实干家",是新时代的"斜杠青年"……

处在这个理解层次的人,当问题发生的时候,他首先会把问题归结到"因为我的努力还不够"而产生的问题。比如:

- 收入太低?因为我还不够努力……
- 买不起房子?因为我还不够努力……
- 创业失败了?因为我还不够努力……

总之,发生了问题,先从自身找原因,看看是不是因为自己偷懒了,是不是努力程度还不够,是不是要加大工作量。

如果你处在"行动"这个层次上,"环境"的问题就变得不是那么重要了,因为一切都是自己的原因,因为自己还不够努力!而要解决问题,你也会从

"行为"这个层面去寻找解决办法,比如:

- 都一年没涨工资了,今晚开始多加1个小时的班!
- 女朋友为什么最近对我变得冷淡了?我要多发些消息,多打些电话去关心她!
- 公司业绩变差了?那一定是我睡觉睡得太多了,明天开始不睡觉了!

回到线下门店的案例,如果第四流的人才遇到了这个困境,他会怎么办呢?

- 我付24小时的房租,只营业8小时!那怎么行?明天开始24小时营业,我全天待在店里亲自销售!员工两班倒,空闲时间拼命打电话找企业,我就不信了!
- 员工偷懒?那我就加工资,加提成,每天请吃夜宵,只要你肯努力,有业绩,我就对你比亲儿子还好!

但是,我们不禁要问,是不是努力了,所有问题就都能解决了呢?

越努力的人,获得的成就也就会越大?

200年前,人们的平均工作时间是16个小时;5000年前,人们也是每天日出而作,日落才息……他们也许比你更加勤奋,可产生的价值却不足现代社会的万分之一,这是为什么?

努力,的确是成功的一个必要条件,但远远不是充分条件。

为什么那么多人不喜欢鸡汤,反对成功学?就是因为它们只告诉了你要努力,却没有给你方法,它们只是帮助你脱离了最低的"环境层",来到了第二低的"行为层"!以为给你打一针鸡血,你开始奋斗了,就一定能成功了!

这样的思考逻辑,是不是有点太天真了呢?

问题的解决,时代的进步,并不是只靠"努力"就能完成的,一定有更重要的因素在背后推动,我们需要进入下一个理解层次……

第三流人才

别名:战术家

所处理解层次:能力

典型思考模式:方法总比问题多!

请看图6-3。

农业时代的人可能比我们更加忙碌,但生产力却不足现代人的万分之一,这是

图 6-3

为什么？

因为现在的人更勤奋吗？

当然不是，是因为他们没有经历过工业革命、信息革命，他们不会使用机器，也不会使用互联网来提高工作效率、协作效率。机器和互联网是什么？看似是工具，本质是扩展了你的能力。5000年前，你想要告诉一个人一件事情，你得策马奔腾三天三夜，而现在通过互联网不需要1秒钟——互联网扩展了你的沟通能力。

所以什么是能力？

能力就是你能用更简单、更高效的方式解决同样的问题，有选择便是有能力。

理解层次处在"能力层"的人，当问题发生的时候，首先会把问题归于"因为我的能力不足"。

所以，他们也会在"能力"这个层次里去寻找更好的"方法"来解决问题。比如：

- 线下门店生意不好，是因为我的经营模式太陈旧，我需要学习新的方法……比如，可以通过社群经济的方式来降低我的获客成本，提高客户复购率……
- 和男朋友关系处理不好，一定是我的沟通能力有问题，我要去学习能改善亲密关系的沟通技巧，比如先看两本沟通方面的畅销书：《关键对话》《幸福的婚姻》……
- 以前我是做业务的，现在刚成为部门经理，团队业绩下滑，一定是我的管理能力有问题，我以前根本没有系统学习过管理的方法，我得去报个MBA，从"古狄逊定理"开始学起……

这类人有非常强大的学习能力和应用能力，能把学习到的知识，转化为可操作的方法，进而改善效率，解决问题。他们明白，任何问题都不是孤立存在的，一定有人曾经遇到过，并且已经有更好的解决办法了，只是我还不知道；我不应该在黑暗中独自前行，去重新发明轮子，我应该要站在巨人的肩膀上，学习更成熟的经验和方法，然后再来解决这个问题。

如果你能走到这个层次，既有"行为层"的勤奋努力，又有"能力层"的方法套路，一般就能成为公司里的中高层了。普通的问题已经难不倒你了，你总能找到办法来解决它们。

当然，这里说的每提高一个层次，并不是说不要下一个层次了，比如有了方法就不需要努力了，而是在原来的基础上，上升了一个思考层次，不然就会变成纸上谈兵，不落地……

这一点很重要，切记！

"能力"这个理解层次，是我们的"意识"能想到的最高层次了。

再往上走，就要进入我们的"潜意识"区域，内容会变得比较模糊，之前你可能很少接触到这些层面，所以可能会觉得比较难理解。

看不懂的地方你可以多读几遍，多思考一下，毕竟看完不是目的，真的理解了，能改善自己，能获得更好的人生才是目的，才是本书真正能带给你的价值。

那什么问题，是你有"能力"也解决不了的呢？

就是你选择错了问题！

什么意思？

你在着手解决问题之前，你得先清楚，你要解决的问题是什么。

比如开始的案例，导致现状的原因看上去有很多，哪个才是最重要的问题？

是团队管理的问题，营销方式的问题，还是商业模式的问题？

你是应该打折清库存减少损失，准备关门？还是战略转型，坚持到底？

每一个选择，都意味着人生的不同走向，一旦选择错了问题，你那些优秀的"能力"和"行动力"只会让你越走越远。

那如何提高做选择题的能力呢？这个，我们就需要再上升一个层次……

第二流人才

别名：战略家

所处理解层次：BVR（信念/价值观/规条）

典型思考模式：什么才是更重要的？

请看图6-4。

如果说"能力层"是做解答题的能力，"BVR层"就是做选择题的能力，什么可以做，什么不可以做，什么更重要，什么可以忽略不管。

什么是BVR

B（Believe）：信念，你相信什么是对的？

你相信这个世界应该是怎么样的？往大了说可以是世界观，往小了说就是一个

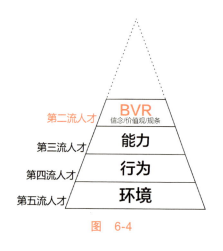

图 6-4

个概念。

为什么我们半本书都是围绕概念来讲的？就是在帮你构筑一个更完整的世界观，这些是你的硬件，是你所有能力能够得以发挥的基石。

V（Value）：价值观，你认为 A 和 B 哪个更重要？

人生的不同是因为一次次选择的不同，那我们依靠什么来做选择呢？就是我们的价值观。

我们内心对每一个人、每一件事、每一个概念都会有一定的价值衡量。东西不同，价值就会有高低，每个人衡量的标准也不一样，最终我们会形成自己的价值排序，这就是你的价值观。

因此，当出现 A/B 选择的时候，我们会选择自认为更有价值的一项。

比如，你遭遇抢劫，别人问你"要钱还是要命"，通常你会选择要命，因为你的价值观是：命 > 钱。

但是当你有 1 个小时的空闲时间，那么你打算用来看书、刷朋友圈还是睡觉？每个人的选择就不一样了。因为每个人对这三者的价值衡量是不同的。

为什么有些人会有选择困难症？

那是因为他内在的价值观是混乱的，缺少某些概念，或者对某些概念的理解不清楚，没有价值衡量的标准，因此他也就无法知道哪个更有价值，不知道该如何选择了。

R（Rule）：规条，做人做事的原则。

就像是公司的规章制度，每个人也有自己做人做事的原则。

这些原则是怎么来的？就是来自于信念和价值观。

比如说，我做事有一条原则就是"只做能产生积累的事情"，这个原则是怎么来的？

它来自于我的一个信念，就是我"相信复利效应"；也就是说，如果我做的事情能产生积累，事情之间还能够彼此增益，那么我就不用担心未来的发展，因为它会产生复利效应，我只需要继续重复做正确的事，并耐心等待即可。

再比如说，很多人都有的一条行为准则是："我答应你的一定会做到"，这背后其实隐含着两条价值观：

① 说到做到 = 诚信

② 诚信 > 一切

规条存在的意义，就是帮助你更高效地做出选择，当你面对选择题的时候，你不需要每次都深度思考、权衡比较，而是可以直接给出答案⋯⋯

因此，"能力"层是让你把事情做对，而"BVR"层则是帮你选择做对的事情。

好，我们再回到线下门店的那个案例，来看看处在 BVR 层的人会怎么解决这个问题：

当门店业绩出现下滑，可能的原因有很多，可以先做个简单的分类，比如可以分成：

- 成本问题：房租涨价，库存积压，已投入的装修成本，进货成本高于淘宝售价……
- 团队问题：员工士气低落，引发离职……
- 市场问题：客流减少，人们现在喜欢在网上购物，网上商品的售价更便宜……
- 营销问题：目前门店没什么营销方式，就是开门迎客；
- 渠道问题：线下门店是目前唯一的渠道。

好，先把这些问题梳理清楚，然后呢？

如果是处在"能力层"的人，他就会胡子眉毛一把抓，针对这些问题提出各种解决办法，比如针对团队问题，他可能会给出一整套员工激励方案；面对营销问题，他可能会增加户外广告，再运营一个公众号；而面对渠道单一的问题，他就会建议也去开个淘宝店……

整个解决过程就像是摊大饼一样，水多了加面，面多了加水，看似有无穷的方法来应对，但问题却也变得越来越多，永远也解决不完。

而如果是处在"BVR 层"的人呢？他可能并不会马上给出解决方案，而是会先去思考：这些很可能是表面问题，还有没有藏在这些问题下面的更重要的问题？

这个也有，就是互联网时代的交易结构已经发生变化：淘宝之所以能那么便宜，是因为"短路"掉了中间环节，工厂直接到消费者，不需要再经过总代、省代、区代……价值传递的效率大大提升，所以价格才能如此便宜。

另外，我们线下门店有没有什么独特的优势呢？这个当然也很明显，就是我们的产品摸得到，能试穿，用户的体验感非常好，信任度更高。

然后呢？然后他会思考，那么多问题，其中到底哪个才是最关键的问题？

经过一番思考，他画出了一个关系图，如图 6-5 所示：

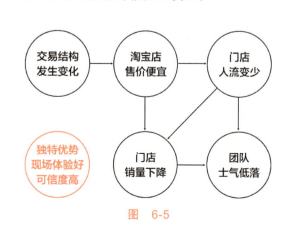

图 6-5

原来，一切的罪魁祸首，都是因为互联网的连接效率变高，导致了原本市场上的交易结构发生了变化，淘宝店家短路掉了中间的总代、省代、区代……等等这些价值传递的环节，让商品可以用更短的距离来到消费者的面前，所以价格才能那么低。由此导致了后面的一连串反应……

好，找到了问题的本质，然后怎么办？

还好线下门店有一个撒手锏，就是实体店的"体验感"是淘宝店无法获得的！

因此，我们可以制定出如下两条核心战略：

① 短路经济：既然淘宝店家能短路掉中间的环节，我实体店为什么不可以？因此下一步，我们也要尽可能地去短路掉中间不必要的环节，把售价降下来，提高成交率！

② 体验经济：增强线下门店的体验感，比如付款前，先让他来个百米冲刺跑，然后以跑步的成绩来计算折扣；每周的冠军还可以免费获得最新款的跑鞋；另外，你还可以扩大体验范围，比如举办一个全城"跑不死"大赛，让喜欢慢跑的人都加入进来，然后让最后一个倒下的人成为你门店的形象大使，并赞助他全年的运动装备，而其他人则可以给他们颁发一个鼓励奖，也就是一张买鞋子的代金券……有了这个吸引眼球的活动，就能拿来和线上的流量端合作，与线下的其他门店结成异业联盟，将这些原本不属于你的流量，拿过来！这样就可以解决人流量下降的问题了。

当然，我这里只是举例子，现实生活中还有其他成功的案例，这里篇幅有限就不再赘述了，你可以上网自己查找。总之，你只要按两个方向去思考，解决办法会出现很多，门店的其他问题也会迎刃而解。

BVR 层的缺陷

细心的同学看到这里，可能会心生疑问："能做出这样的选择，是因为我知道哪个更重要，哪个不重要，但有时候两个选择看上去都是对的，而我必须选择其一，怎么办？"

比如你还是那个经销商，你是否会考虑这样一个问题："我一定要当老板吗？还是回去打工？以我的能力至少也有百万年薪，还没有风险，何必么辛苦？"

请问，你的答案会是什么呢？

面对这样的选择题，你就需要再往上走一个层次……

第一流人才

别名：觉醒者

所处理解层次：身份

典型思考模式：因为我是×××，所以我会×××

请看图6-6。

我先问你两个问题："你是谁？你想成为一个怎样的人？"

给你5秒钟思考一下……

怎么样？有答案了吗？

我估计，这两个问题你可能一下子回答不上来，为什么？

因为这两个问题，如果用NLP的理解层次来划分的话，它们处在一个很高的位置，而这个位置已经不在你的意识层面了，而是到了你的潜意识，你在日常生活中一般也很少会来到这里，所以答案可能就会比较模糊，甚至你可能从来没有想过这些问题。

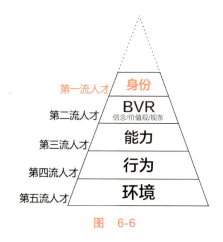

图 6-6

回到刚才的那个问题："如果是你，你会选择回去打工拿高薪，还是继续冒着风险开店？"

要回答这个问题，同样需要进入这个更高的层次来思考，这个答案其实取决于你想成为一个怎么样的人。

不同的身份定位，会配套不同的BVR，而BVR决定了你当下的每次选择；也就是说，你的身份层次决定了你的价值判断，进而决定了你的每一次选择。

比如，你是想成为一名运动鞋设计师，还是想成为一名成功的商人，或者是想成为一个新品牌的创始人？

你把自己定义成不同的身份，那么刚才那个问题的选择自然就会不同。

比如你想成为一名运动鞋设计师，那你可能就会选择把门店关掉去打工；而如果你想成为一位新品牌的创始人，那么你可能就会选择去找代工厂，直接生产自己品牌的鞋子，然后和流量端合作进行分销；而如果你想做商人，那么你可能就会选择刚才我们在BVR层里提出的方案……

所以，你之所以有时候不知道该如何选择，除了对某些概念不清楚之外，最重要的就是你不知道自己想成为怎么样的一个人。

如果你不知道你想成为谁，你就不知道自己要什么；你不知道自己要什么，你就无法做出选择；你无法做出选择，最终你可能就什么也得不到。

通常，当你把身份定义清楚了，答案也就自己出来了。

说到这里，你可能会想到上章中关于"角色"的话题，也就是"角色"和"身份"有什么不同？

答案是：角色是被动的，是别人给你的；身份是主动的，是你自己想成为的。

你可能有很多角色，但是你只有一个自己想成为的身份。每个角色或者身份，都对应着一套帮助他"能够更好地成为这个身份"的BVR体系。

由于角色是被动获得的，所以你会觉得这套BVR是一种"束缚"；而身份是你主动想成为的，因此它的这套BVR会成为一种助力。

身份这个层次，其实是对应着上章里讲的"存在感知层"：你希望自己是一个怎么样的存在？

上章之所以想让你"去角色化"，就是想让你突破角色的束缚，获得一个更"主动"的人生，找到自己的身份层次。因为你身上的"角色"太多，会阻碍你看见自己真实的"身份"。

当你想清楚自己的身份定位后，就应该围绕它配套相应的BVR，再构建你的能力圈，并做出相应的计划与行动，你就会成为第一流的人才！

处在这个层级的人，能开创出一番自己的事业，设计出令人尖叫的产品，成为上市公司的领军人物。

而在他们之上，还存在着一类人，他们在人类历史的长河中都屈指可数，他们创造着奇迹，他们改变着世界，他们引领着时代……

他们是谁？

就让我们再往上走一层，来观摩一下最顶级的人才是怎么样的……

顶级人才

别名：领袖/伟人

所处理解层次：精神/使命

典型思考模式：人活着就是为了改变世界！

请看图6-7。

理解层次的最高层次"精神"

精神是什么意思？就是你与世界的关系，也就是我们经常听到的"人生使命"：你来到这个世界是为了什么？你能为别人、为社会、为整个人类带来什么？这个世界

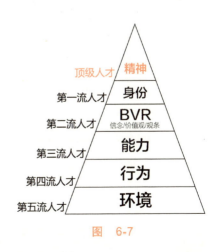

图 6-7

会因为你而有什么不同？

在这个层次，所有的思考都围绕着两个字——"利他"：我如何选择能够让更多的人获益？如何才能推动时代的进步？……

当然，这里还是要重申一下，理解层次的逐级上升，不能脱离低层次而单独存在高层次，比如只谈精神理想，而无视自己的身份，更没有相对应的能力和行动。比如一个实习生，连续被多家公司辞退，却整天跟别人说他想要改变世界，那么这些只能成为空谈，他的"精神"最终也只能变成一种"情怀"。

"精神层"一定要有"身份层"的支撑，换句话说，如果你在身份层想不清楚自己要成为谁，可以试着来到精神层，想想你能为这个世界做些什么；可以不用那么大，哪怕只是在某一方面，能帮助到为数不多的人。那一方面是什么？

也许，这个就能成为你的人生使命，然后再去思考，什么样的身份能够更好地帮你完成这个使命？你就能想清楚身份层次的问题了。

一旦踏入"精神"这个层次，我已经不知道能用什么语言来描述这类伟大的人物，唯有崇拜与敬仰，他们的名字就如同天空的繁星点点，照耀着人类的前行。请允许我借用其中一位时代领袖乔布斯在1997年发布的一则苹果广告语来送给他们：

> 向那些疯狂的家伙们致敬，他们特立独行，他们桀骜不驯，他们惹是生非，他们格格不入，他们用与众不同的眼光看待事物，他们不喜欢墨守成规，他们也不愿安于现状。
>
> 你可以赞美他们，引用他们，反对他们，质疑他们，颂扬或是诋毁他们，但唯独不能漠视他们。因为他们改变了事物。他们发明，他们想象，他们治愈，他们探索，他们创造，他们启迪，他们推动人类向前发展。
>
> 也许，他们必须要疯狂。你能盯着白纸，就看到美妙的画作么？你能静静坐着，就听见美妙的歌曲么？你能凝视火星，就想到神奇的太空轮么？
>
> 我们为这些家伙制造良机。或许他们是别人眼里的疯子，但却是我们眼中的天才。因为只有那些疯狂到以为自己能够改变世界的人，才能真正地改变世界。

希望未来的某一天，你也有机会成为改变世界的人，登上这片神圣的星空，引领着我们前进。

回到最初的那个案例，如果是一个已经处在"精神"层次的人，遇到这样的情况会如何思考呢？

我也不知道，就把这个问题留给这个时代的伟人吧……

如何才能成为顶级人才

以上对人才的分类只是为了让你更容易理解"理解层次"这个概念而做的"极端化"的划分，现实情况中每个人其实六个层次都会涉及，只是会主要集中在某些层次中思考，而忽略其他层次，甚至根本不知道某些层次的存在。

<u>那我们应该如何从低层次不断晋升到一流人才，甚至是顶级人才呢？</u>

一级级往上打怪升级吗？

不是！

当你处在低层次的时候，你的思维会被限制住，无法看到更多的可能性，就像处在"环境"层的人，经常抱怨而不自知，完全看不到上方还有"行为层"可以帮助自己改变现状，更看不到"能力层"里还有其他办法可以解决眼下的问题……

最可悲的人生，莫过于不知道自己不知道，还以为自己全都知道……

那应该怎么办呢？

答：直接让自己成为一流人才或者顶级人才！

对，你需要对你的人生做个"顶层设计"，从精神层开始往下规划（见表6-1）：

表 6-1

理解层次	思考内容
精神	我的人生使命是什么？世界因为我会变得有什么不同？
身份	（为了实现这个使命）五年后，我会成为一个怎么样的人？描述得越具体越好
BVR	一套什么样的信念价值观能帮助我达到这个身份？什么是最重要的？我应该坚持什么，放弃什么？我应该相信一些什么原则和规律？
能力	为了实现这个身份和这套BVR，我应该去学习些什么知识和技能？掌握什么方法和套路？什么可以做，什么不可以做？
行为	具体怎么做？第一步是什么？今年的计划具体怎么安排？
环境	哪些人和资源可以帮助我实现目标？我如何去使用身边的资源？

像这样从自己理想的"精神层次/身份层次"发展出来的人生规划，可能会与你现实生活中正在走的轨迹有很大的不同，它也许看上去更困难、更具挑战性，但却能让你在过程中保持身心的统一，进而能激发出你更强大的潜能，这才是一个有效的人生规划！

请看图6-8。

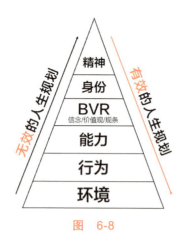

图 6-8

当然，这个思考与计划的过程可能会很困难，不会一蹴而就，也许需要你花费 1 天、1 个月甚至 1 年的时间才能想清楚，但是你千万别放弃，它值得你用那么长的时间来思考，因为一旦想清楚，你的人生可能就会发生质的变化。我自己用了 3 年，希望你能比我更快！

愿你从今天开始，重新定义自己，拥有一个不同的人生！

思考与行动

看完 ≠ 学会，你还需要思考与实践

思考题 1：你会如何重新定义自己的人生？是否会与现在的生活有很大的不同？

思考题 2：还记得知识如何产生复利吗？请你思考一下"理解层次"还能用来分析和解决什么问题。提示：可以往管理、创业、咨询、写作、家庭关系或者你熟悉的领域方向上去思考。

微信扫描二维码，把你的思考结果和学习笔记分享至学习社区，与其他同学互相切磋、一起成长，哪怕只是一句话，也会让你对知识的理解更加深刻，收获也会更多，还能让其他人从你的感悟中获得启发。

你思考过你的思考吗

概念重塑 大脑升级

重新理解财富　重新理解自己　重新理解世界　解开大脑的封印　思维力提升　解决所有问题

29%

注意力｜时间商｜人生密码｜复利｜角色化｜理解层次｜元认知｜多维能力｜势能差｜估值模型｜四域空间｜运气催化剂｜负面词语/情绪｜学习三步法｜背景知识｜专注的力量｜透析三棱镜｜线性思维｜结构化思维｜系统性思维｜选择｜计划｜演化｜创新

一个新能力被激活

至今你已经学会六个重要概念了：从你意识到自己拥有最宝贵的财富是"注意力"，到善用每一份时间去做一个"时间商人"；从你学会围绕自己的"天赋"打造核心竞争力，到使用"复利的思维"让财富和自己快速成长；你又学习了如何通过"去角色化"看到那个陌生而又真实的自己；又从"理解层次"的概念里发现，原来问题还可以从一个更高的维度快速地解决……

在知乎的互动中，除了能够看到大家的收获与成长外，还看到了大家的一些反思，比如：

意识到了注意力的宝贵价值之后，产生了害怕的感觉，因为突然发现自己其实每天都在浪费它，天天被别人收割、利用，还不自知，这太可怕了！

复利效应原来是这么回事，以前我只知道利滚利，没想到它还是一种思维方式，所以亚马逊的飞轮效应是否也是一种复利效应？

对啊，我到底是谁？我为什么来到这个世界，我想成为怎么样的一个存在？去了角色化就能看到真实的自己吗？

原来问题还可以这样思考，我以前最多只能看到行为层，以为只要行动起来，就是最高效的解决办法了……

角色化和理解层次有什么关系？看似矛盾，好像又是统一的，是不是能够组合在一起使用？

你知道这一刻，你的什么能力被激活了吗？

你的"元认知"能力被激活了！

元认知能力

什么是元认知

元认知，是美国心理学家 J.H.Flavell 在 1976 年提出的概念，意思是"反映或调节认知活动的任一方面的知识或认知活动，即认知的认知"。

简单来说，元认知，就是你"对自己思考过程的认知与理解"。

就是你的大脑运行方式原来是这样的：

发生了事件 A……

→你有了反应 B

但如果你的元认知能力被激活了，你大脑的运行方式就会变成这样：

发生了事件 A……

→你有了反应 B；

→我为什么会有反应 B？反应 B 是对的吗？

→C 好像是更适合的反应；

→于是，你有了反应 C。

比如，当你打开抖音，你发现好多有意思的视频，然后你不断地翻看，结果不知不觉 3 个小时过去了。这就是没有元认知的状态。

那如果你的元认知能力已经被激活了呢？

你还是打开抖音，发现有好多有意思的视频，然后你不断地翻看，但是突然，一个声音进入大脑："你为什么会不停地翻看？你的注意力是不是正在被别人收割？"

你浑身一颤，于是赶紧关掉抖音，回到了工作当中……

你有没有发现区别？

你的大脑开始有了"纠错机制"，在你的大脑里竟然出现了两个甚至更多个声音，他们在互相辩论、彼此说服，而你自己就像是这场小型辩论赛的裁判，观看着这场争斗，最终选择获胜的那位"选手"，做出符合"他的结论"的反应。

你的"思维过程"被你自己"看"见了，并且你竟然还可以决定这场争斗的胜负，并让大脑按这个胜出的想法思考、行事。

你突然发现，大脑也是一个器官，是可以被控制的！

CPU 是计算机的大脑，控制着电脑所有的行为，那谁控制着 CPU 呢？

是计算机的程序。

那是谁控制着程序呢？

对，是站在程序背后的"人"。

看似 CPU 是计算机的大脑，但真正控制着电脑的是人。

那你的大脑背后站着的是什么呢？

对，是你自己，也就是我们今天讲的元认知。大脑只是你身体上的一个器官，和手和脚是一样的，你是可以使用"元认知"来控制的！

元认知，就是控制你大脑的那个真正的大脑。

大脑是怎么工作的？

我们大脑的工作原理，其实和计算机类似，简单来看，它也是通过听觉、味觉、视觉、嗅觉、触觉等"输入设备"将外界的信号传输到大脑进行处理，然后大脑把处理完的结果交给嘴巴、手、脚、这些"输出设备"输出给外部世界这么一个过程。

但是大脑的内部具体是怎么处理这些信息的？我们不知道，它就像一个黑盒子（见图 7-1）。

图　7-1

所以，我们可以把整个过程，抽象成这样一个简单的模型：信息输入→黑盒子→输出结果。

也就是说，你的想法、思考的结果，最终都需要通过嘴巴或者手脚等输出设备传递给外界，而外界也只会根据你的输出内容对你进行反馈。

因此，每个人输出的不同，将导致每个人的人生轨迹完全不同。

但是，大脑是个黑盒子，我并不知道它是如何运转的，所以输出的并不一定是当下最适合的内容，甚至有时会不受控制。

比如有些事的发生让你很生气，情绪突如其来，霸占了这个黑盒子，控制着你的手脚做出不恰当的行为，你可能会摔杯子、拍桌子；它还控制着你的嘴巴，说出有攻击性的话语，最终造成严重的后果……

然而可怕的是，事后你竟然被自己刚才的行为给惊呆了！

"我为什么会做这些动作？我为什么要说这些话？"

你完全不知道，控制不住，这太可怕了！就像是大脑的驾驶室被人劫持了，在那一刻身体完全变成了大脑的奴隶。

因此，如果我们想改变之后的人生轨迹，我们就得先破译这个黑盒子，防止这种"劫持"情况的再次发生，甚至让大脑按我们希望的方式运转，这样我们就能控制"输出"从而改变之后的人生走向了。

那如果有了元认知，会有什么不同呢？

元认知的作用

元认知，能让你清晰地看见这整个过程，并且由你自己来全权接管这三个环节：

第一，控制输入

还记得我们第一章讲的注意力吗？为什么注意力是你拥有的最宝贵的财富？

因为注意力决定了你会接收到什么信息；接收到的信息会决定你的大脑会思考什么；而大脑的思考结果又会影响你的输出，也就是你说的话，你做的动作。最终，这些输出会导致你的人生天差地别（见图7-2）！

为什么说"有其父必有其子""龙生龙，凤生凤""老鼠的儿子会打洞"？

就是因为他们从小接收到的"信息"不同。

还记得我们第3章讲的那个《人生七年》的纪录片吗？

为什么会存在富人家的孩子越富有这个现象？

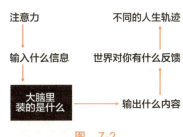

图 7-2

并不是因为他们继承了家里的财产而变成富人，而是因为他们从小获得的教育资源、人脉资源等都是不同的，这些"输入信息"的质量决定了他们的思考，决定了他们的能力圈，决定了他们的资源结构层，也就决定了他们的不同人生。

有许多富豪曾说"我的钱不会留给下一代"，但从来没有听到一个富豪说会放弃给孩子最好的教育，因为他们知道，这个才是影响孩子一生最重要的财富！

所以，控制注意力，就是控制了你大脑的"输入设备"。

如今由于移动互联网的大爆发，内容创作和传播的门槛已大幅度降低，大量没用的、占你大脑内存的、有销售目的的、甚至是错误的知识，具有欺骗性的谣言，没有营养的八卦等信息随处可见，它们会像病毒一样蔓延在整个互联网，霸占着你的手机屏幕，期待着进入你的大脑，占领你的黑盒子，让你的思考变得浑浊，还很难被清理出去……

久而久之，你大脑里思考的就都是这些信息，哪哪又发生大事了，哪哪又开始打折了，谁谁最近又出轨了……

思考的方式也开始变得越来越简单粗暴，浮于表面的情绪宣泄……

所以，你必须启动"元认知"，让你的注意力像杀毒软件一样严格把关，对不合格的信息实行零容忍，一定坚决不让它们进入你的大脑。

关于这一点，其实我们第1章已经讲过其重要性了，很多同学也被惊出一身冷汗，但是感觉自己依然无法做到，究其原因，就是因为你的"元认知能力"还不强，甚至还没有被激活。

第二，控制大脑

进入大脑的信息，你该怎么处理？

启动元认知，按信息的不同，选择以下三种处理方式：

1. 对无用的信息：丢弃

万一有些信息，注意力没挡住，进入了大脑怎么办？

很简单啊，把它们识别出来，然后丢弃掉！

可问题是，怎么识别？

我们要知道什么是错的，就先得知道什么是对的。

我父亲很喜欢古玩，因此我从小就经常见到一些古董圈里的所谓"老法师"，在我眼里他们特别神奇，一个古董拿到手里，一般只需要5秒钟，就能在不借助任何仪器的情况下判断真假。而我们这种外行的人，一个东西往往在家里藏了好几年，竟然还不知道自己原来藏了一个赝品……

所以，有一次我就忍不住问老法师，你是有什么特别的秘诀吗？我为什么看了几年都看不出是赝品，而你只需要5秒钟？

老法师说了一句让我醍醐灌顶的话："知真识假"。

意思是，我真的看多了，自然就知道什么是假的了。

所以，如果你也想拥有这种辨识能力，你就得先去主动学习大量的正确知识，等累积到一定量之后，你自然就会拥有这双火眼金睛，一眼就能看出某个信息的好坏了。

那什么是正确的知识？

就是那些经历过风霜，经历过岁月，沉淀下来变成的教科书，变成的经典书籍，它们也许不像网络上那些标题党文章写得如此抓人眼球，也许不像10w+的文章写得那么生动好玩，但是它们却能帮你构建起牢固的知识大厦，帮助你拥有一双慧眼。

2. 对有益的信息：储存

如果是一条有用的信息或者是知识概念，那就把它储存起来吧。

你储存的这些有用的知识，就像是电脑里的数据，电脑的所有运算都是要基于数据的，没有数据也就没有办法运算，而你的大脑思考也需要依赖于这些知识，不然就不知道该思考什么。

那有益的信息分为哪几类？

主要有四大类内容需要被储存下来：

① 概念：你对事物的理解，我们第一模块全部都在讲这个，这个是你理解世界、思考问题的砖瓦。

② 价值观：对事物的正确价值判断，什么是对的，什么是错的，什么是更好的。

③ 思维方式：不同问题的思考方法。

④ 方法论：专项问题的已知最优解法。

那具体存放在大脑的什么位置呢？

还记得我们上一章讲的"理解层次"吗？可以把它想象成是你大脑的"内部结构"，让这些内容按图7-3的方式存放：

那知识太多，记不住或学过了就忘怎么办？

这个时候，你就需要外接一个硬盘来给你的大脑扩容了，具体扩容和整理这些知识的方法，我们会在第14章里介绍。

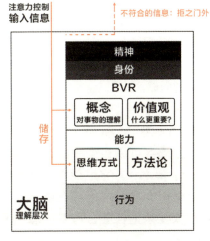

图 7-3

3. 对问题或者任务：处理

如果把一部手机暂时比作你的大脑，现在你遇到危险事件，需要报警求救，因此你对手机输入了一个信息，两个字："报警"，请问手机会有什么反应？

答案是，什么反应都没有……

你要让手机理解你发出的"报警"两个字是什么意思，你得先打开手机上的某个对应的App，不同的App会有不同的反应。

比如你打开微信，输入"报警"也许会出来一个名字里含有"报警"的人或文章；你打开淘宝，输入"报警"可能就会跳出来"防盗报警器"的购买链接……

只有当你打开电话App的时候，它才会识别出你是要打电话，然后调用通讯录，把"报警"这两个字，翻译成电话号码"110"并启动通讯功能……

这个App是什么？

就是之前你在"能力层"储存的"思考方式"和"方法论"；调用的通讯录

是什么呢？就是你储存在 BVR 层里的"概念"。

你大脑里可能储存了很多套思考方式，当不同的任务、不同的问题进入大脑之后，你得先判断，它属于哪种问题、什么任务、目的是什么，然后启动不同的"思考方式""方法论"来处理这些信息。比如：

- 你想创业，想先制定一个战略，那你就可以拿出一套战略思考工具：SWOT 分析；
- 你有选择困难症？那你就可以拿出一套决策分析工具：概率决策树；
- 你准备写一篇文章，却不知道如何下笔，你可以试试结构化表达工具：SCQA；
- ……

当然，除此之外，这种"思考方式"或"方法论"还有很多，能用来匹配不同的问题。

你可能会说：思考一个问题而已，有必要那么复杂吗？我什么都不会，还不是一样活了几十年？

你确实可以买个手机，里面什么 App 都不装，它也能解决基本问题，但因此功能也比较有限，处理不了太复杂的任务，很多信息也无法识别。

就像你不知道这些思考方式，有些任务来了之后，你就不知道该如何处理了，或者用不适合的方式来思考，得出一个错误的结果……这样，你这大脑的"能力"就比较差了。

因此，有了元认知之后，当一个任务或者问题来到你的大脑里，你会按如图 7-4 的方式进行流程控制。

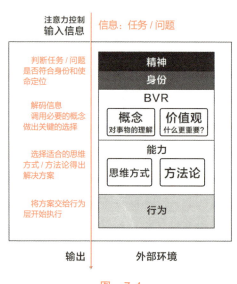

图 7-4

第三，输出控制

大脑处理完这些信息之后，就要把思考的结果按计划执行了，也就是来到了与外部环境对接的"行为层"。然而如果没有"元认知"的话，你就算知道该做什么，怎么做，你也可能会做不好。比如：

- 明明结论已经思考得很清楚了，内心有很清晰的想法，但就是表达不出来，讲不清楚……
- 明明行动计划已经列出来了，但是一下子那么多事情，每件事情看上去都很重要，时间又那么紧迫，所以你什么都做，顾此失彼，一团乱麻……
- 明明周末计划要完成三件事的，结果一会儿要陪狗狗去打针，一会儿老李又约去吃饭，周末还有个比赛不能错过，等在淘宝上买完一双鞋子就开始工作……一晃眼竟然已经到了周日的晚上，什么事都还没解决，最后，你怀着焦虑的心情，开始了挑灯夜战，把自己搞得好疲惫……

沟通能力、任务管理、时间管理一团糟……

也许，你学习过很多时间管理的方法，你也知道它很重要，但是如果你无法调用你的"元认知"，你就无法控制你的大脑，因此，你也无法控制你的行为，那么你怎么管理时间呢？

想到却又无法做到，你的焦虑感越来越强……

因此，"元认知能力"的强弱，几乎决定了一个人每个方面的强弱。

电脑能不能发挥作用，发挥什么作用，关键看背后的人如何使用甚至改造；而你能否让自己的大脑发挥最大的作用，就得看你是如何使用大脑的，你能在多大程度上控制并优化这三个关键环节。

那我们该如何提高"元认知"能力呢？

如何提高元认知

刚才你学习了什么是"元认知能力"，而且有那么多好处，也许非常激动，发现原来大脑竟然是个器官，是可以被你控制的，然后兴奋地开始计划，从明天起就要夺回自己大脑的控制权，让它按你的方式去思考行事！

然而，很遗憾地告诉你，这是不可能的……

就像你现在最多可以举起150斤的重物，然后你学习了一个如何举起300斤重物的方法，但是以你目前的肌肉力量，你依然只能举起150斤……

从150斤举到300斤，光知道方法是不行的，你需要不停地锻炼来增强你的肌肉，你需要控制自己的饮食，让身体素质不受食物的破坏……

大脑也像是一块肌肉,它没有办法一下子变得很强壮,它需要你持续地练习才能加强。

一、刻意练习

> 格拉德威尔(Gladwell)在《异类》一书中指出了一个概念。他说:"人们眼中的天才之所以卓越非凡,并非天资超人一等,而是付出了持续不断的努力。10 000 小时的锤炼是任何人从平凡变成世界级大师的必要条件。"

这个就是著名的 10 000 小时定律。

不过,很多人对此有很大的误解,以为只要持续做某件事情 10 000 小时就一定能成高手了。

事实上哪有那么容易……

很多人踢了一辈子的足球,却依然只是个业余爱好者。可为什么同样是用了 10 000 小时有些人却变成了球星呢?

除去天赋的因素,专业选手和业余选手之间的本质区别,并不在于练习的时长,而在于是否掌握了背后的套路,没有套路的练习,非但不能让你成为高手,还会把你练废……

什么是套路?

就是我们前面讲的,储存在能力层里的"思维方式"和"方法论",它们是已经被前人验证为做某件事更高效的方式方法,掌握了它们,你就掌握了做某件事情的"诀窍"。

比如帮助你提高思维能力的工具:金字塔原理、MECE 法则、5W2H、SCQA、二维四象限,等等。

比如帮助你提高决策能力的工具:KT 法、概率决策树、麦穗理论,等等。

但这些方法你仅仅知道是没用的,当新问题出现时,你还是会习惯性地用原来的方式去思考。

这个时候,你就需要练习调用元认知,强迫自己用这个新的方式。

比如你刚准备让小王去帮你打印一些资料,大脑里突然飘来了四个字:5W2H,它提醒你交代事情的时候要完整具体,于是你就开始重新思考:Who 是谁?小王。What 做什么?打印公司产品的介绍资料。When 什么时候要?下班前。Where 交到哪里?总经理办公室;Why 为什么要做这个?给客户做参考。How 具体有什么要求?彩色双面打印。How Many 需要多少份? 3 份。

好，重新整理一下你的表达，你可以这么说："小王，请你去打印3份公司的产品资料，在下班前送到总经理办公室，请记得用彩色双面打印，总经理需要带给客户去做参考。"

你看，这样的表达是不是更精准明确了呢？

我知道你一开始用这种方式肯定会不习惯，会很别扭，一不小心就又回到原来的思维方式了，怎么办？

这个时候你就需要再次调用元认知把自己拉回来，然后不断地提醒自己，不断地重复……

这个就叫刻意练习。

只要你坚持用这种方式"刻意练习"，你大脑中的某些特定区域就会不断被强化，久而久之，你某方面的技能就会甩开普通人一条大街，元认知能力也因此得到了加强。

比如我是名乒乓球爱好者，小学6年级的时候被送去参加过2个月的专业训练，之后其实就很少再打了……目前的水平也因为不常练习退化了很多，但即便如此，也基本上可以秒杀很多打了多年的业余爱好者，也能拿个业余比赛的冠亚军……

这就是刻意练习过"套路"和没练习过的区别。

二、经常反思

每天晚上你可以花半个小时的时间，对今天遇到的事情，自己说过的话、做过的行为进行一次复盘，看看哪些事情做得好，哪些事情做得不好，下一次应该如何提高，哪些行为是被大脑"绑架"了？

这是非常好的锻炼元认知的方法，当然你也可以通过写日记的方式来记录自己的这些思考。

这个和回忆不同，重点不是在叙事，而是去思考当时之所以会有这些思考和行为的"原因"是什么，以及"下一步该如何做"才能更好。

<u>除了这种"每日三省吾身"的方式，还有第二种方式——"阅读"：</u>

读文字，也是一个锻炼元认知非常好的方法。有些人阅读的收益不高，那是因为太关注内容本身了。

文字是什么？文字是作者大脑思考的"输出"，文字是结果，而思考的过程才是原因。学习作者是如何思考才能得出这些结果的，则更为重要。

因此，你应该阅读的是什么？是作者的思考方式。

他为什么会这样写？他的思考方式是怎么样的？用到了哪些概念和价值

观？有没有错误？

然后边读边调用你的"元认知"来对比自己：如果是自己来写这个内容的话会怎么写？他这种思维方式比自己好在哪里？

这样不断地和自己做对比，就像和一个人在对话一样，久而久之，你会慢慢发现你阅读的速度竟然变得更快了，而且学习效率也提高了很多，甚至读了一半，你就能猜到作者之后会写什么，如何写，甚至知道怎么样写才会更好，你不再是被文字牵着走，而是陪着作者一起思考……

这就是你的元认知在起作用了。

三、练习冥想

没有接触过的人，会觉得"冥想"这个词听着有点虚无，它也有很多其他叫法，比如禅修、打坐、内观……

那到底什么是冥想？它又是如何提高我们元认知的呢？

我直接说方法，你可以花15分钟跟着做一遍，这样你对下面我所描写的内容可能会更有切身的感受：

- 第一步：找一个安静的环境，以一个舒服的姿势坐好，不一定非要盘腿而坐，舒服的方式即可，挺直腰杆；
- 第二步：设定一个15分钟以上的闹铃（一开始15分钟为佳，之后可以慢慢增加），然后闭上眼睛；
- 第三步：也是最关键的一步，大脑放空，停止自己的一切思考，放慢呼吸速度，将所有的注意力都集中在自己的呼吸上；
- 第四步：过程中也许你会走神，也许你会睡着，没关系，当你意识到的时候，再用"元认知"把自己的注意力拉回到呼吸上即可。如此往复，直到闹铃响起。

当你第一次坐下来，努力让自己保持平静，将所有的注意力都放到自己的呼吸上，准备开始冥想的时候，你竟然能非常清晰地看到，自己的内心其实是无比混乱的，像好莱坞大片一样，各种思想奔涌而出，毫无剧本，毫无章法，根本无法平静下来，你好不容易把它们都拉回来，回到了自己的呼吸上，可没过几秒钟，内心又开始万马奔腾……

这个时候，你会突然联想到我刚才说的话，原来大脑真的不是自己的，你想让它安静一会儿，它偏偏胡思乱想，你想让它只注意自己的呼吸，它偏偏给你来段高山流水……

它就像一个调皮的小孩，自顾自地玩耍，你呵斥它，它便乖乖听话，你一不留神，它又开始大闹天宫……

总之，你和它之间会有一场旷日持久的拉锯战，一会儿"元认知"胜出，把你拉回到呼吸上，一会儿"大脑"胜出，把你带入另一个万千世界……

没办法，第一次当父母的人，总是不知道该如何管教熊孩子。

但是，慢慢地，你通过每天不断的练习，不断地调用元认知，你逐渐提高了管教的技术，你慢慢可以控制它了，从原来 15 分钟都在胡思乱想，变成可以有效控制它 10 分钟，再到后面完全平静下来，这个过程就是"元认知"能力不断提高的过程。

当你能每次保持 10 分钟以上的"冥想状态"之后，你能明显感受到做完后的大脑无比清澈，甚至能体会到身体微微的凉爽感，思维开始慢慢变得清晰可见，更重要的是，那个"熊孩子"已经逐渐长大，成了你的"乖儿子"。

有研究表明，长期冥想所带来的变化，不仅体现在感受上，还体现在某些大脑区域的实际体积的变化上。

哈佛大学医学院的神经科学家萨拉·拉扎尔（Sara Lazar）和同事开展的一项初步研究显示，冥想者大脑中的脑岛和前额叶皮层的深色部分（即灰质）在体积上与对照组成员有所不同，会逐渐变大，尤其是布罗德曼 9 区和 10 区，这些区域在各类冥想活动中经常被激活，这或许反映了脑细胞之间建立的连接数量有所改变。

可见，冥想对你大脑的重新塑造帮助有多大。

开启元认知的一天

当你不断地练习，你的"元认知能力"就会变得越来越强大

- 你开始可以控制自己的思维而不被劫持；
- 你可以自如地运用自己所学的知识与方法，穿梭在任何问题之间而不被难倒；
- 你可以控制自己的情绪，理解别人的情感，成为社交的高手；
- 你可以轻松地控制自己的注意力，建立大脑的屏障，保持高强度的专注；
- 你可以制定周密的行动计划，做好时间管理，并按计划有条不紊地行事……

在心理学里，有一个专有名词来描述这种状态：觉醒！

期待你也能迎来自己"觉醒"的一天……

思考与行动

看完 ≠ 学会，你还需要思考与实践

思考题 1：你有过情绪爆炸，大脑被劫持的经历吗？最近一次是什么时候？是因为什么原因？你觉得如何才能避免这种情况再次发生？

思考题 2：你曾经尝试过冥想吗？能否分享一下你冥想时和冥想后的感受？

思考题 3：你遇到问题时的思考方式是怎样的？有没有自己的固定套路？来和我们分享一两个吧。

微信扫描二维码，把你的思考结果和学习笔记分享至学习社区，与其他同学互相切磋、一起成长，哪怕只是一句话，也会让你对知识的理解更加深刻，收获也会更多，还能让其他人从你的感悟中获得启发。

你值多少钱

概念重塑
重新理解财富　重新理解自己　重新理解世界

大脑升级
解开大脑的封印　思维力提升　解决所有问题

33%

| 注意力 | 时间商 | 人生密码 | 复利 | 理解层次 | 角色化 | 元认知 | 多维能力 | 估值模型 | 势能差 | 四域空间 | 运气催化剂。 | 负面词语/情绪 | 学习三步法 | 背景知识 | 专注的力量 | 透析三棱镜 | 线性思维 | 结构化思维 | 系统性思维 | 选择 | 计划 | 演化 | 创新 |

8

你可能听过这么一个故事

一个小和尚从庙里的后花园搬了一块大石头，跑到菜场里准备卖掉。
一个来买菜的大婶儿看到了，就问小和尚："这个石头怎么卖呀？"
小和尚不说话，伸出两个手指。大婶说："2元？"
小和尚摇摇头……
大婶儿说："好吧好吧，20就20，我买回去压咸菜……"
小和尚没有卖，背起石头就往庙里跑，告诉自己师父这个好消息："一分钱不值的大石头，竟然有人愿意出20元买！"
师父告诉他，你先别卖，明天你用同样的方式到博物馆去试试。
于是第二天，小和尚去了博物馆……
一群人看见小和尚放了块大石头在博物馆门口，感觉很好奇，便围起来窃窃私语："这里怎么会有一块石头在博物馆门口？一定有不小来头，不会是陨石吧？"
这时，有一位艺术家窜出来问小和尚："你这块石头多少钱卖啊？"
小和尚依然不说话，伸出两个手指。那个人说："200元？"
小和尚摇了摇头……
艺术家说："2000元就2000元吧，刚好我要用它雕刻一尊神像。"
小和尚听到这里，睁大了眼睛，赶紧背起石头跑回庙里，又把这个喜讯告诉了师父。师父说，你明天再用同样的方式去古董店试试……
第三天，又上演了同样的一幕……
一群人围观并窃窃私语，突然窜出一个带着大金链子的土豪，问小和尚："你这石头怎么卖啊？"
小和尚还是伸出2个手指，那人问："2万？"
小和尚吓了一跳，张大了嘴巴，但是依然不说话，摇了摇头……
那人以为自己说低了，连忙改正说："对不起，我说错了，20万？这是哪个朝代的？"

小和尚已经不相信自己的耳朵了，慌忙背起石头跑回庙里……

故事到这里结束了，我的问题来了：为什么同样一块石头，在不同的地方有不同的价格？

换句话说，是什么决定了石头的价格？

这里有三个关键要素：

第一，得有人想买

这是一个特别重要，但是被许多人忽略的小细节，就是每个场景里都有一个人窜出来问小和尚怎么卖，如果没有这个人呢？

石头的价值可能就是 0，因为无人问津，所以有价无市，故事也就无法继续了。

你的东西对别人来说是"有用"的才有价值，没有需求，就没有价值，这是一切的基础。

第二，场景决定需求

我们在故事中看到不同的场景，用户对石头的需求是不同的：

- 在寺庙里：完全没用；
- 在菜市场：大婶儿要买回去压咸菜；
- 在博物馆：艺术家要买回去雕刻神像；
- 在古董店：土豪要买回去当古董收藏。

在不同的场景，人对同一件事物可能会触发不同的需求。不同的需求导致价值判断的标准不同。

注意，这里说的是"不同"，并没有说高低，如果大家把它都当成"压咸菜的大石头"，那么去哪里价值都一样的。

一杯咖啡在你家是咖啡，在星巴克就是社交方式；一杯水在你家里是饮用水，在沙漠里就是命！

所以，总结来说：

1."需求"决定了这块石头有没有价值；
2."场景"决定了它是什么需求。

但是，我们发现有些很有需求的东西，好像价值并不高，这是为什么？

比如水、空气、阳光的价值都很大，离开了它们我们就无法生存，所有人都需要，但它们几乎都是免费的。这是为什么？

而钻石不能吃又不能用，就长得好看，其实就是块石头，为什么钻石那么贵？

再比如环卫工人、建筑工人……他们对社会的贡献巨大，当你还在睡懒觉的时候，他们已经开始了工作；当你已经躺在家里沙发上刷韩剧的时候，他们还在熬夜加班、为人民服务……很难想象，如果没有在这些岗位上工作的同志们，我们的社会会是怎么样的，可为什么他们的收入普遍都不高？

这个就要看"需求"的另外一面——"供给"。

第三，供给决定价值的高低

供给越少，价值越高；供给越多，价值越低。就是我们常说的"物以稀为贵"。

空气、水、阳光虽然价值极大，但是目前近乎是取之不尽用之不竭的，所以它们几乎是免费的；

环卫工人、建筑工人等，他们的工作伟大而辛苦，但是进入门槛并不高，几乎谁都可以从事这些职业，可替代性很高，导致他们收入普遍偏低。

我们回到小和尚的案例……

刚才一直有个隐含的大前提，就是每个场景里都只有一个小和尚在卖石头，而如果出现多个小和尚，都背了一块大石头在那里售卖，结果会怎么样？

对，价格就立马下来了。

或者小和尚把石头在古董店卖掉了，然后觉得这钱太好赚了，第二天又背了好几块大石头来到古董店继续卖，会出现什么情况？

对，一定会被当成骗子，乱棒打出的……

因此，价值由什么决定？

① 需求：需求决定有没有价值，场景决定是什么需求；

② 供给：供给量决定价值的多少，越稀缺的东西越有价值。

中国发行的第一张生肖邮票叫"猴票"，总共发行约 500 万枚，目前存世量极少。由于其特殊的意义和限定的数量，面值 8 分钱的猴票，2018 年单枚的价格已经高达 1.2 万元，一整版（80 枚）的售价可达到 150 万元左右。

按这个逻辑，如何让一件东西变得值钱就很简单了

把"有价值"的东西变得"稀缺"。

清朝有名的贪官和珅，有两件宋朝时期的汝窑三足笔洗，这两件是举世罕见的宝贝，全天下也找不到第三只，当时这一对就花了一万两银子。但是和珅得手后，却立马砸碎了一只，这样全天下就只剩下一只了，剩下那只的价值立刻翻了十倍！

再比如刚才说的空气和水，它们都是免费的，那是因为地球上太多了，几乎是用不完的，但如果有一天人类真的居住在火星上了，也许你家最贵的就是空气和水了。

很多艺术家生前穷困潦倒，死后作品却暴涨到天价，比如梵高，就是因为他的作品再也不会有了。

这里还是需要注意一下，需求是前提，稀缺是杠杆，没人要的东西，你再稀缺也没用。比如你不会画画，你在白纸上随手画一幅画，然后说全世界仅此一幅，没用，它还是没有价值的……

所以，你值多少钱，是由什么决定的呢

第一，你有没有价值？你的能力是否是其他人需要的

你至少要有一技之长，是别人需要的，你可以因此加入到社会分工中去。如果你什么都不会，那你就只能先去再学习了……

8 你值多少钱

第二，更关键的是，你值多少钱是由你的能力是否是稀缺决定的

很多人会抱怨自己做了很多，没有功劳也有苦劳，但是很抱歉，你的报酬不是和你的劳动成正比的，而是和你的劳动的不可替代性成正比的！

可是，你可能会说："我现在就是个普通职员啊，我就是个普通人，我目前还没有什么不可替代的能力怎么办？要说能力也有点，但也只能让我有份解决温饱的工作，我该如何打造稀缺性，让我的价值变得更大呢？"

下半部分我们就来聊聊如何打造自己稀缺性的具体办法。

打造稀缺性有两个方法

方法一：成为第一

成为第一，也就是追求极致，比如体育竞技比赛，大家都会记得第一名，而不会有人记得第二名是谁。

世界上最好的手机是哪个？

苹果的 iPhone！

那第二好的是哪个呢？

你可能就没办法一下子说出来了……

为什么？

因为人们根本不关心，如果我能看到最好的，能用到最好的，我没必要选第二等的。

因此，走这条路不是不可以，就是比较难，遇到的挑战会非常大，这取决于你是否有足够的天赋。你能否在天赋的基础上，刻意练习 10 000 小时，比别人更加努力？而且还要干掉所有其他竞争者！

比如我上一章说，我 6 年级的时候参加了乒乓球的专业训练，因为我确实在这方面还是挺有天赋的，本来想看看能否往职业运动员方向去发展，但是为什么两个月后我就放弃了？

因为一起训练的还有许多六七岁的小孩，比我水平还高了好多，天天起早贪黑地苦练。我想想自己的天赋比起他们来说就不值一提了；努力程度么，我还有学业要完成，所以，职业运动员这条路，还是算了吧……

许多选择这条路发展的人，因为要面对极大的竞争，所以一辈子都在比较，一辈子都在追赶，一辈子依然落后……

那我们是否有其他方式打造稀缺性呢？

方法二：成为唯一

如果某个需求，全世界只有你一个人能解决，那就直接不用比了，因为就你一个人，你就是第一名！

那如何才能让自己成为唯一呢

刚才那句话听着好像开玩笑，全世界那么多人，怎么可能某个需求，只有你一个人能解决呢？

其实，我们中的绝大多数人，都有成为过"唯一"的经历：
你曾经是某个人的男（女）朋友。

世界再大，他的眼里也只有你！在那一刻，你就是他的唯一！就是他的命中注定！就是他的70亿分之一！

可关键问题是，你是怎么成为对方的"唯一"的呢？
每个人在寻找伴侣的时候，都有一些条件标准，比如：

- 长得好看些
- 性格温柔些
- 嗯……得大学毕业
- 一个城市的，不想异地
- 她正好也喜欢我
- ……

这些条件，每一个看上去都很普通，但是每个条件其实都会筛选掉一大部分人，最后就几乎只能剩下一个了。

大龄单身青年是如何炼成的？

不是因为要求高，而是条件多！每一条都需要符合，筛完就没了……

比如说：高、富、帅、喜欢我，仅仅四个条件而已呢，怎么我就找不到呢？

我们来算一下概率……

- 高：多少算高？180cm？中国男生平均身高167cm，180cm以上的话占比有没有20%？
- 富：这个按目前的贫富差距悬殊更大，100个人里面有2个人算有钱的就不错了，那就是2%？
- 帅：这个怎么界定？一个班级里至少有一位帅哥？那就假设1/20，也就是5%；
- 还得喜欢你：20个男人里，会有一个喜欢你吗？嗯，那就算1/20，也就是5%。

结果是多少呢?

$$20\% \times 2\% \times 5\% \times 5\% = 10万分之一$$

恭喜你!如果你一天新认识一个男人,273 年后,你一定能找到一位满意的老公……

如果你还想考虑一下性格问题……

呵呵!

好,我们回到本课的话题上来,如何让你成为最稀缺的人才呢

我们把择偶条件换成能力,假设平面上有 100 个点,代表 100 种个人能力。如果你拥有其中一种能力……那么在 100 个人里面,就会有一个人和你拥有同样的能力:

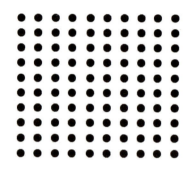

如果你拥有其中的两种能力呢?

任意两点的组合数量 =100×99/2=4950,也就是 4950 个人里才会有一个人和你一样,也同时会拥有这两种能力。

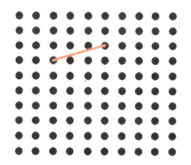

那如果你同时拥有其中的三种能力呢?

任意三点的组合数量 =100×99×98/6=161 700,也就是说在大约 16 万人里,才会有一个人和你一样,同时也拥有这三种能力!这就非常稀缺了!

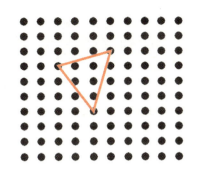

你看,每多一种能力,你的不可替代性将会大幅度提升!

所以,让自己变得稀缺的最好的办法,就是让自己拥有多维度能力!

不过,你可能要问了,能力越多就一定越稀缺,价值越高吗?

比如,我画画很好,足球也踢得不错,王者荣耀打得也很好,那我是不是就很值钱呢?

嗯……同时会这三项的人确实很少,但这样的能力组合貌似没什么用。这是怎么回事?

多维能力要发挥价值,需要两个重要的前提条件

第一,每个能力至少都是有价值的,也即别人是需要的

这个我们在开篇的时候就曾说过,稀缺性是杠杆,前提是你的这个能力,对别人来说是有需求的,没用的能力,再稀缺也没用。

因此,我们假设"能力值=1"是一个基础值,1以上才是有价值的能力,能提供别人价值;1以下就是不合格的。

那么,如果你有3种能力,能力值分别是0.8,0.7,0.6,那么综合能力 = $0.8 \times 0.7 \times 0.6 = 0.37$,整体的能力值竟然变得更小了!为什么?

因为这种能力结构,在别人眼里看来就是什么都会点,但什么都不精,那这样的话,别人对你的评价当然会变得更低了,因为这种状态就叫平庸……

第二,每个能力之间要有关联

多才多艺和多维能力是两个概念。多才多艺是指你的每个能力都是孤立的,这样的话,你还是只能在单维度上和别人一较高下。比如你漫画画得好,但也

不是最好的，也就前 20% 的水平；你还擅长讲笑话，但也不是讲得最好的，也是前 20% 的水平；另外呢，你还特别喜欢研究办公室政治，但也不是那些玩弄权术的高手，也就是前 20% 的水平……

你看，如果这三件事是相互独立的，那你每一个看上去都不是那么厉害，而且这听上去就像是一个不务正业的小职员，很多老板都不喜欢这样的人。

那什么叫多维能力？

就是你把这三种能力竟然用在了同一个地方，那就值钱了！

比如有一位叫史考特·亚当斯的漫画家，他就将这三种能力结合在了一起，画出了风靡全球 39 个国家、拥有超过 1.5 亿读者的著名漫画作品《呆伯特漫画》。

因此，什么是多维能力

就是能把多种能力结合在一起，并且为同一个目标服务，这样就会发挥巨大的价值！

比如乔布斯，他将科技与艺术结合在了一起，因此创造出了世界上最漂亮的计算机和手机。

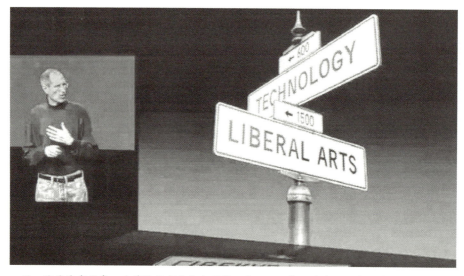

注：这是乔布斯每一次苹果发布会都会用的一张 PPT，意思是我们站在了科技与艺术的交叉口，将这两股力量汇聚在了一起。

那如何才能把多个能力关联起来，产生合力呢？

如何把能力联结起来

多个能力必须是为同一个目标服务

比如写书这件事，如果你有写作能力，那很棒，可以写出优美的文字，但仅仅是文字优美是没有用的，你得有内容。

因此，如果你除了文笔好，还拥有了某方面的专业知识，你就可以写这方面的专业书籍；如果你学过心理学、营销学，就可以写出非常棒的广告文案；如果你有丰富的想象力，还懂科技技术，那你也许能写出一本风靡全球的科幻小说……

还记得人的五个层次吗

你的存在层是什么？

然后为了满足你的存在层，你应该如何构建你的能力圈？

能力圈是围绕存在层而构建的，而不是任意的能力都对存在感有帮助（见图8-1）。所以，存在层就是你的目标，所有的能力都应该为这个目标服务，这样才能形成合力。

如果用图示的方式来表示多维能力，就是我们平时看到过的雷达图，我们可以称之为"能力图谱"。

比如你想成为一名足球运动员，以下是两类人的能力图谱（见图8-2）：

如果你只会射门，那你的能力就是一条直线（左图），是单维度的能力，这样的话，你可能就只能做个前锋，而且还是个没有突破能力和传球能力的前锋，这个价值就比较低了。而且可替代性非常高，而且是个球员都会射门，什么，你想当主力？对不起，请下一位……

但如果你还有很强的传球能力和带球能力，那就厉害了，可以单刀突破，可以下底传中，可以和队友打出精妙的配合……你的能力值就会呈指数上升，在能

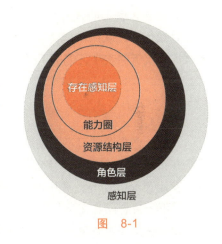

图 8-1

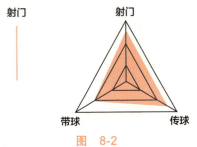

图 8-2

注：上色部分表示"能力值"。

力图谱上会多出两个维度，连接成一个面，这个能力值就要大得多了。

之所以这三种能力能形成一个能力图谱，就是因为这三种能力可以为同一个目标服务："赢球"，因此它们能彼此形成合力，这就提高了你的稀缺性和价值。如果你还会做一手好菜，那和"赢球"这个目标就没什么关系，就不能加入到这个能力图谱中。

OK，那么回到你身上，你究竟应该如何结合目前的个人情况，打造属于自己的多维能力，提升自己的竞争力，让自己更有价值，更不可被替代呢？

打造多维能力的步骤

第一步，先把一个能力打造成自己的长板

这个是基础，你至少得让自己变得有价值，可以是我们第3章说的天赋，也可以是你目前正在从事的工作。

比如说你现在是一名程序员，也没有发现自己有什么天赋，就是比较会吹牛。那你要么就不断提升自己写程序的能力，从普通的程序员晋升到架构师；要么就锻炼自己吹牛的能力，让你的吹牛变得越来越有意思，每次吃饭的时候大家都喜欢听你吹牛，能吸引到一批小粉丝。

第二步，让自己兴趣广泛，培养多种能力

然后，你需要学习不同领域的知识，只要喜欢你就去学，先别管有没有用，就像乔布斯当年在学艺术字的时候，并不知道未来会有什么用，但十年之后，他在设计 Macintosh 计算机时，这个技能就一下子被用上了。于是，全世界就拥有了第一台有漂亮文字版式的计算机。

比如你除了喜欢吹牛，还喜欢即兴表演，那就去学呗，现在造原子弹的能力不那么容易学会，一般的兴趣都是有培训班的。你别只是喜欢，要行动起来，去学习里面的专业套路。

第三步，确定一个目标，并把多种能力组合成多维能力

乔布斯先有了做计算机这个目标，才想到将艺术和科技结合起来的，没有这个目标，艺术字和计算机可能就永远没有机会融合在一起。

所以，试着为你的多维能力找一个目标，比如你会编程，会吹牛，会即兴

表演，貌似三者毫无关系，但如果你的目标是做一个网红，那机会就来了，你可以编个能和你对话的吹牛软件，然后在镜头前和机器人互相吹牛，吵不过了再来段即兴表演，你可能就火了！而且这种方式还不可被替代……

那万一你找不到这样一个可以把多个能力结合起来的目标，怎么办？

没关系，那就继续等待这样一个机会的出现，就像当年的乔布斯，等来了计算机，才有机会将艺术融入其中，成就了现在的苹果！

小结

这章我们讲了多维能力。为什么要打造自己的多维能力？

因为多维产生稀缺，稀缺性决定价值的高低！

但是，你不能忘了这是有前提的，就是你得先让自己有价值，再通过打造稀缺性放大你的价值。

那么如何打造自己的稀缺性呢？

你平时要多学点跨界的知识和技能，为打造多维能力做好基础，一旦目标出现后，你所学的那些知识就会自动地组合成一个整体，让你成为稀缺型人才，让你变得不可替代，让你变得价值连城！

最后，再次强调人生目标与使命的重要性。没有这个，你的兴趣广泛最终也只会变成你的多才多艺……

思考与行动

看完 ≠ 学会，你还需要思考与行动

思考题：你找到你的长板是什么了吗？你未来三年的目标是什么呢？为了达成这个目标，有哪些能力可以组合成你的多维能力？

微信扫描二维码，把你的思考结果和学习笔记分享至学习社区，与其他同学互相切磋、一起成长，哪怕只是一句话，也会让你对知识的理解更加深刻，收获也会更多，还能让其他人从你的感悟中获得启发。

未来世界给你发来的信号

概念重塑	大脑升级
重新理解财富　重新理解自己　重新理解世界	解开大脑的封印　思维力提升　解决所有问题

38%

注意力　时间商　人生利密码　复利密码　角色化　理解层次　元认知　多维能力　势能差　估值模型　四域空间　运气催化剂　负面词语/情绪　学习三步法　背景知识　专注的力量　透析三棱镜　线性思维　结构化思维　系统性思维　选择　计划　演化　创新

9

已经学会了成功的方法？

至今，你已经学完了8个核心概念，重新理解了财富，重新理解了自己。如果现在我再来问你本书开篇的那个问题"如何才能实现财富自由？"

你还是会说靠努力、勤奋吗？

当然不会。

通过前面的学习，现在你也许能更系统地回答这个问题了：

1. 开启"元认知"，控制自己的"注意力"，这是一切的前提。
2. 脱掉自己的"角色化"外衣，设定一个"人生使命"，想想你想成为谁。
3. 找到自己愿意乐此不疲的"天赋"开始刻意练习，并把它打造成自己的长板。
4. 围绕长板和目标打造"多维能力"，让自己的价值由于稀缺而变得更加值钱。
5. 然后，用更高级的方式"经营自己的时间"，把你的能力商业化。
6. 最后，构建一个"复利模式"让自己的财富指数级增长！

哇塞，太棒了！你已经击败了全国92%的同龄人！

你感觉已经从模糊的未来，找到了一条清晰可执行的道路，仿佛看到了自己未来的璀璨人生……

但是……

这个真的会有效吗？

感觉，似乎，还缺少了点什么？

有些人看着也特别优秀，能力、激情、使命感都不缺，但也总是说自己怀才不遇，这是为什么？

为了回答这个问题，我先给你做个思想实验

如果我们能让时光倒流，把你穿越回2000年左右，你会如何让自己财富自由呢？

你的第一反应是要让自己更加努力吗？
还是找到自己的天赋，刻意练习，并打造多维能力？
……

不，我猜你第一个想到的是……

买房子！

如果真能穿越回2000年，你要致富太简单了：

那个时候上海的平均房价不足3000元，很多地段买房还是零首付……想买几套买几套！没钱就去借！

然后2006年上半年开始全仓买股票，等到2007年涨到6000点时再卖掉！
然后，把手上所有的钱买腾讯的股票和比特币！在2018年再卖掉……
那时，你的资产应该可以翻……10 000倍……！
爽！
醒醒，醒醒，别做梦了，我们回到现在！
虽然刚才只是个思想实验，现实生活中不可能发生，但是……

在过程中你有没有发现，你寻找成功路径的角度变了？

你从只关注自己，到开始关注周围环境的变化了！

而且你有一个切实的感觉，就是这样做比什么努力奋斗要高效 10 000 倍，而且确定一定能因此财富自由的，这太简单了！

为什么？

因为你已经提前知道了未来！

你知道这个时代会往哪个方向走，你知道了财富正在往哪里流动，这是什么？

趋势！

当你发现了趋势，你只需要跟随这个趋势就可以了，你会被这个趋势裹挟着，一起往它的方向流动。

一片叶子从树上落下，是因为风的追求，还是树的不挽留？

都不是。

真正影响它的是季节！

趋势像一股强大的能量，浩浩荡荡往前推移，就看你是否能够发现它，并抓住它，搭上这辆顺风车，赚取时代的红利。

工欲善其事，必先利其器。事欲全其功，必先顺其势。时势造英雄，第一流的人物总在关注时代和趋势的变化，并顺势而为！

一个人的努力很重要，但是在浩浩荡荡的趋势面前就显得很渺小，就像你在一条奔流的大河中拼命地游泳，你的努力挣扎，对你自己最终的去向其实影响很小。

你游泳姿势是否正确，你练习的时间是否足够长，确实对你的游泳成绩帮助很大，但如果你是要游去某个目的地，最好的方式是选择一条正在往那边流动的大河，然后随波逐流；而不是选择一条反方向的河流，然后拼了老命地游泳……

你忽然发现：

影响你人生走势的更大变量，是来自你所处的这个"环境"对你的影响！

但是，你并不能穿越，也没有预知能力……你该怎么办

在现实生活中，趋势就没有那么明显了，我们无法知道未来的腾讯在哪，上海的房价是否还会继续上涨，股票明年是牛是熊。

那怎么办？

去算命吗？

打开新浪、今日头条、知乎，疯狂地寻找风口热点吗？

你该如何在这个混沌的现实中，抓住时代的风向标？

你该如何在无法看见未来的时候，接收到未来世界发来的微弱信号？

未来已来,只是尚未流行

要发现未来的趋势,我们就得先来理解一下趋势是怎么产生的。

菩萨看因,凡人看果。我们没有穿越,所以我们无法看到趋势。现实生活中能够被我们看到的趋势,都是已经过去了的机会,看到了再杀入,你很可能会变成接盘侠。

产生趋势的原因是什么

首先,我们得先了解一下什么是趋势

百度的解释:趋势,是指事物发展的动向。听着还是有点抽象……

我们把这个"事物"简化成一个平面上静止的小球,小球只要运动了,这个运动方向就是趋势。那么,我们该如何让小球运动呢?

有两个方法:

1. 由"外力"产生的运动

要让平面上一个静止的小球运动,你可以对它施加一个水平方向的外力,那么根据牛顿第一运动定律在这个外力的作用下,小球就会朝外力的方向产生一个加速度并开始沿直线运动(见图9-1),这就形成了运动趋势。

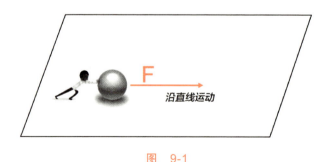

图 9-1

除此之外,还有什么方式可以让小球运动呢?

对,就是把平面倾斜一下,这样小球就会往更低的那个位置滚动了,这就是能让小球运动的第二种原因:势能差。

2. 由"势能差"导致的运动

什么是势能？是一种储存在物体系统内部的能量。

比如我们刚才说的方法，它靠的就是"重力势能"，物体的"位置"越高，势能越大。而物体将会从"高势能"的地方往"低势能"的地方运动，比如水往低处流，电子在静电场中由高势能处往低势能处运动，等等。

因此，当倾斜平面的时候，由于平面某些位置的高度发生了变化，势能差就产生了，小球就自然会从"高势能位"往"低势能位"滚动了（见图9-2）。

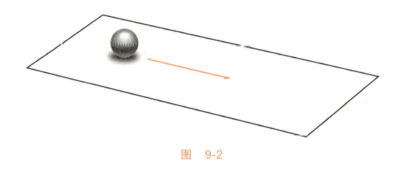

图 9-2

所以，趋势是结果，它不会无缘无故地产生，要么受"外力"影响，要么存在"势能差"。

由此，我们找到了造成趋势的两大原因

第一，外力

某个"突发事件"会导致新的趋势，比如特朗普的意外当选改变了美国多方面的发展趋势。

第二，势能差

只要存在势能差，那么就必然会有趋势。

比如，大家都去买股票导致"买方势能＞卖方势能"，因此股票上涨；

比如，大量人口流入一线城市导致"买房势能＞卖房势能"，因此一线城市房价持续上涨……

比如，腾讯做个游戏和你做个游戏，势能也是不同的，它有庞大的用户基数为它赋能，能让它的游戏迅速流行起来。而你从做完游戏的那一刻起，就面临三个天大的问题：① 推广怎么做？② 钱从哪来？③ 腾讯做了怎么办？

9 未来世界给你发来的信号

哪种方式更好呢

第一，外力

哪些是外力？

比如热点、重大新闻、科技突破、黑天鹅事件等都是突发性的"外力"。

一旦这种重大意外事件发生，你就得去了解一下它可能会产生什么样的趋势，然后跟进，赚取趋势红利，这也就是我们平时说的追热点。

不过这种方式存在两个问题：

一是不知道什么时候来，从哪个位置来，这个很难预测，只能等；

二是即使来了，你也不知道它未来究竟会如何发展，往往重大事件之后还有重大事件，也许一开始看上去是好事，但是结果却越来越糟糕。

比如当年保时捷放言要收购大众汽车，由于《大众法》和德国《交易所法》的限制，让大量基金公司断定收购一定不能成功，就大肆做空大众的股票，要趁机大赚一笔。

但结果呢，保时捷出人意料地通过期权的方式绕过了法案，让大量基金公司血本无归……

这眼看大众汽车将要成为保时捷的囊中之物了……

但是没想到，随后由于保时捷遭遇 2008 年金融危机，导致自身债台高筑，最终竟然被大众公司给反收购了……

真可谓是一波三折，黑天鹅之后还有黑天鹅……

所以，外力确实会产生趋势，蕴藏着巨大的机会，但由于这种外力的不可预知性，以及未来发展趋势难以捉摸的特点，我并不推荐这种方式，它更像是一种投机。

当然，如果你的风险偏好比较激进，我也不拦着你……

第二，势能差

找到有势能差的地方，然后站在高势能的这边，跟着它一起往低势能处流动。

寻找势能差，其实就是主动寻找存在"不公平竞争"的地方，然后成为高势能的一方，顺势而为，用"不公平"的方式赢得胜利。就像站在山上和山下的人打仗一样，在万仞之巅推下千钧之石。

但是山有四个面，四面八方相对于山顶来说都是低势能的地方，你该往哪边推下石头呢？

答案是：都可以！

只要相对于你来说是低势能的位置，都是进攻的方向，对你来说都会势如破竹！

就比如腾讯这家公司，将海量的用户基础作为势能高地，就像一支常年驻扎在一座大山山顶的大军，俯视群雄。腾讯没有明确的进攻方向，但是只要想打哪边，就能打哪边，一旦发起进攻，都是碾压式的攻势，所以行内有句话叫作：腾讯之下寸草不生。

如果你能有幸成为腾讯军团中的一员，你的战斗力就自然比在平原上的人高出数百倍，并不是你的能力真的高出别人数百倍，而是腾讯这座大山给你赋了能，同样一款游戏出在腾讯和出在一个小公司手上是完全两种命运。

2018年的时候，网上有个热议的话题叫作"腾讯没有梦想"，因为他们看不清腾讯这家公司的"趋势"会去向哪里。在我看来，腾讯并不是没有发展趋势（梦想），而是它就是趋势本身，它的势能太高了，所以它流向哪个方向，哪个方向就会成为趋势，你只要跟着它，你就走进了趋势。

所以，我更推荐这种策略，只要找到有势能差的地方，并加入到高势能的一边，你就能稳稳地分得这份趋势红利。

势能差，就是未来世界向你发来的微弱信号！

该如何找到势能高地呢

直接去投奔腾讯"爸爸"或者阿里"爸爸"吗？

山上面积有限，容不下你们那么多人啊……

那怎么办？

我们先来了解一下有哪几类势能差，然后我们再来说一下如何让自己站上势能高地。

四类势能差

第一类：效率势能

效率越高，势能就越高。其中又分为三类可以提高效率的方法：优打劣，快打慢，廉打贵。

1. 优打劣

这里说的"优"并不是指你的东西比别人高级,而是同样的东西,你的品质更好。两双一样的鞋子放在你面前,你自然会选质量、做工更好的一双,甚至愿意支付更高的价格,就是因为好东西自然拥有更高的势能。

做企业就像是把千钧之石推上万仞之巅,然后在山顶上,通过营销和渠道,把石头一把推下,将势能转化成巨大的动能。

这块石头就是你的产品,产品质量越好,推上的山就越高,就能获得越大的势能,营销只是减少你下行时候的摩擦力,渠道是拉长你的下行坡道,让你的石头滚得足够远(见图9-3)……

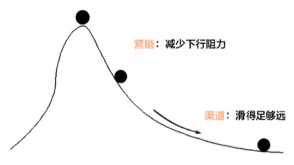

图 9-3　企业能量模型

资料来源:刘润. 5分钟商学院[M]. 北京:中信出版社,2018.

2. 快打慢

也就是我们在互联网圈里常听说的"快鱼吃慢鱼",天下武功唯"快"不破。这个我们从一个物理动能公式里就能看明白:

$$E_k = \frac{1}{2}mv^2$$

速度越快,能量越大。别人还没反应过来,你已经做完了,别人怎么和你玩?

比如2017年的时候,有款外号叫"吃鸡"的游戏特别火,但是你们知道吗,首发这款游戏的是小米,上线后大火,随后网易、腾讯、英雄互娱连夜赶工,一周以内也全部上线了该类游戏跟进。

因为大家都知道,慢一步,就是生和死的区别。

快一步就意味着抢先占领了市场,用户规模会成为新的势能高地,就能吸引更多的用户加入,然后优势不断累积,后来者就再无机会。

3. 廉打贵

同样的东西，品质一样，价格更便宜的自然会受到消费者的青睐，也就是说在竞争中拥有更高的势能。比如当年的杀毒软件大战，都是靠卖软件赚钱的，结果来了个周鸿祎，直接免费，就把大部分用户吸引走了。

你可能会问，为什么那些杀毒企业不同样免费？

因为在一个一直靠卖软件为生的企业，你想做免费，你面对的压力是巨大的，会受到各种既有利益群体的压制；也就是说，在企业内部你处在低势能位，你是在山脚下往山上攻。

这里说的便宜即是策略的选择，也是效率的结果。

什么意思？效率的提升可以带来成本的降低，你成本5块，卖10块；我通过优化我的供应链，提高我的运营效率，成本降到3块钱，我卖4块还有得赚，你就活不下去了。

第二类：规模势能

就是大打小，大鱼吃小鱼。

就是用规模去碾压对手，你一个人很厉害，不过抱歉，我有百十个人，还想跟我打吗？

很多人崇拜以弱胜强，喜欢用计谋，认为自己能够像很多电视剧里说的那样，凭借自己的能力与智慧，力挽狂澜，以少胜多，变成一个传奇！

但现实里这种案例很少。

我很喜欢《孙子兵法》，这本兵法奇书里讲的内容，其实都是教你如何以强胜弱，以大欺小，而不是以弱胜强。

里面有一句话是说："故善战者之胜也，无智名，无勇功"。

意思是真正会打仗的人，他们的功绩都是看起来很平常的，因为他们都是通过以大欺小、以强胜弱的方式去碾压对手获得战争胜利的，根本没有什么惊心动魄和曲折离奇的故事，战争还没开始，胜负已定。

那些以弱胜强、以少胜多的故事广为流传，是因为这样的案例实在太少了，而真正的大将是不会让自己处于这种不利位置的。

曾经的共享单车大战、打车软件大战其实都是上演了这样一个剧本，一开始都是诸侯割据，群雄逐鹿，大家彼此混战，打得不可开交。而一旦其中某一方通过资本注入，它就能迅速扩大规模，用规模优势蚕食对手。然后通过这一点点的优势，不断转化成更大的规模，进一步碾压市场……

最终，市场形成721的格局：第一名拿走市场70%的份额；第二名拿走

20%；剩下的所有参与者瓜分 10%。后来者就几乎再无机会。

这是从势均力敌的状态开始能找到的竞争案例，而那些一开始就 1∶100 不成比例的战斗，往往还没开始打，战斗就已经结束了，甚至大公司抢了你的业务，都不知道你的存在，我灭了你，却与你无关……

第三类：认知势能

什么意思？就是高级文明打低级文明，我懂的你不懂，用新模式、新科技进行降维打击。

无论你是打太极拳还是咏春拳，在机关枪面前都是一样的。

规模优势怎么破？就是用认知势能碾压。

柯达，曾经是世界上最大的胶卷公司；诺基亚，曾经是世界上最大的手机厂商。同类产品根本不可能是它们的对手，但它们最终倒在了更为先进的数码相机和智能手机上。

这种方式也称之为：颠覆式创新。

你可能又要问了，它们自己为什么不做？

还是那个答案，在企业内部，想在原有技术上改进那是可以的，你要干掉原有业务？想颠覆原有技术？那你面对的就是具有规模势能的既有利益者的压力。革新者往往处于低势能处，仰面进攻山顶，要把自己的主力部队干掉，这等于是在企业内部改朝换代，这个难度可想而知。

所以，现在的大企业学会了两个新的方式来应对这种"创新者的窘境"：

1. 要么从内部独立出去一个团队，脱离原公司，在创业环境下单独搞新业务；
2. 要么看到好的公司直接买买买。

总之，不让创新者在企业内部和老部队直面交战。

第四类：引力势能

就是某个事物，能够像拥有引力一样地吸引周围的事物，让它们成为自己能力的一部分，类似一个黑洞的存在。

比如拥有网络效应的平台型公司，它拥有一个互相增益的双边市场，用户越多就会吸引更多的商家来到平台，而更多的商家来到平台，就会吸引更多的用户来平台购物。

比如城市化，城市越大，人们分工协作就会越细，医疗、教育、交通等公共服务就会越健全，人口越多，就会有更多的商家愿意进入这个城市为人们提供服务,进一步带来更多的就业机会和创业机会……这些又进一步吸引到更多的人来大城市发展。

再比如新的经济体。经济体原来是指国家或者地区,但现在互联网突破了地域的边界,在虚拟环境里形成一个新的经济体:互联网经济体。现在又出现了一个移动互联经济体,人们在这个新的经济体里生活、交流、购物、娱乐、经商……"生活"在这个虚拟世界中的人越多,就会吸引越多的人和商家也来到这个世界中生活。

那我们该如何站上这些势能高点呢?

这里我借用阿里巴巴的曾鸣教授和湖畔大学的梁宁老师都提到过的一个概念,叫作"点、线、面、体"的战略分析框架,来分析这个问题。

什么是点、线、面、体

- 点:可以指个人或者某个单一产品;
- 线:一个小公司,也可以指大公司里的一条业务线;
- 面:指平台型公司或者生态型企业,比如阿里巴巴、腾讯;
- 体:指时代、行业、新的经济体。

有了这个分析框架,你看自己的位置和看市场的竞争,就能有更立体的视角了:

- 你这个"点"是在一条什么样的"线"上?
- 这条"线"附着在一个什么样的"面"上?
- 这个"面"又处于一个什么样的"体"上?

你面对的是什么竞争?是来自对手的竞争,是对手+所附着的面一起对你的攻势,还是来自趋势的对抗(见图9-4)?

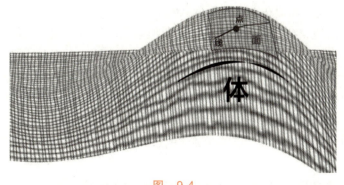

图 9-4

我们再把"点、线、面、体"的思考框架和四个势能差结合起来看，看看它们分别能拥有什么势能（见图 9-5）

- "点"自身唯一能把握住的是认知势能，其他基本都不具备；
- "线"可以拥有效率势能和认知势能，势能比"面"小一个数量级，比"点"高一个数量级。
- 规模势能和引力势能是"面"和"体"独有的，而"体"的势能比"面"高出一个数量级。

有了这个分析框架之后，我们就有了寻找并站上势能制高点的方法了。

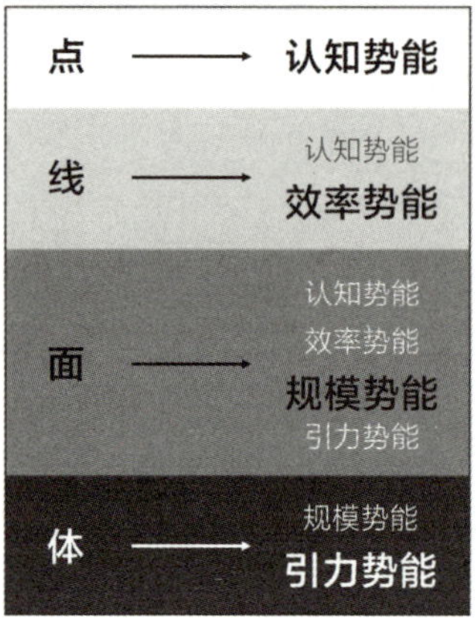

点	→	认知势能
线	→	认知势能 **效率势能**
面	→	认知势能 效率势能 **规模势能** 引力势能
体	→	规模势能 **引力势能**

图 9-5

站上势能高点的具体方法

方法一：成为

让自己成为高势能的一部分

从上图中我们能看到，一个人的力量是有限的，很多人也明白这个道理，所以他们会选择以打工的方式加入一家公司，然后做一个勤奋"点"，希望通过自己的努力，创造富足的生活。

但很多人往往只关注到了眼前的一亩三分田，希望公司钱多事少离家近，完全缺乏对线面体的关注，甚至是完全没有概念的。

而忽略对"线、面、体"的关注，只是做一个勤奋的"点"，成功率其实是非常低的。比如 2010 年的时候，如果你选择加入纸媒行业并开始拼命工作，最后换来的，也许将是失业……为什么？

你选择的这家公司可能没什么问题，但是它所附着的这个"体"正在快速下沉，甚至消失，覆巢之下安有完卵？

这就像是你坐在电梯里，电梯在快速地下降，你不停地跳跃、跑步、呼喊，非常努力地往上爬，但结果还是跟着电梯一起到了楼底。

所以，当你选择加入一家公司时，不能仅仅关注工资和待遇，还要开始关注这家公司所在的势能位，更应该关注的是自己能否"顺势而为"，你可以问自己这么几个问题：

- 这条"线"（公司）有没有效率势能或认知势能？

- 这条"线"所附着的"面"是哪个？它在和谁竞争？有没有规模势能？是在不断扩大，还是逐渐缩小？
- 这个"面"又是附着在哪个"体"上？这个"体"有没有引力势能？它是在快速崛起，还是逐渐下沉？

如果忽略线面体的势能情况，糊里糊涂地加入一个正在下沉的公司，那就悲剧了……

个人可以选择加入一家有势能的公司，那公司怎么办

小公司就是"线"，"线"如何与"面"竞争？

小公司靠好的战略，并发挥效率势能和认知势能来执行战略。大公司有的规模势能你没有，你有的只有效率势能和认知势能，直面竞争肯定死路一条。

所以你只能选择在大公司瞧不上的某条业务线上，通过集中的效率势能，在它还没有反应过来的时候，快速将效率势能转化成用户规模，建立起自己在单一业务上的势能高点，再以这个为根基往外衍生。

这个方式的关键在于速度，等大公司反应过来的时候已经来不及了，这就是单点突破。或者你在某些业务上有核心技术优势，通过认知势能直接攻击，这个叫高维打击，但这种机会并不多。

所以，小公司想要战胜大公司，或者在市场中撕开一条口子，就得靠优秀的战略，选择一个自己有相对势能优势的细分市场，然后在执行上把效率势能和认知势能发挥到极致，最后把这些积攒的优势迅速转化成规模势能，才能在市场中站稳脚跟。

什么是好战略

好战略就是将自己放在某个领域、某个维度上的相对势能高点，让自己与对手通过"不公平竞争"而获得胜利！

方法二：赋能

找到高势能的"线、面、体"来帮助自己提高势能，也就是我们常听到的"赋能"

刚才说过，作为一个点，你本身拥有的势能是很小的，单打独斗在这个时代成不了什么气候。

有些人看到这里可能忍不住要跳出来了："不对啊，现在很多个人单干的都财富自由了，比如一些自媒体、一些网红……"

那是因为他们这个"点"在如今这个时代,可以脱离于"线"而直接附着在"面"上了,比如微信、淘宝、抖音、知乎;这些面又附着在一个正在快速崛起的"体"上,也就是移动互联网。

他们看似在单干,但其实,是体和面一起在给这些"点"赋能,给他们提供了海量的客户资源,给他们提供了数据支持、技术支持、物流支持……从而让这个"点"拥有了规模势能、效率势能,甚至是引力势能,这相当于是把"点"的能力给放大了成千上万倍。

两个记者,写一样的东西,一个放在"今日头条"上,一个做成大字报贴在电线杆上,前者可能一天就能获得上百万的流量,而后者可能连被别人看到都难……

我们再来看公司如何为员工赋能

公司发展遇到瓶颈,员工事情没做好,如果你是领导,你会怎么办?

把员工骂一通,然后自己上?

在《孙子兵法》里有句话,"故善战者,求之于势,不责于人。"什么意思?

一个员工,可能不够努力,可能不够能干,但你别忘了,他只是一个"点"而已,能发挥出的能量本来就很有限,你再鞭策,提升的空间也不大,你不能怪他们,这叫不责于人。

那你该怎么办呢?

你要去外面,找有势能的"线、面、体"回来给他们赋能。

比如你在小区门口开了个杂货铺,虽然有地理位置的优势,但由于自己的体量太小,供货商给的进货价很高,品类又不足,所以生意远不如更远处的大型超市和连锁便利店,怎么办?

骂员工不积极?这根本改变不了现状……

你可以试着去找阿里来给自己赋能。

2017年有一家位于杭州的"维军超市"突然火了起来,一家普通的杂货店被天猫"赋能",成了一家"天猫小店"。

天猫不仅为小店提供信用贷款、门店及管理系统升级等服务,还借助其强大的溢价能力,在"零售通"平台上为小店提供了价格更低、品质更好的货源,线上一键订购线下统一配送,解决了小店原先供货杂、品控松、价格贵等一系列问题,店铺内的产品开始拥有了媲美大型超市的竞争力。除此之外,天猫还将其"大数据"能力也赋予了小店,通过对附近居民交易数据的分析,告诉小店该选什么商品才更加好卖,进一步促进了小店的生意。

被"赋能"后的维军超市,在人员结构没有任何变化的情况下,销售额环比提升了45%，客流量环比提升了26%。

这就叫求之于势，拉入有势能的资源，让员工顺势而为，在万人之巅，推下千钧之石！

小结

从这一课开始，你除了要关注自身的成长，还要开始关注所处的环境。环境，是影响你人生走势的一个更大的变量，你绝对不能忽视它，有时候，人生的选择远比努力更重要，你要学会顺势而为。

那么你该如何找到未来的趋势呢？

产生趋势的原因有两个：①外力；②势能差。但是外力的发生不可预测，未来的趋势捉摸不定，因此我更推荐"寻找势能差"这个策略。

势能差一共分为四类：①效率势能；②规模势能；③认知势能；④引力势能。想要抓住由"势能差"带来的趋势，你可以通过"点、线、面、体"这个分析框架，立体地看待所处的环境，找到适合自己的势能高点，或成为他们，或想办法让他们为你赋能。

站在势能高点，也许你还是不知道未来的趋势会去向哪里，但你却和趋势站在了一起，抓住未来世界给你留下的信号，让自己成为未来的一部分！

思考与行动

看完 ≠ 学会，你还需要思考与行动

思考题1：你现在附着在哪些线、面、体上呢？它们是在上升还是在沉沦？

思考题2：你可以通过什么方式，找到适合的线、面、体为自己赋能？它们又为什么愿意给你赋能呢？

微信扫描二维码，把你的思考结果和学习笔记分享至学习社区，与其他同学互相切磋、一起成长，哪怕只是一句话，也会让你对知识的理解更加深刻，收获也会更多，还能让其他人从你的感悟中获得启发。

我有一个改变世界的想法，可行吗

概念重塑　　　　　　　　**大脑升级**

重新理解财富　重新理解自己　重新理解世界　解开大脑的封印　思维力提升　解决所有问题

`████████████████░░░░░░░░░░░░░░░░░░░░░░` 42%

注意力　时间商人　人生密码　复利　角色化　理解层次　元认知　多维能力　势能差　估值模型　四域空间　运气催化剂　负面词语/情绪　学习三步法　背景知识　专注的力量　透析三棱镜　线性思维　结构化思维　系统性思维　选择　计划　演化　创新

10

我有一个想法

在上一章的作业中，有很多人给我反馈，说头脑里突然出现了很多创业灵感，也发现市面上确实已经有很多可以为自己赋能的平台了。比如，他们有说要去抖音开短视频的，有说要去喜马拉雅录课程的，还有说自己有颠覆抖音的新创意的，可以赶上这波市场的趋势，现在只差个程序员了……

这些都特别棒，有想法是好事，但，这些想法真的靠谱吗？

我在知乎上，也常看到有类似的提问：

"我有一个改变世界的想法……现在就差一个程序员了！"

"我有一个改变世界的想法……现在就差一个投资人了！"

> **有很好的想法，是不是可以找人投资？**
> 一直有很不错的想法，但是自己实行技术难度比较大。这样的情况是否可以找到投……
>
> **也到了就差一个程序员就能改变世界了！程序猿请联系我。？**
> 我42岁，早年间做美工，后来做网站自己学程序。内力不足，不成。随就是不断
>
> 查看问题描述 ∨

> **有创意想法怎么找投资？**
> 有一个自认为不错的项目，弄一个App，可是自己没多少文化，没有技术，要怎么办？
>
> **想做个App…别的都到位了，就差程序员…想问下现在程序员同学们的想法？**
> 不是引战哈，先说说背景：
> 我是美工兼协调，还有个哥们是总体的统

记得这是个很早就开始流行的梗，没想到如今依旧风靡网络……

每当看到这类问题，我都会想起多年前的自己……

当初我其实和他们一样，也拥有一个"可以改变世界的想法"，怀揣着赤子之心，做着创业的梦想，然后到处寻找程序员，四处寻找投资人，好不容易找到了几个愿意和自己聊上几句的，我还不愿跟别人把想法都说明白，生怕别人盗走自己的创意……

现在想想，真是傻得可爱……

都认为自己的这个想法石破天惊，无比珍贵，是上天赐予的机会！

然后呢？

然后，就没有然后了……晚上想法千万万，明早起床都不算……

当然，也有一些"实干型"创业者

有一天忽然被灵感砸中了脑袋，把他们从梦中惊醒！第二天一早，就迅速揭竿而起，辞职，拉兄弟，开干！

可没想到，好不容易把梦想照进现实，把想法变成产品，结果这个曾经自以为的天才创意，竟然没有用户愿意为此买单！

运营成本越来越高，固定投入越来越多，资金链面临断裂……好不容易敲开投资人的大门，却直接被资本说这玩意儿根本没有未来……

迅速开始，又迅速沉沦……

融不到资，也没有用户，产品更新停滞；想把仅有的现金流补贴给用户，期待能够换来他的回眸一笑，结果他真的只是对我笑笑，没有带来一片云彩……

曾经以为的天才的创意，如今却成了天大的笑话……

光有想法，却不做，这不行！

有了想法，就去做，也不行！

那该怎么办

2017年中国日均新企业注册数量是1.6万家，平均每8分钟就有1家新企业注册；也就是说，每天都有可能产生至少64个充满创意，并已经开始付诸实践的新想法，这里还不包括大量没有注册的个人创业者，看来这个世界并不缺少想法。

可是，新企业平均寿命却不足6个月，成功率不足千分之一，这是为什么？

是因为这些创业者都不够努力吗？还是能力都不够呢？

在之前我们讲到NLP理解层次的时候说过，比努力和能力更重要的，是选择，如果一开始方向就错了，那么你的努力和能力只会让你越走越远……

换句话说，这些创业者很可能从最初的那个想法开始，就错了！

如果想法错了，也就是方向错了，方向错了，你当然是到不了终点的，那怎么办？

你也许能花 3 分钟就想到的一个 idea，但却要用 1 年的时间，用上百万元的投入来验证自己的想法是否正确……

晚啦！

时间已经过去啦……钱已经花光啦……

所以，在创业项目开始之前，你就需要先评估一下自己的这个想法是否靠谱，先来个纸上谈兵，看看是否有赢的可能，如果纸上都赢不了，那在现实世界里更加不可能！

那具体该怎么做呢？

为"想法"估值的四个维度

这个估值方式不仅可以用于对"想法"的估值，如果你的项目已经启动，甚至已经有了一些实际的数据，你更可以用这个模型来计算一下自己的项目价值，以及下一步该如何提高……

估值维度一：客户终生价值

这是对项目"盈利能力"的估算。

客户终生价值越高，项目估值也就越高。

什么叫客户终生价值

就是一个客户一辈子在你这里花多少钱。

$$客户终生价值 =（客单价 - 边际成本）\times 购买次数$$

这里面有三个新的名词，我来解释一下：

计算客户终生价值有三个要素：

1. 客单价

一个客户在你这里购买一次产品或者服务，平均需要花多少钱？

2. 边际成本

每多增加一个客户所增加的总成本。

比如，你是卖拖把的，每多卖一把拖把，你就得多一笔拖把的生产成本、运输成本等。从这里可以看到，边际成本越低越好，这样利润就会越高，扩展性越强。

那边际成本有没有可能等于零呢？

腾讯开发了一款叫"微信"的产品，虽然前期投入了大量的开发成本，但是现在每增加一个客户，腾讯几乎不需要再增加什么额外成本，也就是说，微信这个产品的边际成本几乎等于零。

3. 购买次数

一个客户一辈子在你这里，平均会消费几次？

客户终生价值的公式

好，我们再来看一下这个计算公式：

$$客户终生价值 =（客单价 - 边际成本）\times 购买次数$$

从这里你可以看到，客单价越高，边际成本越低，购买次数越多的产品或者服务，说明这个项目的盈利能力越好，它的项目估值就会越高。

比如房地产行业，虽然购买次数很低，一个人一辈子也许只能买一套，但是客单价非常高，也许一次就花掉一辈子的积蓄……所以，房地产行业的平均估值就比许多行业高出好几个数量级。

有了这个公式，你就可以估算一下自己的想法，如果正式运行，客单价会有多高？边际成本是多少？客户可能会来购买几次？试着计算一下你未来客户的终生价值。

你可能会说，我还没开始做，怎么知道具体是多少？

一个字：估！

这不还是不靠谱吗？

对，如果对单一要素进行估算，确实得出的数据会不靠谱，但是对多个要素一起进行估算，通过计算，误差就会彼此对冲掉，虽然终值依然不会那么精确，但离实际结果已经比纯粹对整个想法拍脑袋要靠谱多了。

估值维度二：获客成本

这是对项目"发展能力"的估算。

你的获客成本越低，说明你发展能力越强，你这个项目的估值也就越高。

什么是获客成本

就是你获得一个付费客户所需花费的成本。

比如，你招了10个销售人员，每月付给他们1万元的工资，两个月下来才新增一个客户，那么你的获客成本就是20万元。

比如，你开了一家线下门店，每月房租2万元，1个月下来，有100个客户付款购买了你的产品，你的获客成本=20 000/100=200元。

为什么有些明星、网红出来创业，一开始就能有很高的估值

那就是因为他们自带粉丝，可以把自己的存量粉丝导入新业务中，在短时间内快速聚集海量的用户；又因为他们对这些用户有信任背书，用户自带高转化率，所以整体获客成本极低，项目估值自然也就高了。

那么你现在估算一下，你的获客成本是多少呢

你有这方面的存量用户资源吗？你有开发市场的独门秘籍吗？没有资源，你就得花钱打广告……

想建个自媒体，是不是就不用花钱了？

那你得请个人来运营吧，多久才能获得1万粉丝？这1万粉丝里是否能有100个付费用户？这段时间你支付给这个人的工资就是这100个付费用户的获客成本。

你也想变成网红、明星？你也想拥有免费的获客成本？

抱歉，在变成明星之前，你得先投入时间和金钱，把自己捧红，这些就是你的获客成本。

而且，投入了你也不一定能红……

<u>所以，天下没有真正免费的获客方式。</u>

是不是很头疼？

还没有开始做产品，你就得先想好怎么卖产品了；还没有想好怎么赚钱，就得先想好怎么烧钱了。

烧钱？

对，我们经常看到，某某创业公司最近在玩命地烧钱，非常不理解，他们是慈善家吗？是脑子被驴踢了，还是真把投资人的钱当柴火烧？

并不是。

烧钱的逻辑是什么

客户终生价值－获客成本＞0

烧的是获客成本，拼的是客户终生价值，只要用户后续能一直在我这里买买买，客户终生价值能大于我的获客成本，我就愿意在前期烧烧烧，用短期的补贴带来长期的收益，先快速跑马圈地，把市场占领了，以后再慢慢把钱赚回来。这样就非常值！越烧，钱越多！

相反，只要是不符合这个逻辑的烧钱方式，哪怕占了再多的市场份额，都是真的在烧钱！

估值维度三：用户规模

这是对项目"成长空间"的估算。

什么是用户规模

就是你这个项目，最多可以获得多少个用户。

你做任何产品，必定会进入某一个市场，比如你是做小学生在线教育的，你进入的就是 K12 市场。

确定好自己进入的是哪个市场后，你就要估算，你最多可以在这个市场里获得多少用户。

这里你会面临两个问题

1. 市场总容量

每个市场的容量都是有天花板的，你就算占有 100% 的市场，那是多少，你得知道，这个就是你的天花板。赛道越大，就意味着你上升的空间越大，你的估值就会越高，这叫有想象空间。

别问我该如何知道这些数据，这些数据你都没法搞到，也就不要创业了。

2. 市场竞争

就是在这个市场里，除了你之外，还有哪些玩家？他们的情况如何？

然后，你就得掂量一下自己的能力和资源，和他们竞争，你能从他们手里抢来多少市场份额？这个份额就是对你用户规模的估算。

但是，如果你发现你进入的这个市场，除了你之外就没有其他玩家了，或者玩家很少，那是什么情况？

你应该感到开心？因为没有人和你竞争？

恰恰相反，你应该感到的是担忧……为什么？

因为更大的可能，是你认为的这个需求，它不一定真的存在，那你对自己的这个想法就要很谨慎了，你将来做出来的这个产品，很可能会卖不掉。

假定需求是有的，但是真的就没有人做，那是不是应该开心了呢？

也不行，那意味着你就得教育市场了，教育市场可是一件吃力不讨好的事情，你也许花了一年的时间，好不容易把用户从无到有地培养起来了，结果竞争对手看到你这里有肉吃便蜂拥而至，你怎么办？

所以，你也是在和看不见的对手竞争。

比如"易到用车"是 2011 年开始的，算得上是全球第一家互联网约车公司了，比 Uber 都早。用创始人周航自己的话说："干了一年，完全没有对手，心里都发毛了。"

可结果呢？一年之后时间来到 2012 年，也就是移动互联网的元年，真的就在一瞬间，Uber、滴滴、快的及 100 多家各种各样的网约车公司同时出现，你过去 1 年做的事，别人用资源、用资金，几个月就赶上了，还因为有你的前车之鉴，他们做得比你更好……那个时候该怎么办？

所以，蓝海未必是蓝海，你所认为的市场空白，反而要更加当心。

估值维度四：风险成本

这是对项目"风控能力"的估算。

什么是风险成本

就是你的项目如果失败了，一分钱没挣到，最多会损失多少？

换句话说就是，如果你一个客户都没有，依然要支付的费用是哪些？有多少？

比如你建厂投入的设备，购买的办公用品，你招募员工发放的基本工资，公司每个月的房租，店铺的装修费，等等。

这些在你没有任何客户的时候，也必须要投入，这些就是你的风险成本。

你不能说我的项目有可能一年挣 1 个亿，但是得先投入 20 亿建厂搞研发，那万一失败了怎么办？这个损失就太大了，这样的项目看似盈利能力很诱人，但是因为风险太大，也没有人愿意投。

所以，你的想法在瓜熟蒂落之前得先做个假设

假设你倒腾了半年，投资了一定数额的钱，结果啥都没搞出来，一个付费用户也没有，投入的钱全部赔光，你是否能够承担得起这个结果？

如果不能，那你有什么办法可以降低失败的可能性，以及减少万一失败所带来的损失？

如果无法降低，那你就要考虑是否选择一个风险成本更低的项目进入了。

并不是每个想法都是要做大做强，都是要改变世界的。有些项目虽然收益小，但是风险成本也低啊，就算失败了也亏不了什么钱，也花不了什么时间，

那也可以做，做成了有个细水长流的收入，做不成也不会有什么损失。

比如我有个朋友做了一款"白噪音"软件，就是里面有一些下雨声、流水声、风声、咖啡厅杂音等等，这对我这种需要一个专心环境的人来说很有用。

因为功能和界面都极其简单，所以花了三个晚上的时间就做出来了，后期几乎不需要怎么维护，现在每个月能有几千元的广告收入，虽然不多，但细水长流，这就是一个好项目。

所以，不用每次都想得特别伟大，你必须要考虑项目的风险成本，在投资领域有个行话叫"风险偏好"，你是愿意搏一把，还是求安稳？要做适合自己风险偏好的项目。

很多人创业，都只看到了收益的部分，却并不太关注风险，更不知道该如何转移这些风险，这是很危险的。

如果你的风险控制能力很好，可以把项目的风险成本降到很低，那你的想法就能靠谱很多。

对想法全面估值

用这四个概念，你就可以对项目的"盈利能力、发展能力、成长空间、风控能力"进行全面的评估，这个项目到底值多少钱，值不值得你投入，投资人看不看得上……

把这四点组合起来，你就能得到一个完整的估值模型，见图10-1：

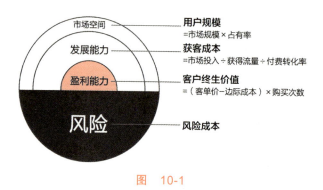

图 10-1

"盈利能力"是核心

它考验你产品的价值、质量，你对用户需求的理解，对用户持续的服务，供应链的管理，对新技术的理解和应用等等，所有的目的只有一个，提高客户终生价值，这是整个项目的核心。

"发展能力"是看你能把盈利能力以多快的速度、多大的规模进行放大

它包括了你的营销能力、渠道开发能力、品牌建设能力、内容运营能力等等，所有的目的也只有一个，降低获客成本。

"市场空间"是你的发展极限，是你的天花板

你在开始的时候就得想清楚，你想做多大的生意，规模和竞争是成正比的，你进入的赛道越宽，和你竞争的人就会越多，你的能力配得上多少市场份额？

并不是赛道越宽越好，有时候小赛道没什么竞争，你只要做了，就能成为前几名，就能霸占赛道，甚至关闭赛道，让后来者觉得没必要进来了，你也能获得不错的项目回报。

最后一点是"风险"，它存在于你的每个环节、每个阶段

但很多创业者经常对它视而不见。而风险永远不可能真正消除，你无法预料到它会以什么方式和什么时候来到你的身边，再大的公司都有倒闭的一天，比如诺基亚倒闭的时候说："我们并没有做错什么，但不知道为什么，我们输了。"

既然不可避免，那你就得先想好怎么将风险转移出去。

比如，找投资人融资的本质，其实就是给你的创业买一份保险，当然，相应地你得拿出公司未来的成长收益去交换。或者，你可以通过资产配置的方式转移风险。比如，同时开启两项业务，一个是能马上带来稳定现金流的业务，另外一个呢？可能是初期没有什么收入，但是未来能有很好成长性的业务，这样你就能用第一个业务的钱去补贴第二个业务，你的公司就不至于没钱而死掉，同时还能保有高成长的机会……

如果把这四项组合起来用公式表示，那就是：

项目估值 =（客户终生价值 – 获客成本）× 用户规模 – 风险成本

这并不是一个严格意义上的数学公式，因为少了参数，还记得我们第3章讲的一个概念吗？

数学应该是一个思考工具、表达工具，而不是计算工具。

我们应该要透过这个公式，来理解各个概念对你这个项目的影响关系，帮助你更客观地评判自己的项目是否可行，如果沙盘上都没推演成功，实战中又怎么可能有奇迹发生？

来，试着用它为你还没落地的想法，或者为你已经开始的项目估个值吧！

等等，你是不是感觉这个模型里好像缺了什么

对，这个模型里还缺三个超级大变量：
- 一个是上一章讲的趋势/势能；
- 一个是我们还没有讲到的团队；
- 还有一个就是你自己！

如果把上面这个项目模型看成是一个球，那么你该如何撬动这个球呢？

你是不是想到阿基米德说过的话了？

"给我一个支点，我可以翘起整个地球！"

这个支点是什么

支点就是你自己，你的能力够不够强，能不能作为一个稳定的支点？你能不能扛起杠杆的两端？还是个空心鸡蛋，一压就碎了？

杠杆的另外一头站着什么

就是你的团队，你有一个想法，光有你自己这个支点是不行的，你得学会借助团队的力量，让他们团结一致，朝同一方向使力。团队靠人多是没有用的，往下压的力量只有两个：创新和效率。

那趋势/势能是什么

趋势/势能就是杠杆本身，你越是在趋势里，越站在高势能处，你的杠杆就越长，团队撬动你这个项目就会更容易（见图10-2）。

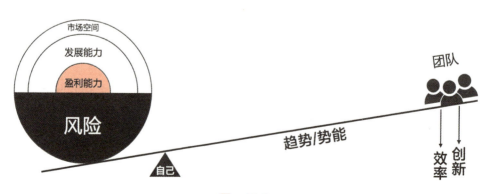

图 10-2

现在，你终于可以面对自己那灵光一闪的想法，做一个全面的分析了：

- 这个项目的盈利能力如何？用户是不是真的需要我？客户的终生价值是多少？
- 这个项目的发展能力如何？我有没有存量的资源可以用？能否找到降低获客成本的方式？
- 这个项目的市场空间如何？是个没人竞争的小赛道，还是有想象力的大赛道？
- 这个项目如果赔钱了咋办？我能不能承受得起这个损失？是否可以融资来为风险买个保险？
- 我有没有准备好？有没有相关的经验？商业知识够不够？
- 这个项目是否在目前的趋势里？有哪些高势能的平台能为我的团队赋能？
- 我的团队成员都有哪些人？他们的战斗力如何？是否能够齐心协力？是否拥有"创新"和"效率"这两把武器？

感觉把这些问题都能认真地回答一遍，都赶得上写一篇作文了……

对！

其实创业的过程就是……

把一个好想法，变成一道作文题；再把一道作文题，变成一道解答题；再把一道解答题，变成一道实验题；再把实验项目公开，让大家一起为你添砖加瓦的过程……

你可能又要问了，那这些问题到底如何解决？如何提高客户终生价值？如何降低获客成本？如何找到有市场空间的赛道？如何去融资？

很好，有问题，而且问题都已经变得非常具体了，这已经比盲目开始要强得多了。

至少，你不会只关注自己的想法了；

至少，你会抬头看看天，看看是否顺应趋势；

至少，你会低头看看地，看看能否站上势能高地；

至少，你会回头看看人，看看是否有一群人愿意跟着你一起干；

至少，你会静下心看看自己，看看是否能做一个支撑得起他们的稳定支点。

至少，你不会再说"我有一个想法，就缺一个程序员"了……

至于，这些问题该如何解决，不着急，我们一步步来，一口气无法吃成一个胖子是不？

思考与行动

看完 ≠ 学会，你还需要思考与行动

思考题1：你有过创业的想法吗？你正在创业吗？用本课学到的模型，给你的项目（或你的想法）估个值吧！

微信扫描二维码，把你的思考结果和学习笔记分享至学习社区，与其他同学互相切磋、一起成长，哪怕只是一句话，也会让你对知识的理解更加深刻，收获也会更多，还能让其他人从你的感悟中获得启发。

你这么努力，最后还是输了所有？

概念重塑　　　　　　　　**大脑升级**

重新理解财富　重新理解自己　重新理解世界　解开大脑的封印　思维力提升　解决所有问题

`████████████████░░░░░░░░░░░░░░░░░░` 46%

注意力　时间商人　人生密码　复利　角色化　理解层次　元认知　多维能力　势能差　估值模型　四域空间　运气催化剂　学习三步法　背景知识　专注的力量　透析三棱镜　线性思维　结构化思维　系统性思维　选择　计划　演化　创新

负面词语/情绪

11

这个世界似乎有些不对劲

看完上一章之后,你是不是感觉,这还没开始呢,怎么就已经那么复杂了?竟然有那么多问题需要考虑……

而且即便这样,过程中竟然还始终有个"风险"如影随形、阴魂不散的,感觉随时会要了你的命……

创业真的有那么难吗

想想以前读书的时候多简单:那时候天还是蓝的,水还是绿的,只要努力学习就能考出好成绩的。可为什么毕业后慢慢发现,这个世界好像变得有点不一样了?

"努力学习"和"好成绩"不再画等号了……

面对工作我已足够努力,可为什么还是没有获得应有的晋升和报酬?

学了很多创业方法论,我也足够勤奋,可为什么公司还是倒闭了?

认真研究了公司的基本面、技术面,每天盯盘努力交易,可为什么股票还是亏得血本无归了?

所有的事情千算万算,之后还是失算了,难道这一切真的都是因为"运气"不好吗

不是!

那是因为,你其实生活在一个"镜像世界"中!

什么是镜像世界

有些事情,你只要通过刻意练习,提高技能,就能完成预想的结果,比如

说考试、跑步，只要足够努力，就会有收获，和运气没啥关系。

可是，有些事情，我们再怎么练习技巧，对结果的影响其实都很小。比如说，你想在老虎机上拉出3个7，就几乎百分百是靠运气的，你改变拉的动作、拉的力度、拉的角度……都完全没用！

所以，成功＝技能＋运气。

有些事情技能的占比多一点，而有些事情运气的占比多一点。

如果我们把所有的事情，沿着横轴一字排开，越是往左侧的，技能对成功的影响占比越高；而越是往右侧的，运气对成功的影响占比越高。那么我们就看到了一个对称的镜像世界（见图11-1）：

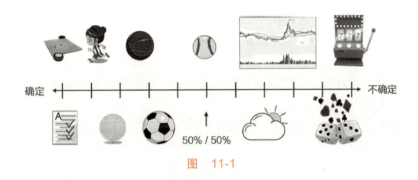

图 11-1

左侧世界

越靠近左侧，因果关系就越强。也就是说，达成目标主要靠技术，运气的空间很小。

什么是技术？就是行为与结果之间具有一定的确定性。比如你做了动作A，就能得到结果B，这个结果是可预测的。这个有点像牛顿力学，就是你要在这里完成某个具体的任务或者目标，是能找到一套具体方法和步骤的，只要按照这个指定的动作行事，结果就会如约出现。

比如下棋，想要赢得比赛，几乎百分百靠的是技术，没有运气什么事。

而踢足球，可能就有很多运气成分在里面了：你技术再好，也可能会把该进的球踢在球门上；场上的裁判收受贿赂，该吹的点球没有吹；或者你不幸遇到了恶劣天气，限制了你球技的发挥；或者你的主力队友重感冒、突然腹泻不止无法上场……

因此，足球的技术占比可能只有70%，而运气成分有30%，所以足球的位置就是在左侧世界靠右一点。

右侧世界

越往右侧，因果关系就越弱，行为和结果之间存在很多不确定因素，也就是我们常说的运气成分偏多。比如你做了 A，可能出现结果 B，也可能出现结果 C，也可能出现你不知道的结果，也可能什么都没出现……

比如说买股票，你永远不能预测到明天哪只股票会涨，涨多少。伟大如牛顿，也曾经投身于股市，结果亏了 2 万多英镑，相当于他十年的薪水。巨亏后的他说："我能算出天体运行的轨迹，但算不出人性的疯狂……"

所以，如果你在右侧世界里，左侧世界的运行法则就完全没用了！

你无法通过一个固定的公式，推导出之后的世界会如何发展；

你无法通过努力，来达到你预期的结果；

你的计划总会源源不断地遭遇"意外"，逃都逃不掉，最后你只能感叹本次"运气欠佳"……

这就像牛顿力学进入了微观世界就失效了，这里的世界有另外一套完全不同的运行法则——量子力学。

在量子力学里有个非常著名的实验，叫作"双缝干涉实验"，这个实验我在第 1 章里提到过。

双缝干涉实验中，单个光子通过缝隙打到后侧屏幕的具体位置是不可预测的，不能通过计算或者测量仪器提前计算出来，而是以一定的概率落在屏幕的某个特定区域上。

这里的运行法则就变成了"概率"，变成了"不确定"，变成了"不可预测"（见图 11-2）……

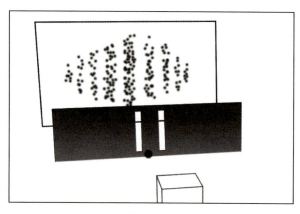

图　11-2

就像掷骰子，如果你想掷出一个"6"，那么按"左侧世界"的运行法则，你不断地"刻意练习"抛掷的手法、抛掷的速度、抛掷的角度……结果都是没用的！

最好的方式是：掷六次……

你就生活在这个镜像世界中

回到开头提的问题，为什么我们在学校里感觉成功路径很简单，只要努力学习了，就会有好的成绩，可是来到社会后，我们的努力和结果却不能画等号了？

特别是以前学习成绩特别优秀的同学，来到社会后不适感反而更强，这是为什么？

那是因为，你在学校这个环境里，以及在工作中学到的大多数理论，都在说左侧世界的运行法则，告诉你努力就会有回报，告诉你勤奋就会有收获，告诉你做了 A 就能得到 B……而现实生活不是这样的，你其实是生活在一个由"确定"和"不确定"互相交织着的"镜像世界"中。

你那套左侧世界的生存法则，在这个镜像世界中部分失效了！

而且，正是因为你并不知道自己是生活在镜像世界中的，还以为仍然生活在左侧世界里，所以，一旦某件事做成功了，按计划如约达成了，你会觉得都是自己的原因，因为自己特别努力，思考得特别周全，找到了特别有效的方法，事事都如你所料……

这感觉太像是在学校里了，通过勤奋好学，考试获得了满分！感觉自己找到了必然的关系，找到了这件事的因果法则……

可如果失败了呢？

你就会怪自己"运气"不好，遇到了"不可预知"的事情，会觉得这是个"意外"。

其实潜台词就是："这不是我的问题，我的方法没问题，只是运气太差了，谁能料到有这样的事情发生……"

殊不知，所谓的"运气"才是这个镜像世界真实的运行法则。

而更可怕的是……

你不仅生活在一个镜像世界中，同时还生活在一个光明与黑暗交织的世界里……

什么是光明？

就是那些你已知的事情。

什么是黑暗？

就是那些你还不知道的事情，包括其他人已知，而你不知道，以及所有人都不知道的事情……

更更可怕的是……

这个世界不是平均的，黑暗的部分要远远大于光明的部分，也就是你不知道的事物、规则远比你知道的要多得多……

更更更可怕的是……

大多数人，竟然完全没有意识到这个黑暗未知世界的存在，他们根本不知道自己不知道，还以为自己都知道！但打开百度的那一刻，他们却又不知道该搜索些什么了……

为什么很多人迷信，特别是在古代？

因为感觉无法掌控这个世界，想要的结果，再怎么努力都得不到（见图11-3）。

我们用那些仅有的知识，去面对一个充满未知和不确定的世界，我们别无他法，我们只能求神问卜，我们只能烧香拜佛，我们只能期待好运……

那我们应该怎么办

"确定/不确定"与"黑暗/光明"这两种世界，相互叠加在了一起，把整个空间分成了四个部分。它们分别是（见图11-4）：

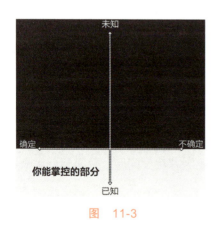

图 11-3

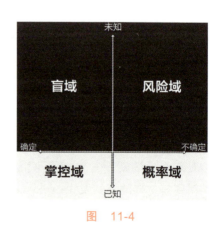

图 11-4

不同的空间具备不同的特性，也有各自不同的生存法则。如果用错法则，后果就会很严重，比如你企图在右侧的世界里找到确定的规律，或者在左侧的世界里忽略因果的关系，那结果就会很悲摧，最终事与愿违，你却还在怪自己"运气"不好……

你从小学习的，可能几乎都是在"掌控域"中的生存法则，你却要用它来面对整个世界，这怎么可能会有效……

因此，你得重新理解这个世界，并开始学习另外三个域内的生存法则，这样你才能在恰当的地方，使用正确的策略，达成理想的结果。那么接下来，我就来和你说说这四个不同的域，它们各自都有什么特性，你的生存策略又该做怎样的调整……

四域空间的生存法则

掌控域

顾名思义，在这里，你对事物会比较有掌控力，你知道它们的内在运行规律，知道某个行为会导致什么样的结果，因果关联性很强。你在这里可以说是游刃有余，只要你不懒，心态足够积极，在这里你想要什么结果，都是可以通过努力来获得的。

在掌控域的生存策略：
积极努力，刻意练习，提高技能水平

技能在这个域内的占比很大，想要获得成功，你就得不断提升技能水平。而技能不是知识，学了就会的，想要提高技能，得靠不断的重复练习才能熟练掌握，也就是我们常听说的"刻意练习"。比如写书法，你知道什么样的字好看是没用的，王羲之的《兰亭序》，上面每个字的模样你都认得，但你就是写不出来。

你只有不断地练习，从"横、竖、撇、捺、提、钩、折"开始练，从描红开始练，每天练5个小时，5年之后，你一定会有一手漂亮的毛笔字，这个因果关系是非常明确的。

当然，在这个域内，有些事情也是有运气成分的，比如被誉为天下第一行书的《兰亭序》，就连王羲之本人，也无法写出第二次，因为当时的创作，也有一定的运气成分。

但是，在这个域内，绝大部分还是靠你的技能，运气成分占比很小：比如美国篮球梦之队，在世界赛场上偶尔也有输球，但是绝大多数都是用实力碾压全世界的；王羲之虽然再也写不出《兰亭序》的高度，但是他依然凭借实力，成为历史上公认的书法大家，被称为"书圣"。

盲域

从名字你也能看出来,盲域就是指这个地方是有东西的,只是你看不见。

比如说"演讲"这件事,你看到别人的演讲非常精彩,既有深度,又有广度,还风趣幽默,讲得你激情澎湃,你觉得这人的"口才"真好,真是天生的演说家。

但其实"演讲"这件事,也是左侧世界的技能,背后是有一套理论框架的:

- 开场怎么开?
- 结尾怎么收?
- 用案例库中的哪些案例?
- 如何把结构化的知识,用线性的方式讲述出来?
- 如何将理性的认知和感性的了解结合起来?
- 如何设计演讲中的峰值与终值?
- 如何与观众互动?
- 如何应对挑事的观众?
- ……

你认为的"口才好",背后有一大堆你看不见的"理论框架",这就是你的"盲域"。

这块区域非常大,从量子力学到天体物理,从生物化学到社会经济,从人文艺术到科学技术……其中有大量的概念、定理、规律你不懂,甚至根本不知道它们的存在,而它们却实实在在地影响着生活,改变着世界。

在盲域的生存策略:
承认自己的无知,并开始学习与探索

在古代,有两类知识观念:

1. 一类是以中国、印度等为主要代表的国家

这些国家的知识观念用三个字来概括,就是"全知道"。

从中国的《易经》,到犹太人的《圣经》,再到阿拉伯人的《古兰经》等等,都把所有的知识告诉你了。从宇宙是怎么诞生的,到未来是怎么样的,从人心当中应该遵循什么规律,到整个宇宙应该遵循什么规律,全部知识无一遗漏。

至于经典书籍上没有记载的东西,那就是不重要的东西。

我们来看一张中国清朝时候的地图(见图11-5):

图 11-5

资料来源：中青网，2014-4-2。

这张地图叫作"天下全图"，意为整个天下的山川河流、地理疆界，我们已经全部知道了；至于没有画的那些地方，要么是沙漠，要么是荒芜之地，要么是海洋，都是没有人的地方，我们没必要知道。

2. 还有一套知识观念，是以古希腊文明和之后的欧洲文明为代表的

这类知识观念也可以用三个字来概括，就是"不知道"。

什么意思?

就是我承认我很多事情不知道,我只记录我知道的事情。我们再来看一张地图,这是一张欧洲人在1502年大航海时期的地图(见图11-6):

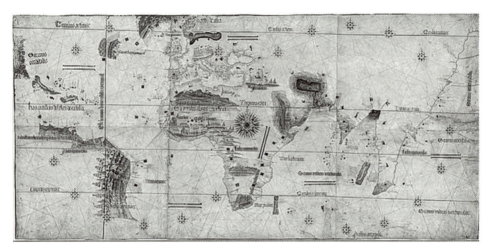

图 11-6

从这张地图上我们可以看到,整个地图七零八落的:
- 我们只去过美洲东部的沿海地区,所以我就画出了那些地方,至于里面是怎么样的,没去过,不知道,于是地图上这部分就空在那里;
- 非洲的边缘地带我们基本都去过了,所以画得比较精确,但是非洲内部是什么,没去过,不知道,于是中间这部分,也留着大大的空白……
- 至于中国,我们更是知之甚少,所以画得歪七扭八的,大部分也都是空白区域,表示这些我们还都不知道……

正是因为这样的知识观念,催生了他们的强烈好奇心,去勇于探索这些未知的区域。正是因为他们承认自己"不知道",对未知充满了敬畏与向往,所以他们才有了工业革命,发展出了近代科学,让自己的文明得以进步。

所以,在盲域中的生存法则,就是承认自己不知道。

用一句现在很流行的话叫作"不忘初心",这是禅修里的一个概念,但现在很多人都把这句话给误读了。

以为"不忘初心"是指你别忘了你出发的时候那个最初的想法。但是你看,很多企业刚开始做的事情和最后做成的事情,经常不是同一件事情,比如宝马汽车,最早的时候是做飞机引擎的,最后却在汽车的领域成功了。你说它不忘初心了吗?如果按这个"不忘初心"的解释,宝马早就把这个"初心"忘得一干二净了……但为什么它成功了呢?

因为你说的那个……叫初衷，不叫初心。不忘初衷，就是不懂得变通，市场每天都在变，早就不是当初的市场了，你却还抱着当初的想法不变，那叫固执，这样是到不了始终的……

那什么是"初心"？

初心是指一颗"初学者的心"。它是指，对所有的事情你都要保持初学者的心态，要充满好奇，要戒掉自己以为已经全知道的瘾，要承认自己不知道，这样你才能每天都在学习，每天都在进步，每天都在随着市场一起演化，也只有这样，你才能在这个充满未知的未来，"方得始终"。

概率域

现在，我们来到了右侧世界，一个既陌生又熟悉的环境，从这个域开始，事物的不确定性占比就会更高，也就是"运气成分"会更多。

概率域有哪些特征

在这里"不确定性＞确定性"；也就是你的"行为"对"结果"的影响变得越来越小，甚至没有了。比如掷骰子，你抛掷骰子的手势，对该次结果是1点还是6点，几乎是没有任何影响的。

虽然单次的结果你无法预测，但是会出现哪些"不确定"的结果，以及出现不同结果的概率是多少，这些你是知道的：一个骰子丢出去，只能是1～6点，不会出现7点，而且每个点数出现的概率都是1/6。

回到上文中提到的"双缝干涉实验"，虽然每一个光子穿过缝隙后，打在屏幕上的具体落点，我们是无法预测的，但是我们通过薛定谔方程，可以算出它"有可能"会落在哪些区域上，以及落在某个区域的具体"概率"是多少（见图11-7）。

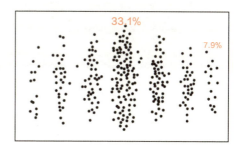

图 11-7

所以，我们在概率域中，生存策略应该是什么呢？

在概率域的生存策略：
不赌单次，赌整体，善用数据决策

既然在这个域内，我们很难预测每一次的结果，但是次数多了之后，我们就知道不同结果出现的概率是多少,那么我们就不赌单点,而是赌整体概率。

注意,我这里用的词是"赌"。

对,因为我还是不确定每次的结果会是什么,但是我知道结果最有可能是什么,所以我就会调整我的行为,来迎合"大概率"事件。

比如,天气预报说,明天下雨的概率是70%,虽然我知道依然有30%的概率是不下雨的,但是我的最佳选择就是"赌"它会下雨,然后出门的时候带把伞,那么大概率上,我这把伞是能派上用场的。

再比如,最近比较火热的"知识付费",很多人觉得自己口才不错,也想去网上录个课程什么的,那应该选择录制什么内容的课程未来才更好卖呢?

那你就需要去看一下这个领域目前的一些相关数据统计,见图11-8。

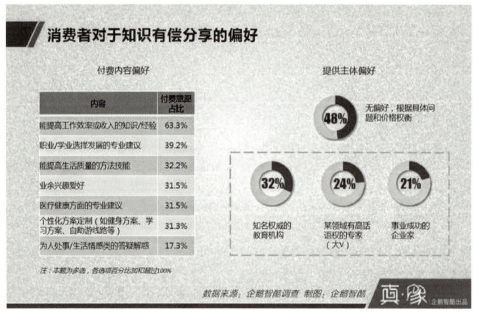

图 11-8

从这个数据统计中你可以发现,如果你选择录制"能提高工作效率和收入的知识/经验的课程",就可能有更高的付费转化率,因此,你应该选择制作这个领域的内容。

虽然你录出来的课程还是有可能卖不掉,但是以同样的水平,"赌"这类课程的胜算会更大。

很多风投的投资逻辑也是一样的,看好某个市场经常会投资这个赛道上的许多家公司,而不是只投1~2家,因为它们不赌单点,而是赌整体。

风险域

终于来到这个最恐怖的"风险域"了。

在这里，不仅结果不确定，连结果会是什么都不知道！

就像置身于大海的孤舟，你不知道前方会遭遇什么危险：是暴风雨还是巨浪？是海盗还是鲨鱼？什么时候会遇到？会不会遇到？不知道……

面对未知的风险，你感到非常无助，却又无能为力，你合起双手，祈求上天能保佑你平安。老天似乎也不负你的重托，海面一直都风平浪静的。

你感觉自己的祈祷起作用了，于是变得更加虔诚，并不断重复着祈祷。就在这时，"意外"发生了，突然一个巨浪从你身后扑来，你还来不及反应，就直接被拍到了海底！

Game over……

这就是"风险域"的真实写照，未来捉摸不定，风险如影随形，你企图去控制自己的境遇，然而虚幻的结果，仿佛让你感觉找到了因果关系，最终却等来了一个像巨浪这样的"意外事件"，把自己弄成个死因不详……

那我们在这变化无常的"风险域"里，生存策略又应该是什么呢

策略一：避免进入

第一个选择，当然是别进入这个领域了。就像一个女孩子，孤身走在四周无人的黑夜里，虽然可能不会遇到什么危险，但是万一遇到了就很致命啊，可能是五个彪形大汉，也可能是两条疯狗，也可能是行走在黑暗里的小偷……

你不知道会遇到什么，不知道会不会遇到，所以最好的方式就是别去冒险，别走入这个风险域。

策略二：增加冗余备份

如果风险无法避免，你只能置身其中，怎么办？

那你就得增加冗余备份。什么意思？

就像我们的地球，未来的命运其实是非常不确定的，会不会有流星撞地球？地球表面的生存环境会不会发生极大的恶化？会不会变异出超级病毒？

虽然每一种风险发生的可能性都极小，但是在未来数百万年的时间长河里，可能性就很大了。只要出现其中的任何一种，对整个人类社会都是灭顶之灾，我们这个物种都会从宇宙中消失。

那怎么办？

发展成为一个多星球物种，变成星际文明，是人类未来的唯一选择。

将自己的生命繁衍到多个地方，你就拥有了在不确定的世界中抵御风险的能力,其中一个地方被毁灭了,不至于整个物种都消失,这个就叫"增加冗余备份"。

其实在我们地球上就能看到这样的现象,任何一个物种,个体都是很脆弱的,随时会在食物链中被消灭掉,比如说在海洋里,大鱼吃小鱼,小鱼吃虾米……

所以,为了让自己的物种得以延续,最好的方式就是遗传复制,把单个风险分散到整体中。个体的生存能力越差,抗风险能力越低,就越需要增加冗余备份来抵抗这种风险。比如鱼儿们提高冗余备份的方式就是多产卵:翻车鱼一次产卵3亿粒,鳗鱼一次产卵1000万粒,胖头鱼一次产卵50万粒,黄花鱼一次产卵30万粒……

回到自己身上,我们该如何增加自己的冗余备份呢?

还记得我们讲过的"多维能力"吗?

多维能力不仅可以让你的"能力组合"变得稀缺,还能抵御市场变化带来的风险。

比如你原来是做英语翻译的,因为人工智能的发展,翻译的这个职业可能都要消亡,如果你只会英语翻译这一个技能,你的生存能力就很弱,你就需要培养出其他的能力,来抵御这种风险。

那企业如何增加自己的冗余备份呢?

腾讯使用的方式就是鱼儿"产卵"的方式,也就是通过买买买的方式来提高冗余备份,图11-9为2013～2017年腾讯投资企业的数量,这个数量甚至超过了许多一线投资机构。

图 11-9

资料来源:itjuzi.com(IT桔子),2017.12.25。

那你说,我不是腾讯,我没那么多钱,我没办法使用这种产卵策略,我就是个创业小公司，怎么办？

小公司钱不多，如果全部砸到一个项目上，花了一年的时间，把产品做出来，再放到市场上接受用户的考验：赢就皆大欢喜，输就关门大吉……

这风险就太大了，跟赌博没什么区别！

那怎么办？

你可以用《精益创业》里说的"小步快跑，快速迭代"的策略：既然不能横向复制，那你就把项目纵向切分，把一个原本需要很长时间才能做完的产品，分成一小阶段一小阶段地去开发，然后逐渐增大投入资金，每出来一个新版本，就投放市场，接受用户的反馈，小问题小改，大问题大改，用试错的方式，迭代前进……这种方式有什么好处？

这就是防止你花了1年的时间，闷头开发，结果上市后才发现用户不喜欢、不需要，那就晚了……这就相当于在过程中增加了很多备份点，万一后面一步失败了，没关系，你还可以往前倒一步，读取进度……这样的话，安全性就高了。

策略三：买彩票

看名字你是不是觉得很奇怪，好像这种策略和我们一直倡导的价值观不符。其实不然，这恰恰是右侧世界里一种很好的生存策略。并不是让你真的去买彩票（赢的概率实在太低），而是要让你使用"买彩票的思维"去做右侧世界的事情。

买彩票的思维是什么？

就是用极小的代价，去博一个很大的收益，即便损失也无所谓，要是万一中了，就能赚得盆满钵满。

通常情况下，风险和收益是成正比的，有风险的地方，也可能会有意想不到的收获，只是要获得这个收益，你需要冒不小的风险。那我们是否可以把风险控制在有限范围之内，而把收益的空间拉到无限高呢？

现在的风险投资其实就是这个模式。

投资于初创期的公司，其实风险是非常高的，因为那个阶段公司的商业模式可能还没确立，大部分情况下也没有盈利，只有梦想和一身的干劲。初创公司的死亡率超过95%，而一旦创业公司倒闭，投资人将血本无归。

你可能会说，那他们傻吗？95%以上的失败概率，一败还全部赔光，这赔本买卖谁做啊，还不如去押大小，比这个概率还高得多。

但如果你站在风险投资这边来看这个问题的话，可能就不是这样来思考的。你看，虽然说创业公司一旦倒闭，这笔投资会血本无归，但是这笔投资的金额，在他的资金总量上，依然是个小项目，损失是有限的、是可控的。而一旦他在这些小项目中抓住了一只千里马，也许就能带来上百倍甚至上千倍的回报，可以弥补他所有亏本的投资，还能有得赚。

这其实就是"买彩票"的逻辑：把资源切割成很小的一部分一部分，分别投在不同的有潜在高回报的项目上，然后期待"好运降临"，赚取不菲的收入。

这里的关键是要控制你在"风险域"的总投入，我的建议是不超过20%，然后要把你投入的金额切得足够小，投得足够多，这样每一部分投资损失了，你也不会心疼。

就像尼采曾经说过的那句话："那些杀不死你的，终将会使你更强大。"

这个世界是混沌的

四个域说完了，不过这只是一个便于你理解的模型，现实世界不可能那么象限分明，而是交织在一起的。很多事情这四个域的特性都有，比如说创业，它好像是处在中间点的，既有确定性的一面，也有不确定的一面，既有已知的规律，也有未知的风险，那应该怎么办？

<u>有没有一条统一的生存法则，可以综合以上四种域的特点，让我们在所有域内都能穿梭自如呢？</u>

答案是：有的。

这条统一的生存法则叫"守株待兔"

这什么意思？

我们从小不就被教育不要"守株待兔"，要主动出击吗？

我们不是还嘲笑这种人愚笨吗？

这里的"株"指的是那些"不变"的东西

什么是不变的东西？

就是已知的正确概念、事物运行的规律、大数下的概率，也就是掌控域、盲域以及概率域内的东西。

守株就是指：在这个充满变化和不确定的世界里，你首先要牢牢抓住那些正确的概念和不变的规律。

守株成功的关键在于：你能否发现这些"株"，并牢牢地"守"住它们。

如何发现？

你得保持初心，尊重未知，通过不断学习，减少盲域的面积，提高"株"

的数量。

如何守住？

严格按照这些概念、规律来行事，不断提高自己的技能，增强你的确定性。你拥有了确定性，你就不会饿死。

"兔"是什么

这里的"兔"指的是不确定的机会。

兔子可能会来，也可能不会来，也不知道什么时候会来。因此，你不能把你一天所有的口粮都寄托在这些不确定的兔子身上，那风险太大了，几天没抓到兔子，你可能会饿死。

你得花大部分的时间，先把确定的事做好，保证自己的基本生存，如果能等来一个兔子，你就额外赚到了。

那怎么能赚到这些兔子呢

你得撒一些小诱饵，引诱兔子过来。

这里的关键是"多"和"小"：撒的诱饵得足够多，总有一个能诱到兔子；诱饵的成本得足够小，都损失了也无所谓，一旦抓到了就赚了。

就像我们在"风险域"内的生存方式一样，投入小部分资源，用"增加冗余备份 + 买彩票"的模式来提高"中奖概率"。

那现实生活中，我们可以撒哪些"诱饵"呢

1. 发展有效人脉

所谓的"人脉"，不是能帮到你的人，而是你能帮到他的人。你多帮助别人，就是在往你们之间的"情感账户里存钱"。别把这些投入当成"交易"，而是当成买彩票式的投资，都"损失"了也无所谓，至少你获得了很好的人脉关系。而一旦有人在某次给你带来了"回报"，也许就能成为改变你命运走向的"好运气"。

这里的关键不在你们之间要建立多深的情感，而是要建立足够多的有效人脉。

2. 学习跨界知识

多学习一些跨界知识，除了能打造多维能力之外，还能让你在整个知识大厦中建立各种"线头"。这是什么意思？

就是你遇到某个问题，也许会在其他领域里找到一个线头，抽出一个很好

的解决方案，而这个"好运"就来自于你曾经的广泛学习。

3. 投资成长性资产

最后，如果你的资金有一定富余，可以拿其中的一小部分，来投资股票、创业公司等……

这里的关键还是小而分散，别把鸡蛋都放在一个篮子里，这样损失一个也不可惜，万一中了，就能有超额的收益。

胜可知而不可为

所谓的"守株待兔"，其实就是不断扩大"掌控域"以及投资"风险域"的过程。

尽人事：做好可掌握的部分；听天命：投资不确定，期待好运的眷顾。

然后保持耐心，稳步发展……

终有一天，"意外"的兔子会突然撞进你的屋子，给你带来跃进式的收获。

而这一天，你早有预料。

胜可知而不可为！

思考与行动

看完 ≠ 学会，你还需要思考与行动

思考题1：回顾一下自己过往的经历，有哪些事情是属于左侧世界的，哪些事情是属于右侧世界的，你分别采取的是什么策略？

思考题2：你目前从事的工作是更偏左侧，还是更偏右侧的？下一步，你打算如何优化？

思考题3：你已经守住了哪些"株"？又在等待什么"兔"呢？

微信扫描二维码，把你的思考结果和学习笔记分享至学习社区，与其他同学互相切磋、一起成长，哪怕只是一句话，也会让你对知识的理解更加深刻，收获也会更多，还能让其他人从你的感悟中获得启发。

你的运气，为什么一直不好

概念重塑
重新理解财富　重新理解自己　重新理解世界

大脑升级
解开大脑的封印　思维力提升　解决所有问题

50%

注意力｜时间商人｜复利密码｜人生密码｜角色化｜理解层次｜元认知｜多维能力｜势能差｜估值模型｜四域空间｜运气催化剂｜负面词语/情绪｜学习三步法｜背景知识｜专注的力量｜透析三棱镜｜线性思维｜结构化思维｜系统性思维｜选择｜计划｜演化｜创新

12

运气可否被改变

通过上一章的学习,你知道这个世界其实是分成左右两侧的:
- 左侧,确定性更高,结果可预期,成功主要靠技能;
- 右侧,不确定性更高,风险更大,成功主要靠运气。

因此,为了兼顾风险和机会,我提供了一种生存策略——守株待兔。将大部分的精力投入在左侧,把握住确定的部分,然后在风险可控的范围内,小而多地投入到右侧,等待好运的降临。

但,这里是有个前提假设的:

就是你在右侧会遇到机会还是风险,运气是好还是坏,这些你是不能改变的。可如果外围的世界,是可以被你改变的呢?

比如,你可以人为地赶走"霉运"?或者,你可以人为地增加"好运"?

你肯定以为我在"天方夜谭"……

但从古至今,人们确实在这条路上不遗余力地做着各种探索……

各式各样的改运大法!

人类为了能够掌控未来的不确定,为了改变自己的运势,发展出了各种各样的方法论与学说,比如:
- 西方的占星术、塔罗牌、星座运势、各种通灵大师……
- 中国的八字、六爻、紫微斗数、相学、各种风水大师……
- 宗教仪式中的一些祈求好运的仪式,比如求签、拜佛、新年烧头香……
- 还有各种稀奇古怪的开运宝物……

除了这些,还有具备特殊含义的数字符号,比如:
- 带来好运的数字:888(代表发财)、666(代表顺利)……
- 带来霉运的数字:4、13、14(很多大楼直接就没有这几个楼层)……

还有一些民间习俗,也能"带来好运",比如:

- 本命年要穿红内裤；
- 生日要许愿，然后迅速吹灭蜡烛；
- 大年三十要吃鱼，意为年年有余，代表每年都有富余的财富……

可以看到，人们对于好运的追求，已经达到了如痴如醉的境地，恨不得做的每一个动作，身边摆放的每一件物品，眼前出现的每一个符号数字，都能给自己的未来带来好运。

那这些方式有没有用呢？

有用！

你会听到他们说，太神奇了，上次我许了一个愿，现在真的实现了，明天我要去还愿！

你还会听到他们说，有个大师说我三个月内有血光之灾，今天果然摔了一跤，幸好我之前请了一炷香，将伤害降到了最低，不然今天就不是摔跤那么简单了……

这些是什么？

这些叫作"幸存者偏见"。什么意思？

就是我们只能看到经过某种筛选而产生的结果，并没有意识到筛选的过程，进而忽略了一些非常关键的信息。比如你眼里只看到那些实现了愿望，去还愿的人，却没有看到那些许了愿，却没有实现得更多的人。

那是因为"许愿"才让愿望实现的吗？

很可惜，也不是！

那是因为另外一种逻辑谬误让你产生了幻觉，它叫作"后此谬误"。什么意思？

就是发生了某个"结果"，你就会拿着这个"结果"去寻找支持这个结果发生的"原因"。

比如，某人在一个朋友的帮助下，谈成了一笔大生意，他非常开心。可为什么这个朋友会突然出现，来帮助自己呢？他使劲地回想，终于找到了原因……原来在一年前，他在某某山上的一座小庙里，买了一串听说可以增加贵人缘的"碧玺手串"，原来原因在这里，真的是太神奇了！

这就像是有三个人坐电梯，从一楼到十楼。一个人在原地跑步，一个人在做俯卧撑，一个在用头撞墙……最终，他们都到了十楼。有人问他们是如何到十楼的。

一个人说，我是跑上来的。一个说，我是做俯卧撑上来的。一个说，我是用头撞墙上来的！

这就是拿着结果找原因……

所以，在"幸存者偏见"和"后此谬误"这两个逻辑谬误的共同作用下，各种"迷信"活动大行其道！

OK，现在迷信是破除了，可我还是希望有好运气啊，怎么办？

有没有更科学的方法来提升运气呢？

接下来，我就试着和你一起探索一下……

运气的科学观

什么是运气

首先，要提升运气，我们得先给运气下一个定义，什么是好运气。

好运气就是：超预期的好结果。

比如你掷骰子，希望掷一个"6"，那么出现"6"的概率是 1/6，结果你第一次掷出去就是"6"，超出了原本要掷 6 次的预期，那就是运气好！

还有一种情况，就是某件事情，本来没有考虑到它会发生（预期发生概率为 0%），结果却意外地发生了，帮助你更快地达成了目标，这也超出了你的预期，这就是运气好！

OK，有了这个定义，我们就能找到提升运气的思路了，那就是：

提升这个"好结果"出现的"概率"。

那如何提升这个概率呢

如果什么都不做，概率是不会自己发生变化的，对吧？比如你掷骰子，什么都不做，出现 6 的概率永远是 1/6。

那如何提升 6 出现的概率呢？

- 你可能会在掷出去之前，先往手上吹一口热气……
- 你可能会在掷出去之前，心里先默念一段咒语……
- 你也可能在掷出去之前，双手合十，向天祈祷……

这些是什么？

这些是你企图"增加概率"而施加的"外力"。也就是说，必须在有"外力"的帮助下，客观的概率才会发生变化。

当然，上述这几个方式，和本章开头说的那些方式一样，像什么开运宝物、佛祖保佑、幸运数字、红色内裤等，其实都是人为制造的一个看似有用的"外力",来帮助你提高好结果发生的概率。只不过这些方式实际上并没有用……

那有没有真正有用的"外力"呢

有的!

比如你在野外,要钻木取个火,你可能得搓个几百上千下,才能钻出火苗,运气不好的时候,可能搓几个小时还点不燃……那怎么办?如何提高钻木取火的成功率?

念咒语吗?

显然是不行的……

你可以换到一个干燥的环境下,再加入一些火绒、枯树叶等易燃物,这样钻出火的概率就会提高很多倍。这个干燥的环境,加入的易燃物,就是有效的"外力"。

这种加入能提高发生概率,缩短发生时间的"外力",在初中化学的课本里,有个专有名词,叫作"催化剂"。

提升运气的方式,其实就是给过程加一些催化剂。

那么,有哪些催化剂可以为我们所用呢

环顾四周,能对结果产生影响的,无非就三类:

- 人:获得其他人的帮助。
- 事:有些事情的发生,增加了你目标事件的成功概率。
- 物:周围的物理环境,能使用的物品道具,天时地利的变化。比如刚才钻木取火里那个干燥的环境。

接下来,我就基于这三个方向,来说一下提升运气的具体办法。

提升运气的具体办法

催化剂一:人

什么是"人"这种催化剂

就是指,当我们做某件事的时候,意外获得了某些人的帮助,渡过了难关,跨越了屏障……也就是我们常说的"有贵人相助"。

韩信生命中的贵人

韩信,是汉朝的开国功臣,中国历史上的一代名将,而他之所以有如此辉

煌的成就，很大程度上，得益于他在人生中遇到的四位贵人：

贵人1：漂母

韩信早年穷困潦倒，在快要饿死的时候，一位正在漂洗丝絮的老妇人，不图回报地将粮食分给他。

贵人2：夏侯婴

韩信投奔刘邦后不被重用，犯了法要被杀头，前面的同犯都被处斩了，到韩信要挨刀的时候，遇到了另一位贵人夏侯婴。夏侯婴因为欣赏韩信，不但放了他，还进言刘邦，为他升职加薪……

贵人3：萧何

这就不用说了，成也萧何败也萧何，没有他的欣赏与极力推荐，韩信的一生可能就是位默默无闻的小粮官……

贵人4：刘邦

接受萧何的推荐，刘邦登坛拜将，终于让韩信乌鸦变凤凰，正式登上历史舞台，成为一代兵仙将神，成为汉朝的开国功臣。

可以说，如果韩信没有这四位贵人的相助，他不可能有如此大的成就。虽然结局比较悲惨，但这之前的开挂人生，让人羡慕不已。

你是否也希望自己的人生，能够像韩信一样，遇到几位贵人、伯乐，帮助自己逢凶化吉，一飞冲天？

那怎么遇到呢

你可以尝试着逆向思考：就是先分析，你会主动去帮助哪些人？

知道这个原因后，再反过来推导，那些被帮助的人身上，有哪些特质是你可以学习的？

这样你就知道，什么样的人才更容易获得贵人的帮助了。

我们为什么会去帮助一个人

原因一：投资

萧何与刘邦为什么要帮助韩信？

因为韩信是他们眼中的国士，他能力出众，气宇非凡，有盖世之才，能够帮助他们的阵营夺得天下。

所以，他们在帮助韩信的同时，也是希望韩信未来能够帮助自己，成就自己的梦想。

原因二：扶弱

就是对方目前处于危难期，或者处于弱势的一方，那么你就有可能会伸出援手帮助他。就像当年漂母分食给韩信一样，只是感觉韩信可怜，想帮他一把，是不图回报的。

但是这种方式的帮助，存在一定的偶然性，当年遇到韩信的漂母有十几位，真正出手援助的也就是那一位——并不是每一个路过乞丐面前的人，都会丢下一枚硬币的。

原因三：还债

就是对方曾经帮助过你，现在你投桃报李，报答曾经的恩情。或者，对方经常请你吃饭，送你礼物，让利于你……你感觉自己占了便宜，有点亏欠对方，想找机会弥补这份亏欠。

就像韩信功成名就后，找到了当年的漂母，为了感谢当年的恩情，赏金千两，因此韩信也成了漂母命中的贵人。

当然，除了这些，还有一些因为"义务"不得不帮的人，比如亲人、合作伙伴等，不作为今天的主要原因讨论……

从以上三个主要原因出发，我们就可以反推出，什么样的人最容易获得别人的帮助

1. 才华出众

你本身的能力很强，只是目前可能被市场低估，或者遇到了暂时的困难。

我们看到夏侯婴、萧何、刘邦，甚至漂母，都是因为欣赏韩信的才华，才愿意帮助他的。

你在寻找伯乐的同时，伯乐也在寻找千里马。所以，你如果想遇到伯乐，你就得先把自己变成千里马才行。贵人愿意投资你，是因为看好你的潜力。如果离开了这点，你就会变成"扶不起的阿斗"，就算有诸葛亮的辅助也没用。

2. 低调、谦逊、知恩图报

人们喜欢帮助弱者，其实是源于内心的一种存在感的满足。就是看到对方，因为自己的帮助而变得更好，内心会有一种开心的满足感。自己的存在是有价值的，自己的这个行为是有意义的！

但如果对方是傲慢自大的，是会恩将仇报的，那这份"意义感"就荡然无存了。因为你会觉得，自己的帮助很"多余"，你既不需要我，你也不懂感恩，那我干嘛帮你……

所以，你要把这份"意义感"给到对方，要保持谦逊、低调，要懂得知恩图报。

3. 广结善缘、吃亏是福

就是看到身边的人有困难，要不图回报地伸出援手，要多去帮助他人。

12　你的运气，为什么一直不好

漂母除了帮助过韩信外，她应该也帮助过许多其他人。她在帮助他们的时候，并不图对方未来对自己会有什么回报，可是被帮助的人心里会有一份"亏欠感"，会觉得这份"人情债"得还。久而久之，帮助的人多了，当自己遇到困难的时候，他们中的某些人也许就会跳出来，成为你的贵人，反过来帮助你渡过难关。

这就叫"广结善缘"！

与别人交往、合作，也要想办法让对方多赚一点，占自己一点便宜，要懂得进四出六……

这样，他们会带着一些"亏欠你"的心态与你交往，会更愿意帮助你，愿意介绍自己的朋友给你认识，介绍更多的生意与你合作……

你获得的，也许远比你之前吃亏的部分多得多。

这就叫"吃亏是福"！

用一句话来总结这些特点：

大智若愚、乐善好施的人更容易遇到贵人。如果你能做到这些，那你在"人"方面的运气就不会差，很多人会主动给你带来"好运"，愿意帮助像你这样的人。

催化剂二：事

什么是"事"这个催化剂？

就是某件事情发生，帮助你达成了目标。但是未来会发生什么事，别人会做什么事，我们是无法预测的，偶然性非常大，那怎么办呢？

你唯一能控制的事情，就是你自己做的事情。也就是说，你做的事情之间是否有关联？是否能够彼此促进？

稻盛和夫的好运气

稻盛和夫，被誉为日本的经营之圣。在他刚进入京瓷一年左右的时候，为了研发"镁橄榄石"，他遇到了一个棘手的问题，就是原材料粉末如何成型。

过去都是用黏土做粘合剂的，但是黏土里有大量的杂质。稻盛百思不得其解，尝试了无数方法都失败了……

直到有一天，他被实验室里某个容器绊了一下，鞋上沾了实验用的松香树脂。当他刚喊出来："谁把松香搁在这个地方！"

一个念头闪过脑海……

"就是它！"

对，最后，他用松香替代黏土作为粘合剂，这个重大的技术难题就这样突破了。

事后，稻盛和夫戏说这是"神的启示"。

但这哪是神的启示……

要不是他脑海里一直在思索，要不是他吃住都在实验室里，要不是他已有无数次失败的经历……他又怎么可能遇到这次"神的启示"呢？

这并不是一次偶然的事件，而是过去的经验和思考，共同谋划了这次"好运气"的到来！

所谓的灵感，不过是经验和学识的产物，而不是天马行空的突发奇想！

所以，如何让"事"变成你的催化剂

就是要让你做的每一件事，都产生"积累"的效果，前一件事是后一件事的预动作，过去的经验是今天的铺路石，让时间成为你的朋友，产生复利效应。

就像把一壶水烧开的过程，你必须持续对水加热，水温每升高一度，都让下一秒钟的加热有了更高的起点，这样温度就能持续升高，直到某一刻的到来，量变到质变。

用四个字来概括，就是"积少成多"。

催化剂三：物

什么是"物"这个催化剂？

平时我们说的"物"是指物品，这里我拓展一下"物"的含义，即你所处的这整个物理环境，可用的物品、天时地利等。就像我们前面说的钻木取火的案例[一]，那个干燥的环境、易燃的火绒就是"物"这个催化剂。

在这里我就补充一点：如果找不到势能高地怎么办？

那就得想办法自己造势！

特斯拉创始人埃隆·马斯克的造势

当时，马斯克面对的是一个已经非常成熟的汽车市场，在这个市场中，传统的汽油车处于势能高地，新型的电动车虽然更先进、更清洁，甚至性能也更好，但是在传统车企里根本不可能出现，原因我们第9章里已经讲过了，就是

[一] 关于如何找到天时地利，如何找到势能高地，如何找到适合自己发展的环境，这些我们在第9章"未来世界给你发来的信号"里已经讲了很多了，此外不再赘述。

在企业内部，这个新业务相当于是在山下正面仰攻自己的主力部队，试图改朝换代，这几乎是不可能有胜算的。

而特斯拉呢？作为一个后起之秀，通过认知势能和效率势能，打开了市场的一个缺口，迅速占领了一块根据地，拥有了一定的势能，但它毕竟面对的是一大批比自己"规模势能"大得多的传统车企，它应该怎么办？

马斯克选择开源自己的电动车技术！

这什么意思？

这个相当于把自己吃饭的家伙都免费送给别人了，也就是这个认知势能我不要了，送给你们了……当这个消息刚公布的时候，很多人都以为他疯了！

而马斯克是怎么思考这个问题的？

特斯拉虽然技术不错，产品也获得了用户的认可，但毕竟当时做电动车的厂家太少，市场还没起来，整个产业链还不够成熟。上下游供应链、电池技术、充电设施等配套都不完善，导致产量、市场都很快就遇到了瓶颈，光靠特斯拉一家公司，要带起整个产业链，这显然是不太现实的。

那怎么办？

马斯克选择将所有相关的技术开源，这会导致什么结果？

这将大幅度降低这个行业的准入门槛，原来企业要进入这个还没有发展起来的新领域需要大量的研发投入，这让很多人望而却步，但是现在呢？研发成本被降到了很低，这不仅让那些传统车企下定了决心（一方面是因为进入的门槛更低了，而另外一方面，是考虑到其他车企现在肯定会大举进入，如果自己再不做，未来可能连汤都喝不到了），连其他行业里的人也开始蠢蠢欲动，比如原来搞软件开发的，原来做智能家居的，现在都有机会快速加入这个行业当中来……这样整个电动车市场就起来了，虽然它们未来可能会成为特斯拉的竞争对手，但是整个市场的饼变得更大了。

用马斯克自己的话说，这叫作：借助"人类巨灵"的力量，推动行业的变革。

当进入这个行业的人才、企业变得越来越多，分工越来越细的时候，原本那些供应链不成熟、技术遇到的瓶颈、配套设施不完善等问题，就都会被一一解决，整个行业将会往更健全的方向快速发展，而特斯拉呢？它本身就在这个趋势当中，它当然能享受这个趋势发展带来的红利，产量问题、技术问题也都能迎刃而解，并且很可能成为这个市场中最大的受益者……

就这样，马斯克自己创造了一个环境，并最终，让这个环境给自己带来好运。

所以，如何用"物"这个催化剂来给你带来好运？

用四个字来概括，顺势而为。

从厄运看好运

知道了什么样的方式能够带来"好运",我们也就知道了做什么事会带来"厄运"……

- 选择错误的环境,比如在冰天雪地里钻木取火,在狂风暴雨里扬帆起航;
- 做离散的事情,比如赌博,不断换职业,不断换男女朋友……
- 性格惹人讨厌,傲慢自大,不懂感恩;能力拙劣,还抠门、还占别人便宜……

如果你能做到以上这些,那么恭喜你,你将会既没有朋友,也没有积累,连老天也与你作对,你终于能让厄运如影随形了……

你说这样的人为什么运气那么差?

活该……

这个世界是活的

说到这里,一个有意思的问题慢慢浮上了水面:

既然你可以通过提升自己的人品,积累事情的成果,优化所处的环境,反过来改变自己的运势,那你和世界之间到底是什么关系?是世界塑造了你,还是你塑造了世界?我们来看图 12-1:

你的行为影响着身边的人,他们也会给到你相应的反馈;你推动着事情的发展进程,事情反过来又会成就你;你选择适合的环境去生活,环境又会反过来塑造你本身。

人、事、物这三者彼此也互相影响:人们推动着事情的发展;许许多多的事情汇聚起来,形成了环境;环境又塑造着生活在这里的人们。

你、人、事、物,四者不断交互,互相影响,彼此塑造……

图 12-1 你和世界的关系

所以,身处在同一个地方的两个人,你们的世界真的一样吗

你们用不同的方式,交了不同的朋友……

朋友用不同的态度与你们互动；
你们用不同的态度，做了不同的事情……
事情给你们带来了不同的成就；
你们用不同的眼光，选了不同的环境……
环境反过来塑造了不同的你们；
你们哪怕并排坐在一起，却生活在截然不同的世界之中……

而你，是一切的原因

你改变了，你自己的世界就会跟着改变。
你改变自己的社交方式，你就能左右逢源；
你改变自己的做事态度，你就能积少成多；
你改变自己选择的环境，你就能顺势而为！
　　你的每一个动作，每一次起心动念，其实都是在构建你自己的世界，而这个世界又会反过来塑造你本身。
　　而这一切，便注定了你的命运……
　　这个世界，是活的！

思考与行动

看完 ≠ 学会，你还需要思考与行动

思考题1：能够带来好运的人格特点你符合几项？（才华出众、谦逊、低调、知恩图报、广积善缘、吃亏是福）

思考题2：你正在做的事情当中，哪些是有积累效应的，哪些是离散的？

思考题3：你的工作目前是在顺势而为，还是在逆水行舟？

微信扫描二维码，把你的思考结果和学习笔记分享至学习社区，与其他同学互相切磋、一起成长，哪怕只是一句话，也会让你对知识的理解更加深刻，收获也会更多，还能让其他人从你的感悟中获得启发。

@下篇

大脑升级

人类既没有东北虎那样惊人的战斗力,也没有非洲象那样巨大的吨量级,但为什么人类能击败地球上的所有物种,站上食物链的顶端?

而在人类内部的竞争中,最贫穷的人,靠别人的救济才能勉强过活;而最富有的人,睡觉的时候每分钟都能有数万美元的进账……是什么造成了这些天壤之别?

答案是:大脑!

正因为人类有一颗不同寻常的大脑,所以我们能用语言彼此交流;能想象并不存在的东西,产生大规模的协作,创造发明新的事物……最终让人类站上了食物链之巅!

而人与人之间的巨大差别,也来自于我们彼此不同的大脑:我们处在不同的环境,接收不同的信息,构建出不同的知识结构,形成了彼此不同的思维方式,产生了不同的行为动作,最终成就了我们彼此不同的人生!

你想得到不一样的结果,就得拥有一颗不一样的大脑。那怎么样才能让我们的大脑更新换代,变得更聪明、更高效呢?

欢迎来到本书的下篇:脑力提升。

在下篇的章节中,我将开始全方位升级你的大脑,从如何学习知识,构建起自己的知识大厦,到如何运用知识,迅速处理眼前的任务;从如何分析问题,找到困境的关键所在,到如何解决问题,给出完美的行动方案。我将给出一整套大脑的操作手册,帮助你的大脑从此脱胎换骨!

不过,在具体讲如何升级之前,我需要先为你的大脑做一件事:

解开你大脑里的两道封印!

你的大脑,是不是被封印了

概念重塑
重新理解财富　重新理解自己　重新理解世界

大脑升级
解开大脑的封印　思维力提升　解决所有问题

54%

| 注意力 | 时间商 | 人生密码 | 复利人 | 角色化 | 理解层次 | 元认知 | 多维能力 | 势能差 | 估值模型 | 四域空间 | 运气催化剂 | 负面词语/情绪 | 学习三步法 | 背景知识 | 专注的力量 | 透析三棱镜 | 线性思维 | 结构化思维 | 系统性思维 | 选择 | 计划 | 演化 | 创新 |

13

你的大脑被封印了

为什么面对同样的知识,有些人提升迅速,有些人却止步不前?
为什么面对同样的问题,有些人脑洞大开,有些人却一片空白?
为什么面对同样的困境,有些人淡定自若,有些人却惊恐焦虑?
难道真的是智力上的差距,还是每个人大脑的构造不同呢?
都不是!
那是因为,你的大脑里有两道封印没有解开!
你的潜能没有机会释放,你的洪荒之力被锁死,都是因为这两道封印的限制……
因此,大脑升级的第一步,就是先为你解开这大脑的两道封印!

第一道封印:负面词语

人类特殊的语言能力

人类相对于地球上的其他生物,最厉害的能力不是会制造工具,而是拥有语言能力。语言不仅促进了我们能够彼此沟通交流,产生了大规模的协作能力,也让我们学会了思考。
我们用语言,理解周围的世界;
我们用语言,整理自己的思绪;
我们用语言,描绘未知的想象。
你脑海中的每一个想法、每一丝困扰,都需要语言来帮你描述。
因此,是否你我掌握的"语言"不同,我们的思维方式就会有所不同呢?
是的!

比如，说英语的人和说中文的人，思考问题的方式就不是完全相同的。

由于英语的语法结构，让使用英语思考的人，更注重具体的、明确的细节，以及细节之间的逻辑关系，一句话经常就代表一个明确的意思。

而使用中文思考就很有意境了，很多话说出来有许多层意思，同一个人在不同的场景下说的同样的话，意思竟然可以完全不同，比如"我谢谢你全家！"

而如果你使用的"词语"不同，你的思维方式也会跟着变化，甚至发展出一些"特异功能"。

比如，在北京你可能会发现，在那边的人指方向，是不说前后左右的，而都用东西南北来表示，甚至在一个小黑屋里，他们也能明确地指出方位，感觉非常神奇！

这让我这种习惯用前后左右来思考问题的人，完全摸不清楚方向……

所以，语言就像是思维的源代码，不同的语言模式，将构成不同的思维方式。

换句话说，如果你要改变你的思维方式，首先，你就要使用不同的"语言模式"。

而你的语言中，就隐藏着一道封印，一旦你思考问题的时候，碰到了这个封印中的某些词语或者语句，你的大脑就会立刻停止转动，就像被封印了起来一样！

这道封印叫"负面词语"

什么是负面词语

比如我不行、我做不到、我没有办法、这样行不通……在这些语句中的"不、没有"就是负面词语。

我们的大脑只能接受正面词语，而不能接受负面词语。

比如你告诉自己不要紧张，结果反而会更加紧张。

你读下面这段话，注意一下脑海中出现的景象："你不要想象一只白色的兔子，你要想象一只灰色的小猫，它不在一片绿油油的草地上，而是在白茫茫的雪地上……"

你的脑海中出现了什么呢？

白色的兔子、灰色的小猫、绿油油的草地、白茫茫的雪地……

竟然都浮现出来了，我不是让你别想嘛！

可见，大脑并不能接受"不"这个词。

当我们使用"负面词语"来思考问题的时候，我们大脑状态就是停滞的。

比如你读下面几句话：
- 我没有朋友……
- 这个没办法……
- 我不想那么穷……

你的大脑在读这些话的时候，有什么感受？

除了感受到孤独、无奈、悲伤之外，你可能什么都没想到，你的大脑就停在了那里，像在自己身边画了一个圈，把自己困在中间无法动弹……

那怎么办

如果想要解开这道封印，你就需要找到这些限制你思考的负面词语，并把它们从你的语言中删除，并用正面词语代替。比如，我们可以将上面三句话改为：

我没有朋友　→我要多参加一些社交活动
这个没办法　→我要换个新角度思考一下
我不想那么穷→我要想办法增加收入

我们可以看到，左边部分的语句，看上去是静止的，是死气沉沉的，大脑像是被封印了，停止了思考……

而将负面词语改成正面词语之后，封印就被解开了，你的大脑就立刻转动起来，右边的句子看上去就是动态的，是有所行动的，是充满可能性的。

负面词语是困境，当你使用了正面词语后，就是跳出了困境，开始寻求更多的可能性。你只需要更换一种正面的表达方式来描述同一件事情，就能将你的思维引向截然不同的方向。

下一步，不断练习……

因此，从今往后，你要开始关注自己的用语，不仅仅是与别人交流的时候，思考的时候也要试着使用正面词语来组织语言。

当你习惯使用正面词语来表达和思考的时候，你不但可以让思维活跃起来，整个人也会变得更加积极，充满阳光。

当然，你现在只是知道了这道封印的存在，要完全撕开这道封印，你还需要不断练习，形成习惯。

本章末尾有练习的题目，记得读后完成。

第二道封印：负面情绪

负面情绪一来，系统崩溃，大脑停止思考……

这是我们经常遇到的状况，甭管你有多么高的智商，在情绪面前都无能为力，立刻变得暴躁冲动，看谁都欠揍！或者心情低落，什么都不想做！

你为什么会有这些情绪

情绪，是由于外在的人、事、物对你产生了负面的影响，或是他人侵犯了你的权益，或是掉入了一个无法突破的困境，又或是遭遇了一场意外的不幸……

比如，你工作得好好的，莫名其妙被人打小报告，被老板叫去谈话，你感到非常愤怒！

比如，你喜欢的球队输了球，你连续三天都郁郁寡欢！

那怎么办呢？

既然是"外围世界"导致了你的情绪，那么你要么改变世界，要么控制自己！

所以，大多数人在被负面情绪影响的时候，通常会选择以下三种方式来处理。

1. 发泄

内心愤愤不平，手心血流涌动，挥起拳头，就往对方打去！

打人犯法……

那我就摔东西！看什么摔什么，别给我看价格，哪个贵砸哪个！

还是很残暴……

那我文明一点，我去胡吃海喝，吃到扶墙而出！我去疯狂购物，购到一穷二白！

2. 隐忍

发泄出来好像左右都是伤害，而且显得我很没教养，我得注意形象！

那我就控制自己的情绪，忍在心里，什么都不说，还你一副微笑的脸庞。

实在笑不出来？

那就让我冷静一会儿！我不攻击别人，但请你暂时也别来烦我！

3. 转移

转移注意力，去做一些其他的事情，来忘却这份伤痛或者愤怒的情绪，比如疯狂工作，比如整天去打牌……总之，让我的生活被其他事情填满，不给情绪留出发作的空间！

但，这些方式真的有用吗

以上三种方式你也许都尝试过，但结果如何呢？

① 发泄，对他人和自己都造成了二次伤害，也许还会带来不可挽回的后果……

② 隐忍，长期隐忍将造成严重的心理问题，比如抑郁症，比如自残行为……

③ 转移，虽然白天能够短暂地忘却，而一到晚上，剩下自己一个人的时候，负面情绪又会反客为主，造成严重的失眠……

那究竟该如何处理情绪？

如果把情绪比喻成头痛脑热，我们会如何医治？

- 是忍住假装没事？
- 还是在手上划一刀，让注意力转移到手上的痛感？
- 或者对头部进行冰冻让头脑降温？
- 甚至干脆把头砍下来不要了？

你可能会觉得这些处理方式很滑稽，但我们现在处理情绪的方式，和刚才说的头疼医头的方式是一样的。

我们把情绪当成了"问题本身"

我们会和对方说，请你控制一下自己的情绪；我们会和自己说：要么忍、要么狠、要么滚……

头痛，意味着你身体的其他部位可能出现了问题，需要你去处理，比如某个部位发炎了，或者身体感染了某个病毒，等等，你得对症下药才有效。

但这还不是最好的治疗方式……

那更好的治疗方式是什么呢

扁鹊见蔡桓公的故事，想必你在中学课本里都学过。扁鹊第一次见到蔡桓公的时候，说"君有疾在腠理，不治将恐深"，意思是你有小病在皮肤纹理之间，如果现在不及时医治，病情就会恶化。蔡桓公没有理他……

第二、第三次扁鹊见到蔡桓公，说他的病情已经到肌肉和肠胃了。蔡桓公还是没有理他……

最后一次，扁鹊说病已入骨髓，无药可医……

五天后，蔡桓公果然身体剧痛难忍，但是等身体感觉到痛了，已经来不及医治了……

所以，真正厉害的医生是治未病的，在症状还没出现之前，就把可能会产生症状的原因给消除了。

情绪来了再想要控制，已经来不及了，情绪已经失控了！

因此，消除负面情绪的方式，不是等情绪来了再去控制，而是根本不让负面情绪有可能出现！

那具体怎么做呢

首先，我们要对情绪有一个正确的理解

情绪是由内在的感受通过身体表现出来的状态。这里有两个关键词：

1. 表现状态

情绪是一种状态，不是问题本身。要解决问题，而不是消除状态。发烧了，要找到是身体哪里有炎症，是什么部位出了问题，而不是只在头上敷冰袋。

2. 内在感受

内在感受是导致情绪状态的原因，那是什么导致了不同的内在感受呢？

我们来看一个例子：

你正参加一场培训，很认真地在听讲，突然老师冲下讲台，抢走了你的手机，然后对你大吼一声："你爸妈小时候怎么教你的？！上课玩手机，你懂不懂尊重人啊！你是不是有病啊！"

然后当着众人的面，越骂越凶……

请问，你心里是什么感受？

一定是怒火中烧吧，是不是会立刻站起来怼回去？甚至握紧了双拳，随时准备挥舞？

可是，如果你在上课之前，收到了这样一条消息："今天给你们分享的这位老师，有点精神失常，今早出门的时候忘记吃药了，你要小心一点……"

再面对刚才的一幕，请问你心里又会是什么感受？

也许不是愤怒而是害怕了吧，不是想怼回去，而是想赶紧躲得远远的吧……

为什么同样的场景，同样的人，做同样的事情，你会表现出截然不同的情绪反应

这里有两个原因：

1. 因为你对外围世界的理解发生了变化。

原来你觉得老师是个正常人，现在变成神经病了！正常人做出这种行为是不可理喻的，而神经病做出这种行为就是情理之中的……

2. 你对眼前问题失去了掌控力。

老师原来是个正常人，你这样羞辱我，我是有办法处理这种情况的，我要么怼回去，要么把你打趴下；可如果面对的是一个神经病，那我真不敢保证搞得过他，谁知道他会干嘛，吓死人了，还是走为上计！

所以，负面情绪的真正来源是两个

1. 信念不匹配

外围世界的情景，与你内在的信念系统 BVR[⊖] 冲突，你觉得应该如此，而事实上大相径庭。

比如，你觉得作为老师，应该彬彬有礼，应该为人师表的，而他做出这样的行为，是不符合你信念系统的预期的，你的情绪就自然会冒出来。

就像我们情绪上来了，开口第一句话通常是："你怎么可以这样！？"

这就是对方的行为，和你心里对他的行为预期不一致。

2. 能力不足够

你的能力能否解决眼前的问题？如果能解决，你会展现出"自信"的情绪；

⊖ 什么是信念，什么是 BVR？请复习第 6 章"你是第几流人才"。

如果解决不了，你可能就会展现出"害怕"或者"恐惧"的情绪了。

比如，你打开家门，一只蚊子飞进你家，你双手一拍，吧唧，蚊子死了，你的情绪没有任何的波动；

如果进来一只老鼠，你女朋友在屋里就会大声尖叫，以示害怕，因为你女朋友搞不定它啊！而你拿起拖鞋，追着老鼠一顿狂揍，将它赶出了家门。这时候，你展现出来的情绪叫"勇气"；

而如果一开门，冲进来的是一头老虎，那么大声尖叫、四处逃窜的估计就变成你了……

所以，情绪并不是什么外在事件导致的！情绪也从来不是问题！

你的信念系统（BVR）无法理解眼前这个世界了，才是问题！你的能力无法处理眼前的这件事了，才是原因！

OK，那么我们具体该如何解开"负面情绪"这道封印呢？

解开封印的具体方法

一、长期调养（治未病）

情绪一旦发作，是很难控制的，这个刚才我们已经说过。

所以，功夫在平时，我们需要在没有情绪的时候，好好调养自己的身心，让负面情绪的状态根本没有机会出现，当别人焦虑、愤怒、悲伤的时候，你能自然地展现出淡定与从容。

具体怎么做？

1. 提升解决问题的能力

随着你能力的提升，当你遇到同样的状况，你的情绪状态会发生变化。

比如你是一个普通人，突然有一天被拉到了战争前线，面对机枪与炮火，面对流血与死亡，你展现出来的一定是害怕，因为你处理不了这么复杂、这么危险的情况，你在那个环境下完全无所适从，不知道该干什么，能干什么，下一秒会发生什么，你甚至不知道该往哪里走，腿都迈不动，内心装满了恐惧、害怕和无助……

所以，每一个去前线的士兵，都是要经过非常严格的训练的：从体能训练到格斗技巧；从枪械使用到队形演练；从战术理论到实战演习；从队友倒下应如何处理，到自己中弹该如何急救……你都得反复学习、训练，形成条件反射级的能力，才能被派到前线去打仗。

这些是什么？这些就是提升你在战争环境下的应对能力。

只有经过长期艰苦的训练，拥有了这些能力，你才能在枪林弹雨中奋勇前行，你才能在惊声尖叫里泰然自若，你才能在尸横遍野处无所畏惧！

英勇、自信、从容……这些都是有能力做保障的结果。

2. 建立正面的信念系统

信念，就是你理解世界的方式。

你认为这个世界"应该"是怎么样的？你的朋友或者爱人"应该"如何对待你？你做了某些动作"应该"得到什么样的反馈？

每一套普世哲学，每一个宗教神庙，都代表着一套信念系统，都在告诉你这个世界"应该"是怎么样的，人与人的关系"应该"如何相处，每个人"应该"遵守什么样的行为准则……

它们之间没有对错之分，但是一旦你接受了某个信念，你头脑中就会多增加一条"应该如此"，一旦周围的世界出现不符合这个"应该"的情况，就会立刻触发你的负面情绪，让你悲伤或者愤怒！

比如今天是你和你先生结婚一周年的纪念日：

你们约了晚上6点一起吃烛光晚餐。因此，你特地花了2个小时精心打扮了一番，并提前1个小时来到了约定的酒店，等待你先生的到来……

你原本以为先生也会特别重视今天的约会，也会提前赶到，可没想到，等到了6点，先生还是没有出现，你开始有点生气了！连续打了两个电话也无人接听……

等到了6点40分，你的先生匆匆赶到，说自己在路上堵车晚了。你立刻气不打一处来，对先生怒吼道："你不知道今天什么日子吗？你为什么不能早点出来？电话为什么不接？你从来都是这样！有没有点时间观念！你再看看你这衣服，你是来这里上班的吗？……"

还没等先生解释，女士拿起包包就往酒店外面跑，完全忘了今天约会的目的是什么……

为什么会这样？

明明是一件小事，有必要发那么大火吗？

因为在这位女士的脑海中，可能有这样三条信念，被这次"迟到"给触发了：

1. 准时，是对人、对事最基本的重视。

你不准时，就是不重视我，不重视这场约会，就是不爱我！

2. 我如此重视这次约会，你也应该像我一样重视。

我为此化了2个小时的妆，提前1个小时到了酒店，你却连一个准时都无法保证！还穿个服务员的衬衫跑过来，是什么意思？

3. 我打电话，老公应该马上接听。

你已经迟到了，也不知道发个消息来道歉，我打电话你还不接，你到底想干嘛？你心里到底有没有我？

<u>一旦现实情况和脑海中预想的"应该"不符合，负面情绪就会奔涌而出，因为你的"世界秩序"崩塌了！</u>

如果女士脑海中的这三条信念不改变，那么他们下次还会因为同样的事情吵架，比如男士又穿错了衣服，晚回了电话，迟到了20分钟……

而这些问题，也许当面对的是另外一个"信念系统里对时间和服装在意程度不高"的女生时，可能就完全没有问题。

因此，想要在同样的情况下，表现出不同的情绪状态，展现出善解人意与温柔体贴，并不是在当场控制自己的情绪，而是你得改变自己的信念系统。

<u>那么，你应该学习哪套信念系统呢？</u>

市面上有无数条信念，从《论语》到《圣经》，从宗教到哲学，从民间俗语到心灵鸡汤……

这里面都有大量优秀的信念、价值观、规条，有些信念系统非常完整。它们之间没有对错，你选择其中任意一本深入学习，都能改变你对这个世界的认识，改变你对为人处世的理解。理解变了，情绪自然就会跟着改变。

比如，例子中的女子如果是学《论语》的人，遇到上面这种情况，她可能就会说：

"成事不说，遂事不谏，既往不咎。"

已经发生的事，我们无法改变，没必要说了，我们现在好好完成之后的烛光晚餐吧。

比如，例子中的女子如果是读《圣经》的人，遇到上面这种情况，她可能会说：

"爱是恒久忍耐，又有恩慈。"

爱他我就应该无条件地接受他，从他的角度出发，为他着想，他迟到心里一定也很难受，让我对他再好一些吧……

无论选择哪一套信念系统，其目的都是一样的，都是让自己在这套信念系统下，能够更容易获得精神上的自由，不被烦恼苦难所困，能感受到幸福与快乐……

那么我在这里也推荐一套，让我自己受用不浅的信念系统，供你参考。

这套信念系统很短，只有12条，但是如果你能以这12条来理解这个世界，理解你与别人的相处关系，你的思维就不会被困死在情绪的牢笼里，待人处事也会更加宽容，心态也会变得积极。这套系统是NLP里的12条前提假设。

NLP的12条前提假设

这部分内容有点多，稍微有点枯燥，但是很重要，请务必耐心读完，细细回味。强调一下，这不是鸡汤，而是一种理解世界的角度。

1. 没有两个人是一样的

每一个人都有自己的性格、能力、特点，你们在不同的环境里长大，经历了不同的人生，形成了不同的价值观和信念系统，因此对待同一个问题，你们会有不同的看法，你要学会接受和欣赏。你只有尊重别人的不同之处，别人才会尊重你独特的地方。

2. 一个人不能控制另外一个人

每个人的信念、价值观、行为习惯等，只对自己有效，不应该强加给另外一个人。己所不欲勿施于人，己之所欲也不能施于人。一个人不能改变另外一个人，一个人只能改变自己，影响别人。我们能推动的，只能是我们自己。当你想要改变另一个人的时候，你的悲惨命运就此开始。

3. 有效果比有道理更重要

光说不练假把式，光有道理没效果都是在胡扯。听上去再有道理的道理，如果实际应用的时候没效果，那就是没道理。有时候我们会为了讲道理而讲道理，而忘记了目标是什么。小孩才分对错，成人只讲利弊，只要行为和方法，在不伤害其他人的基础之上，有利于目标的达成，就是好方法。

4. 只有由感官经验塑造出来的世界，没有绝对的真实世界

我们了解世界的过程，是通过视觉、听觉、嗅觉、味觉、触觉等，捕捉外界的信息，输入到我们的大脑里，构建出的一幅世界的样子的。而一个人的经历是有限的，你永远不可能看完世界上所有的角落，了解每个人遇到的每件事，过程中也会缺失很多信息。就算是进入了大脑的信息，也会被你的信念系统给重新编码，被赋予新的意义。

所以，你脑海中的这个世界不是绝对真实客观的，而是主观的。你遇到的所有事情，本身其实都是没有意义的，所有的意义都是我们根据自己的信念系统，人为给加上去的。

因此，如果你想你的世界变得更好，你无须改变外面的世界，你只要改变自己脑海里的世界，你的人生便会有所不同。

5. 沟通的意义在于对方的回应

每个人大脑里的世界由于都是主观的，对外界输入的信息会按自己的理解

重新编码,所以,你说的一句话,在对方听起来也许就是另外一个意思。因此,在和对方沟通的时候,你不应该只关注自己说了什么,而是要关注对方听到了什么,理解的程度到哪里。对方的回应,才是你这次沟通的效果。

6. 重复旧的做法,只会得到旧的结果

这一句比较好理解,我就不做解释了,用谢霆锋在《锋味》里常说的一句话来概括:你如果想要得到从未得到过的东西,就要去做从未做过的事情。

7. 凡事必有至少三个解决方法

对事情没有办法的人,会将事情画上句号;对事情只有一个方法的人,因为别无选择,所以会陷入困境;而对事情只有两个方法的人,会左右为难,因此也是一个困境。只有当你对一件事情有三个以上方法的时候,你才会有选择,有选择就是有能力。

当你感到无计可施的时候,只能说你已知的办法都行不通而已,并不能说问题无法解决。因此,你只要相信一定还有未知的、更好的方法存在,那么总有一天,问题会被你解决。

8. 每一个人都选择给自己最佳利益的行为

每个人都想有更好的明天,他的所作所为,都是他认为在当时的环境下,做出的最有利于自己的恰当选择。因此,每个人的行为背后,一定有他的正面动机。如果你了解和接受了他的正面动机,他就会觉得你接受他这个人,你就更容易引导他做出有效的改善。

9. 每个人都已经具备使自己成功快乐的资源

每个人都有过快乐的经历,换句话说,你是有让自己快乐的能力的。

你的快乐取决于怎么看待眼前发生的事情,而不是眼前的这件事决定你快不快乐。你遇到的每一件事里,正面和负面的意义都是同时存在的,至于你想看到事物的哪一面,赋予它什么意义,由你自己决定。你可以通过改变自己的信念,来改变对它的理解,从而改变自己的情绪和行为。

记住,你本人已具备了让自己成功快乐的所有能力,无须外求。

10. 在任何一个系统里,最灵活的部分便是最能影响大局的部分

能有一个以上的选择,便是灵活;能容纳别人的不同意见,便是灵活;灵活并不代表放弃自己的立场,而是寻求双赢、多赢的可能性;灵活也代表你足够地自信,自信度越低,越容易在某个角落认死理,态度强硬;而强硬的态度会让周围的人感到紧张,灵活却能让人放松。

11. 没有失败,只有反馈

失败只有在事情画上句号的时候才能使用,只要事情还将继续,只要你不想放弃,就不能使用失败来形容。失败只是一种反馈信号,告诉我们之前的尝

试没有用而已。它是在提醒你，你需要改变了，你需要寻找一种新的方式继续。

12. 动机和情绪总不会错，只是行为没有效果而已

因为男朋友迟到而发怒，是因为希望有一个完美的约会；因为担心明天的演讲而焦虑，是因为希望发挥出色；我们情绪的背后藏着动机，动机总是正面的，因为潜意识从来不会伤害自己，只是误以为某些行为可以满足自己的这份动机。

所以，我们可以接受自己的动机和情绪，同时改变自己的行为方式。

还没结束……

我知道你看得有点累了，但我还是想邀请你有空的时候，把这12条再多读几遍，甚至背诵出来，让它们融到你的血液里，成为你的信念系统，并以这12条来为人处世。每当你遇到伤心、难过、愤怒的事情，回来再看看这12条，你的内心总能重回安定，摆脱情绪的束缚，并找到新的解决办法。

学习信念没有技巧，相信就好，就像武功的心法、口诀，你要常挂心中，并以此指导自己的思考与行动。

二、紧急处理（治已病）

如果你的能力还不够，信念系统还没建立完善，情绪又突然来袭怎么办？

有没有除了发泄、忍耐、转移之外更好的处理办法

有的，分为三个步骤：

第一步：自觉

首先，你要觉察到自己处在情绪状态中，在心中对自己说出目前的情绪，比如你在发火，你要在心里默念："我现在正在发火……"

当你知道自己"正在生气"，你的怒火便会减少一大半，因为你的理性大脑开始发挥作用，而不是完全关闭着的状态。

第二步：理解

"我为什么会发火？我的动机是什么？我想通过发火得到什么？有没有更好的方式来获得？"

如果找不到动机了，那你就想一下，是对方或者外围世界触犯了你哪条信念？你觉得应该是这样的，可是事实上却变成那样了？这条信念本身是不是正确的？

第三步：转换

你的情绪表达里有没有负面词语？试着转换成正面的语句；12条前提假设里，哪一条可以解释目前状况，哪一条能给你力量？试着用它来替换自己原有

的信念；这个动机，可以用其他的方式达成吗？如果能力不够，还可以找谁来帮助你？……

如果你能够顺利地走到第三步，那么就可以把一个情绪问题，变成了一个具体问题，从感性爆炸拉回到了理性思考。

这时候，你就有办法解决它了！

台上一分钟，台下十年功

情绪状态如果已经出现，要消除它其实已经很难了，上面说的只是临时处理办法，这三步的每一步都不容易。关键还是在平时，你要打磨自己的信念系统，提高处理问题的能力，你才能慢慢地把负面情绪消灭于无形。

有一天你会惊喜地发现，不是你控制情绪的能力变强了，而是已经很少有事情能触发你的负面情绪了，你处处展现的是自信与从容，面对危难而不焦虑，面对冲突而不易怒，面对问题能冷静沉着……

小结

今天说了两个会让大脑停止思考的两道封印：

1. 负面词语

当我们表达或思考的时候，如果用到了负面词语，就容易让大脑短路，让大脑停止思考，困在原地。要解开这道封印的方法是：删除负面词语，替换为正面词语。

2. 还有一道封印是：负面情绪

当我们因为一些事情而爆发负面情绪的时候，比如愤怒、恐惧、焦虑、悲伤等，会让我们的大脑停止思考，甚至做出大脑无法控制的行为。你不应该试图去控制情绪，因为情绪不是问题本身，一切控制的方式，都是治标不治本，结果都是徒劳。

要解开这道封印有三个方法：

1）平时要学习提高自己解决问题的能力，关于这部分我们后面会讲。

2）平时要认真打磨自己的信念系统，比如学习NLP12条前提假设，让它们成为你为人处世的信条。

3）如果情绪已经来了,你可以用三个步骤做紧急处理:① 自觉;② 理解;③ 转换。

本章说的这些都是治本的方式,而治本的方式都有一个通病,就是耗时特别长。你不要期望读完本课就能马上不一样了,这是不可能的。删除负面词语,替换信念系统,提高解决问题的能力,这每一项都需要你反复训练、长期坚持,才能逐渐收效。

有些人喜欢快,喜欢药到病除,喜欢掌握一套武功秘籍,然后马上草根逆袭,而忘了真正重要的是强身健体和修炼内功。

正因为那么多人喜欢快,喜欢疲于解决表面问题,才给我们这些喜欢慢,喜欢解决根本问题的人以机会。坚持练习,持续打磨,日拱一卒,做时间的朋友,期待一年后一个不一样的自己!

思考与行动

看完 ≠ 学会,你还需要思考与行动

思考题1:你可以试着将以下句子中的负面词语改为正面词语作为练习:

- 我没有信心……
- 时间不够……
- 我无能为力……
- 我不要和他分开……
- 我老板不好……
- 我看不进去书……
- 小孩子不听话……

思考题2:你最近一次有负面情绪是什么时候?能否用12条前提假设里的一条或几条信念来重新理解这件事?

微信扫描二维码,把你的思考结果和学习笔记分享至学习社区,与其他同学互相切磋、一起成长,哪怕只是一句话,也会让你对知识的理解更加深刻,收获也会更多,还能让其他人从你的感悟中获得启发。

人工智能在疯狂学习，你却在刷朋友圈

概念重塑
重新理解财富　重新理解自己　重新理解世界

大脑升级
解开大脑的封印　思维力提升　解决所有问题

58%

注意力｜时间商人｜复利｜人生密码｜角色化｜理解层次｜元认知｜多维能力｜势能差｜估值模型｜四域空间｜运气催化剂｜负面词语/情绪｜学习三步法｜背景知识｜专注的力量｜透析三棱镜｜线性思维｜结构化思维｜系统性思维｜选择｜计划｜演化｜创新

14

人工智能比你爱学习

1997年，IBM深蓝计算机打败国际象棋大师加里·卡斯帕罗夫，引发全球热议。

20年后，计算机打败人脑已经不再是什么新闻了。现在人们更关注的是机器与机器的对决。

2017年，谷歌的AlphaZero击败了2016年的全球计算机国际象棋冠军Stockfish。

更可怕的是，你猜AlphaZero从零开始学习国际象棋，到准备好跟Stockfish对局，一共用了多少时间吗？

答案是：4小时！

你没看错，就4小时！

看到这里，是不是感觉人类已经有点多余了？

人工智能为何如此厉害

当AlphaGo在2016年战胜围棋世界冠军李世石，人工智能便开始了爆炸式的增长：

在翻译、医疗、法律等多个领域超越人类顶尖水平。而这次的大爆发，源于背后的人工智能技术：深度学习算法（具体技术介绍你可以自行百度）。

总之，计算机可以自我学习了，而一旦计算机掌握了学习能力，它就能像人类一样，能够自我成长，加上计算机拥有人类不可比拟的运算速度，它们正在以我们不能理解的方式指数级进化……

而比这个更可怕的是，它们已经那么厉害了，却还在不断输入新的数据进行学习！而你，又有多久没好好学习新知识了？

学习能力是未来的核心能力

还记得我们在第 3 章讲的那个《人生七年》的纪录片吗？

穷人的孩子，将来还是穷人；富人的孩子，将来也会变成富人。这是为什么？是因为金钱的不平等吗？

当然，这是一部分原因，但远没有那么简单……

其中的安德鲁、查尔斯、约翰是住在伦敦肯辛顿区（著名富人区）的高富帅三人组。

第 1 集拍摄时，虽然他们只有 7 岁，但已经展现出了一些上层人士的模样了：

- 他们在一所私立学校接受良好的教育，学前班的时候他们已经可以用拉丁语唱歌了；
- 当一般小孩还在看小人书时，他们已经开始阅读《金融时报》《时代》和《观察者》等更深刻的刊物了；
- 当一般小孩还在打闹嬉笑时，他们已经可以制定一整套可量化的生活规律，比如 6 点洗澡、7 点半准时上床睡觉；
- 他们懂得节约时间，明白规则和体制；
- 对当下的流行音乐也开始有了自己的见解……

贫富差距导致的最可怕的结果，并不是金钱上的不平等，而是教育资源的不平等……

凯文·凯利的《必然》一书中说道："我们正在进入一个需要不断给自己打补丁的时代，你将永远处在升级的过程中……"

世界的发展速度已经变得越来越快，快到你刚大学毕业，在大学一年级学的东西，可能就已经过时了……

在以前，你不识字可能是个文盲；而现在，也许你不会使用互联网的各种工具就是个文盲了！

那未来呢？

也许你一年不学习，就会变成一个文盲……

学习能力，将成为未来最核心的能力，没有之一！

然而，当知识越来越多，获取知识也越来越方便的今天，你感受到的也许并不是快乐，而是焦虑！

如今一天产生的信息量，相当于 200 年前的一个英国人一生所接收到的信息量的总和。面对海量的信息，你根本不知道该从何入手……

那怎么办？

学习很重要啊，所以硬着头皮也要学！

于是你每天刷知乎、刷微博、刷朋友圈；看书、看新闻、看公号；听直播、听微课、听演讲……喜马拉雅、荔枝、得到等知识服务软件一个都不放过！

貌似学了很多，却感觉没什么用……

记不住，讲不出，更用不到，面对问题还是一脸懵圈，好像这些学习未曾发生过一样……

怎么会这样？

难道是自己的智力有限？

还真不是！

是你的大脑，可能忘记植入"学习功能"了……

先学习"学习的方法"再学习

就像人工智能，你得先把"深度学习"的算法程序编好，把需要的硬件给配置齐全，让计算机拥有"学习能力"，然后，才能输入数据进行学习。

不然，你只是给一台普通的电脑输入一堆数据有什么用？它又不会学习，它最多能把这些数据储存起来……

人也一样，你得先把"学习功能"编入大脑，然后再开始看书、听课，这样才能开始学习嘛！

不然，你看到的内容，对你来说只是一堆信息，曾经路过你的大脑而已……（为什么是路过？因为人类相对于机器来说，还比较健忘，连储存都很难做到。）

那我们该如何学习

看书、听课、做笔记吗？

人家计算机都用上深度学习了，你还停留在远古时代……

那怎么办？

有没有高级一点的学习方法？

你听过"如何把一头大象放入冰箱"的问题吗？

把大象放进冰箱分为三步：

1. 打开冰箱

2. 放入大象

3. 关上冰箱

其实学习也是一样，也可以把过程简化为三步：

1. 打开大脑

2. 放入知识

3. 提取使用

接下来，我们来详细说一下这三步具体该如何操作。

第一步：打开大脑

很多人在学习的时候，其实忘记了这第一步，上来就直接开始看书，结果眼里看到的所有内容都是自己想看到的，凡是没兴趣的不看，看不懂的跳过，和自己认知不符的开怼……

这就是大脑没有打开的状态，新知识根本进不了大脑，就像是冰箱门没有打开，大象是放不进去的。

猎豹 CEO 傅盛提出，人一共有四种认知状态，从低到高分别是

1. 不知道自己不知道；

2. 知道自己不知道；

3. 知道自己知道；

4. 不知道自己知道

大多数人其实是处在第一个层级的，也就是"不知道自己不知道"的状态（见图 14-1）。

这个状态其实很可怕，为什么

因为当你看到这句话的时候，你会下意识觉得自己肯定不是这类人，因为自己读了那么多年书又不是白读的，知识量还是很丰富的，怎么可能不知道自己不知道呢？！

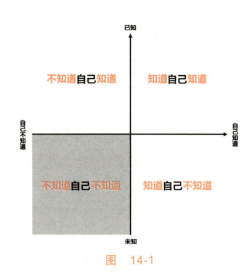

图 14-1

而它可怕就可怕在，你完全无法意识到自己处在这种"无知"的状态中。以前考试做不出题目，那你会说："嗯，这个问题我不知道。"

可是，现在的情况是连问题都没有了，你怎么知道你不知道什么呢？

不信你打开百度,开始搜索,输入那些你还没有答案的问题。大多数人,能提出的问题不足 10 个……剩下那些没有提的问题,是都懂了吗?并不是,而是他们不知道自己还不懂什么……

在心理学上,这个现象叫作"达克效应"[⊖],也是我们常挂在口中的"无知者无畏"……

因为无意识,所以你我都有可能身处其中……

那怎么办?这个达克效应貌似无解啊!

你还记得你学习成长最快是在什么时候吗?

对,就是我们小时候。

小时候,我们知道自己什么都不懂,对身边的一切事物都怀有好奇心,我们对触碰到的每一件物品都想去摸一下,拿到嘴里去感受一下;我们并不知道该如何说话,但嘴里却总是咿咿呀呀地说个没完,我们从来就不害怕说错话;我们总喜欢问为什么,我们总喜欢把旧玩具玩出新的故事……

这个状态叫什么?

这个状态叫"初心"!

什么是初心?

初心是禅修里的一个概念,意为"一颗初学者的心",像一个孩子一样,对一切事物充满好奇心。

但是现在,很多人把"初心"这两个字给误读了,以为初心是指你最初做某件事情的那个起心动念,不忘初心是指你不要忘记最初出发时的那个愿……

那个不叫初心,那个叫初衷。

不忘初衷,是到不了始终的,因为市场是变化无常的,你最初的想法,很可能没过几个月就过时了,你必须得调整,认死理是会撞南墙的!

你只有"保持初心",也就是保持一颗初学者的心,在变化的市场里,永远保持好奇心,持续学习,不断调整,你才"方得始终"。

腾讯、英特尔、亚马逊、苹果……它们的"初衷"跟现状早就发生了改变,但是它们始终"保持初心",像一个初学者一样,不断地学习和进化,这才有了

⊖ 达克效应是一种认知偏差现象,指的是能力欠缺的人在自己欠考虑的决定的基础上得出错误结论,但是无法正确认识到自身的不足,辨别错误行为。这些能力欠缺者们沉浸在自我营造的虚幻的优势之中,常常高估自己的能力水平,却无法客观评价他人的能力。发现这个现象的 Dunning 和 Kruger 因此获得了 2000 年的"搞笑诺贝尔心理学奖"。

今天的丰功伟业。

<u>所以，想要破解达克效应，打开大脑的唯一办法，就是回到"初心"的状态。</u>

就是承认自己的"无知"，就是不要分辨什么是知道的，什么是不知道的，而是要对所有的事情都充满好奇，让自己回到孩子的状态，让自己唯一知道的事情，就是"我什么都不知道"！

那是不是指什么都能往脑子里塞？

那你的大脑就变成垃圾场了。并且，进入大脑的东西是很难拿出来的，被污染了很可能就会影响终生的，你必须要有所防范，怎么办？

你需要给大脑安装一个"过滤器"

刚才说的"初心"这个概念，你可能会联想到"空杯心态"。

但"保持初心"并不是"空杯心态"，两者是有区别的：空杯心态是指"被动"接受所有的信息，而保持初心是保持好奇心"主动"地学习新知识，是主动的，是有选择的。

相反，我们应该谨防"空杯心态"，要对输入大脑的东西有所警觉，而不是来者不拒，因为请神容易送神难，进入大脑的信息，是极难被清理干净的，特别是那些含有说服技巧、有煽动性的话语，会长期霸占你的大脑，影响你的思维方式，而你可能还不自知……

这种现象，我们有个不太好听的专有名词，叫作"洗脑"……

空杯心态，就是缺少了过滤器的大脑。

那怎么办呢？

今天，我要给你的大脑安装三个过滤器：

1. 区分"信息"与"知识"

什么是信息？

一切听到的、看到的、闻到的、感觉到的都可以称之为信息，比如马路上的大妈骂街、电视里的新闻联播、抖音上的美女热舞、微信里的表情斗图……这些都是信息。

那什么是知识呢？

所谓知识，就是指那些被验证过的、正确的，被人们相信的概念、规律、方法论。

比如"复利""元认知""注意力"这些本书上篇所讲的内容就是概念；规律

是事物背后的运行法则，比如用户需求不变，产品的供应量降低，价格就会升高，这就是规律；而方法论，就是我们俗称的"套路"，是一套被验证过的，解决某一特定问题最有效率的执行流程。

信息有真假，有时效；而知识有积累，有迭代。你要学习的是知识，而不是信息。

2.区分"经验"和"规律"

你可能听过一些成功人士的分享，听他们是如何通过艰难困苦最后创业成功的，听得自己热血澎湃，也想照搬模仿，结果却发现你们所处的时代背景不同，他有的红利你没有，他有的创始团队你没有；他赖以成名的产品或服务，如今可能已经过时了……

他们分享的这些内容，叫作"经验"。经验，并不是规律。

因为幸存者偏差，成功的经验有很大的偶然性，同样的事情重复做一遍，哪怕是他自己也不一定能再次成功。这点我在之前章节中已经讲过很多次，我们要学习的是规律，而不是经验。

规律是什么？

规律是能够导致重复成功的因果关系。

具体怎么得到呢？

我们需要先归纳，后推演：从成功经验中推导出原因，这个过程叫作"归纳法"；得到原因后，你需要再推演一下，看这个原因能不能再次推出正确的结果，能不能重复多次成功，如果可以，这才是规律。

比如说"置之死地而后生"，它是经验还是规律？

你也许有一次绝处逢生的经验，但你没看到的是更多的人，在绝处就真的"死"掉了（如果都能"活"下来就不叫死地了……）

如果你把这个"经验"当成了"规律"，每次都主动把自己置于危险的境地，把后路全部断掉，告诉兄弟们，只有置之死地我们才能后生，那么结果就很悲剧了……

3.区分"优质"和"劣质"

了解了信息与知识的区别，能分辨经验与规律，但还有一个问题，那就是如今的知识量实在太大了，根本学不过来。面对海量的图书和扑面而来的互联网资讯，被它们群起围攻，你感到无所适从，根本不知道该从哪里学起，分不清楚什么该学，什么不该学，进而产生了"信息过载"的焦虑感。怎么办？

信息过载，真的是因为信息太多了吗？

恰恰相反，这是因为你知道的太少了！

这听起来有点反常识，就好像是说吃不下东西，是因为太饿了……

那为什么这么说？

那是因为你的知识量还不足以拥有分辨内容优劣的能力。

在同一个领域内，图书也许有成千上万本，但是真正的好书其实就那么几本。就像你看电影，全世界有几百万部电影，你不会觉得信息过载的，因为好电影翻来覆去就那么多。你打开电影库，找了半天，竟然发现没什么电影可以看……

因为不了解，所以不知道要学什么，所以看上去要学的东西有很多。而一旦能分辨优劣了，你会发现好内容太少了！

那如何获得分辨内容优劣的能力呢？

答案是：见真识假！

好的看多了，自然就能分辨什么是差的了，就像审美一样，一旦提升上去了，就很难忍受难看的设计了。

那好的东西在哪呢？

如果你想学习某个领域里的内容，那就先去找这个领域里最出名的经典书去阅读，可以从各类图书的畅销榜里去挑选，也可以看看业内牛人们的推荐，这样找到的书你会发现来来回回说的就是那几本，这些就是好书。

如果你是刚刚进入一个新的领域，建议先从经典入门级的书开始读，这有助于你快速掌握这个领域内的基础概念，基础概念的夯实对后期的学习帮助巨大。

之后你再去看同行业的其他书，你就会突然发现，现在只需要看目录和序言，你就能大致判断它是否值得阅读了。

第二步：放入知识

OK，打开大脑后，我们接下来就应该把知识放入大脑了。

那么知识从哪里来呢

两个途径：

1. 自我学习循环

经验不能指导行动，因为经验有很多的偶然性，第一次成功了，第二次不一定能成功；别人成功了，同样的方式自己未必可以。

只有把经验升华成了知识、规律，才能指导我们的行动，这就是著名的库伯学习圈（见图14-2）。

通过自己的行动，形成经验，对经验进

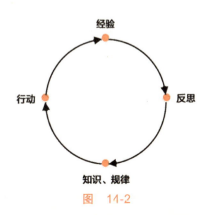

图 14-2

行反思，提炼出内在的规律，并通过这个规律验证同样的行动是否能够得出同样的结果，如果可以，那这个规律就是知识。

2. 向巨人学习

通过自我实践获得了经验，再把经验提炼成知识的方式固然很好，有切身的体会，有自我的案例作证，但是效率太低。

一个人的时间是有限的，你不可能把所有的经验都自己经历一遍，你所遇到的99%的问题，前人们基本都已遇到过，并且已经将他们的经验总结成了知识，变成了一本本的书，你只需要拿来学习即可（见图14-3）。

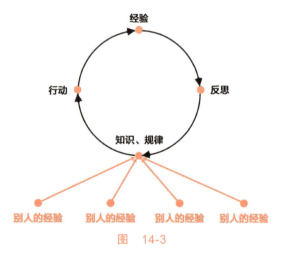

图 14-3

可是，脑容量有限，那么多的知识记不住啊！

等到要用的时候，一个都想不起来，怎么办？

上次这个概念我记得是在哪本书上看到过的，到底是哪本书呢？

然后你翻箱倒柜找笔记本……

啊，笔记本找不到了……

窘……

用百度、谷歌、知乎吗？

那答案更是五花八门，还掺杂着广告，你根本分不清该听谁的……

你可能会想："如果有个私人图书馆就好了！"

看过的每一本书、每一条知识，写的每一篇笔记，都能被分门别类地永久储存，还能有一键搜索功能，等需要用的时候，还能有个图书管理员帮我迅速找到，那该多好……

嗯，那我今天就来给你的大脑外接一个图书馆！

具体怎么建呢？

我们先来看一个理想中的图书馆应该有哪些特性。

1. 存书/取阅要方便

图书馆得有很详细的图书分类，当我有一本新书，就可以把它归类存放；

当我想要找它的时候，也能方便查找和取阅。

2. 查书要方便

当图书太多的时候，只是把图书归类已经不够了。比如我曾经看到一句话，但不记得这句话是出自哪本书了，那我就需要用到检索功能，能通过一句话，找到整本书。

3. 可以在书上做笔记

看书的时候，会迸发出很多的灵感，如果拿笔记本记录，后期容易对不上号，而笔记本的管理又是一个大工程；如果能在书上直接写写画画，把重点的部分直接划出来，把想到的笔记、灵感直接写在边栏上，这样就能加深对知识的理解，日后翻阅也能看到之前的思考。

4. 常用书籍要放在显眼的区域

有些书用得比较多，价值比较高，我需要经常反复地看，就需要设置一个热门榜单区，把这些书都堆在那里，这样就不用每次都进入图书馆很深的区域查找了。

了解了图书馆的这些特性后，接下来，我们就该根据这些特性，定制自己的个人图书馆了。具体怎么做？

如何为大脑建立一个个人图书馆

1. 先给大脑外接一个硬盘，储存所有的知识

首先，大脑是用来思考的，不是用来记录的，大脑的记忆能力很不靠谱，而在这方面计算机是强项，我们可以利用计算机的这个能力，给你的大脑外接一个硬盘，来帮助你储存知识。

我推荐使用的工具是：印象笔记。

当然，你也可以使用"有道云"之类的其他同类产品，根据自己的使用习惯选择就好，功能都差不多。印象笔记是我用着比较习惯的知识管理工具，我就以它为案例。

印象笔记可以把你看到的网页、微信文章、知乎回答、纸质书、手写笔记、大白板、听课录音等一切想记录的内容都一键保存起来，就像是你的第二个大脑，让你从此拥有过目不忘的能力。

它还能像图书馆一样为内容进行分类，给内容打标签，设置内容间的超链接；有快速检索功能，智能推荐功能；可以手机、电脑、Pad多平台同步，随时记录，随意修改，本地存储……简直是知识管理的神器！

有了这个工具，我们就可以动手建立我们的个人图书馆啦！

2. 把知识分类归档

日常收集的这些内容是很零散的，特别是在如今的移动互联网，看到的内容多而杂。如果不做管理，它们就像在一个空屋子里撒了满满一堆纸，看似很多，却再也找不到曾经看过的内容了。那怎么办？

必须得给你的"图书馆"做分类，比如商业类、历史文化类、科学技术类、金融投资类等。和传统图书馆不同，在印象笔记里，你可以根据自己的兴趣和想要学习的主题，来自定义设置自己的分类目录，灵活度很高。

比如，以下是我个人知识的分类目录（见图14-4）：

注：我的知识结构比较侧重于商业领域，因为内容比较多，三层结构不够放，所以，我把商业这个大类再拆分成很多一级目录。

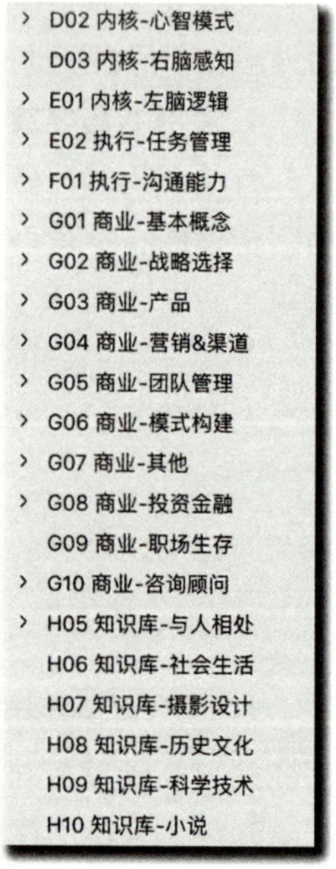

有了这些分组之后，你就可以把日常收集到的这些知识点分门别类地放入相应的类目里，这样知识就不会混乱了。

等你某一个类栏目里超过20篇知识点文章，你就可以试着把它们"结构化"。

3. 把知识结构化

虽然有了分类，我们的知识点看上去已经不是那么杂乱无章了，但是它们之间还是不成体系，我们需要把知识结构化！

为什么我们需要有结构化的知识？

一辆保时捷高级跑车，售价约为200万人民币。你买回家后，还没开几天，就不小心猛烈地撞了一下，车子变成了一堆废铁，现在几乎一文不值，你心疼不已……

可组成车子的原材料并没有变化啊，还是那些铁、玻璃、橡胶什么的……那为什么原来值200万，现在一文不值？是什么改变了？

是这些原材料之间的组成结构发生变化了。

同样的要素，组成不同的结构，就会拥有不同的功能，那么这个整体的价值就会大不相同。

我们之所以感觉在互联网上，看了很多知识，但感觉用处不大，就是因为这些知识都是碎片化的，彼此之间没有结构。这就像我们买了一堆汽车零件回

图 14-4

来，每一个零件看上去都很好，但是堆在一起，依然是一堆零件，而不是一辆车，根本无法使用。

这就是为什么很多真正爱学习的人，比较反对在互联网上碎片化学习，而更愿意看书的原因。就是因为一本好书，它的知识是结构化的，学完一本书，就像装配上了一件已经组装好的武器，能够解决一系列问题。

那么，我们就不能在互联网上学习知识了吗？

并不是，而是你需要有把零碎知识组装起来，让它们成为结构化知识的能力！

那我们应该如何把这些零碎内容，变成结构化的知识呢？

方式一：根据 MECE 法则[○]自己拆解、组装：

比如说你想学习一个主题，中国历史，那么你就可以按"时间线：夏、商、周、秦……" + "空间线：中原、西域、草原、海洋……" + "主题：人文、商业、军事、后宫那些事等……"进行拆分，再组合，形成结构化的知识（见图14-5）：

如果按照这样的分组把知识填满，那么在未来，讲到中国的任何一个事件，你都可以从当时的时间、空间、主题等不同角度，从它们彼此之间的相互影响关系出发，综合性地分析一件事，而不仅仅是对独立事件看热闹式地侃大山，这就是结构化知识的力量。

方式二：站在巨人的肩膀上

有些领域知识的结构化已经非常成熟了，你可以直接拿来使用，比如一些经典书籍的目录，一些领域的全局示意图等，都是把这个领域里所有的分类以及彼此之间的逻辑关系给画好了，你直接拿来使用即可。比如，我在"商业 - 团队管理"这个主题下的结构是参考《刘润·五分钟商学院》的（见图14-6）：

梳理好结构，我们就可以把

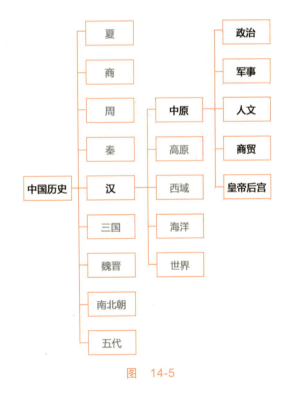

图 14-5

○ MECE 法则，是麦肯锡咨询顾问芭芭拉·明托在《金字塔原理》中提出的一个思考工具，意思是"相互独立，完全穷尽"，也常被称为"不重叠，不遗漏"。

日常看到的内容、脑子里灵光一现的想法，都分门别类地储存起来，这就像把散落的纸张一张张装订成册，再把一本本书归类放好，最终成为你个人的一个图书馆。比如图 14-7，是我在"沟通能力"下的"双向沟通"中收藏、编写的内容。

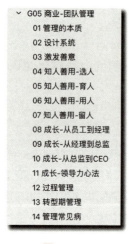

图　14-6

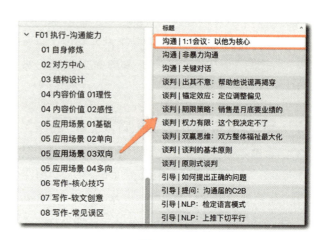

图　14-7

完成了这一步，你个人的结构化知识体系就会慢慢浮现在你的眼前了，你懂什么，不懂什么，还欠缺什么，就一目了然了。

然后，再有针对性地去学习那些在结构中还比较薄弱的环节，逐步完善你的知识体系。

有了结构化的知识，你再遇到某一领域内的问题时，就不再是用点状的眼光去简单评判，而是用全局的视角来整体分析了……

4. 建立知识之间的链接

还记得我们讲的复利效应吗？让新知识和旧知识链接得越多越深，知识的增长就不是线性的，而是指数型的。所以，光储存知识还不够，需要和它发生一次接触。

首先，是你与知识之间的链接：

因为印象笔记使用非常方便，很多内容都是一键收藏的，这样的方便也会导致一个副作用，就是收藏完之后，就没有之后了，过了几个月，你也许自己都忘记了当时竟然收藏过这篇文章……

因此，每一次新知识的加入，都需要与原有知识做一次链接，它才能成为你大脑中的一部分。你需要在整理收藏夹的同时，对笔记做一次再加工，可以是为内容重新排版，画出你认为重点的部分；也可以写上几句评语和感悟，加深理解（见图14-8）。总之，就是要让这个新知识和你本人发生一次深度接触，而不仅仅是让它存到你的个人图书馆里去积灰。

图　14-8

其次，还要建立知识与知识之间的链接：

你可以通过超链接的形式，在一篇内容中插入另外一篇内容的超链接，这样你就可以非常方便地从一篇文章快速跳转至相关的延伸阅读中去，这能帮助你从多个角度理解同一个问题，提升你看问题的全局性。

印象笔记还自带了智能推荐功能，它会自动识别出你文章的内容，为你推荐相关的其他信息，也相当方便（见图14-9）。

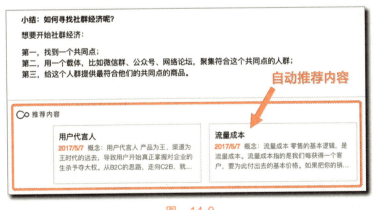

图　14-9

5. 设置热门榜单，熟练使用搜索功能

热门榜单不是指你把喜欢的知识设置成快捷方式，而是某些知识需要你每天使用，那么你就可以把这个知识升华成你的思维习惯和行为习惯，而不仅仅是躺在知识库中，等待需要的时候再去寻找。

比如"不忘初心"，这个概念你仅仅知道是没用的，你得让它成为你的日常习惯（见图 14-10）。

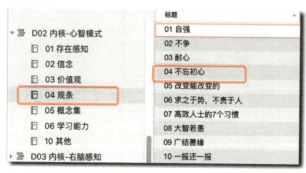

图 14-10

因此，你需要每天晚上复个盘，看看自己定下的这些习惯有没有做到，没有做到的原因是什么，明天准备如何改善。然后坚持 21 天以上，如此往复，你就能把它变成自己的习惯。

而类似于"交易成本""边际效用"等概念，平时不会用到，但是当某个特定问题出现的时候你又需要它们了，你该如何处理？

这类不常用的概念，你只需要把它们安安静静地存放起来就行，等需要用的时候，再通过搜索把它们快速找出来。比如，我现在要解决某个产品的定价问题，就可以在我的印象笔记中输入关键字"价格"，那么就会出现所有和价格有关的内容，按相关度排序，这样我就能很快找到可用的知识来解决眼前的问题了（见图 14-11）。

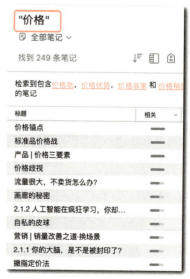

图 14-11

第三步：提取使用

打开大脑，放入知识，形成结构，你的个人图书馆将慢慢铸建成型。

但是，如果你的学习仅仅到此为止的话，你顶多就是个图书管理员，管理着偌大的知识库，却从来不使用！听的时候很激动，想的时候很感动，合上书后一动也不动，人到中年时发来一声叹息：学了很多知识，却依然过不好这一生……

废话，学了很多知识，当然是过不好一生的！

要过好一生，你得"使用"知识！

知识"没有用"，是因为你没"用"；不是因为你"没用"，而是因为你没"用"！

那如何把学到的知识提取出来，真正变成自己的能力呢？又进一步，让你"知行合一"呢？

我下章再讲。

思考与行动

看完 ≠ 学会，你还需要思考与行动

思考题1：你以前的学习方式是怎样的呢？好的地方是什么？需要改善的是哪点？

思考题2：试着梳理一下你自己的知识体系，并把你梳理完的知识结构与我分享。

微信扫描二维码，把你的思考结果和学习笔记分享至学习社区，与其他同学互相切磋、一起成长，哪怕只是一句话，也会让你对知识的理解更加深刻，收获也会更多，还能让其他人从你的感悟中获得启发。

如何提高思考能力

概念重塑
重新理解财富　重新理解自己　重新理解世界

大脑升级
解开大脑的封印　思维力提升　解决所有问题

63%

| 注意力 | 时间商人 | 人生密码 | 复利 | 角色化 | 理解层次 | 元认知 | 多维能力 | 势能差 | 估值模型 | 四域空间 | 运气催化剂 | 负面词语/情绪 | 学习三步法 | 背景知识 | 专注的力量 | 透析三棱镜 | 线性思维 | 结构化思维 | 系统性思维 | 选择 | 计划 | 演化 | 创新 |

15

吓尿指数

未来学家库兹韦尔有一个特别有意思的概念，叫作"吓尿指数"⊖，什么意思呢？

比如，将 10 000 年前刚刚会使用火的智人，带到 1000 年前的宋朝，他就会被那时候富丽堂皇的宫殿、绚丽夺目的服饰以及人们生活所使用的各种器具给吓尿。

再比如，将 200 年前的嘉庆皇帝，带到如今的时代，他会被满街的汽车、天上的飞机、每个人手中的手机甚至是机器人、VR、AR 等各种高科技给吓尿……

但是，他们为什么会吓尿呢？是因为看到太先进的科技，害怕了吗？

你设想一下 100 年后的世界：

我们可能都活在一个虚拟世界里，每天在玩游戏；

我们和机器人共同生活，他们已长得和我们一样；

我们和机器人甚至结合在了一起，并且可以永生；

我们能轻易地进行太空旅行，生活在多个星球上；

我们把科幻电影里看到的场景，都搬到了现实中……

但，面对这样的场景，你真的会被吓尿吗？

我看未必！

你可能会说：哇，好厉害，和电影中的一样呢！

可为什么说 200 年前的人，如果穿越到今天，肯定会被吓尿呢？

那是因为他的知识结构，和眼前的这个世界，断层了！

什么意思？

刚才说的这些高科技，我们可能从未亲眼见过，只在电影里看到，或者是脑海里想象出来的，但是我们至少能理解它们。无非就是人工智能更先进了，用上了更快的网络，万物互联了，虚拟世界和物理世界融合了，发现了新材料，

⊖ 吓尿指数：把一个生活在若干年前的人带到我们现在的生活环境，他将被现在的交通、科技、生活状况吓尿，那么这个若干年，就是我们这个世纪的吓尿指数。

航天技术得到了空前的发展……

而200年前的嘉庆皇帝，如果来到今天，他可能完全无法理解眼前的这个世界。你告诉他这个叫手机，那个叫iPad，路上跑的叫汽车，手机里说话的那个女人叫Siri……他完全无法理解，甚至都听不懂你说的普通话……

那怎么办呢？

有什么办法可以让嘉庆皇帝他老人家，学习、理解我们这个世界呢？

为了回答这个问题，我们先来看一下"学习"这个过程，到底是如何完成的。

学习是如何完成的

比如你看了一篇文章，读了一本书，听了一场讲座，你感觉收获很大；或者你通过不断练习学会了游泳……这份感受与收获，以及学会的游泳姿势，到底使你的大脑发生了什么变化？

是多出来一些细胞，还是细胞的样子发生了改变？

如果都没变化，那这些新的知识和技能，是如何储存在你大脑中的呢？

著名心理学家巴甫洛夫，曾经用小狗做了一个实验，来研究这个学习的过程

饲养员每次给小狗送食物的时候，小狗都会流口水，这个当然并不奇怪。但是时间一长，当饲养员刚打开门，还没有进来，狗粮还没有出现的时候，小狗就已经开始流口水了……这就有点奇怪了，"开门"和"狗粮"这两个完全不相关的事物，为什么让小狗产生了同样的反应？

巴甫洛夫就猜想，是不是因为"狗粮、开门、饲养员"这几件事总是同时出现，慢慢地，小狗就将三者联系到了一起，当"开门"这个事件发生，小狗就认为与之相关的"狗粮"也会马上出现？这不就是学习吗？

于是，为了进一步验证这个猜想，巴甫洛夫开始测试其他的方式，分别使用铃铛、口哨、音乐、一句特定的话等等和狗粮一起出现……

结果，这些都能让这只可怜的小狗开始流口水（见图15-1），这证

图 15-1

明小狗确实会学习!

这个"巴甫洛夫的狗"的著名实验,似乎触及了学习的本质:所谓学习,就是把原本不相关的东西联系在一起的过程。

这个说法有科学依据吗?学习在大脑中又是如何发生的呢

几十年后,心理学家赫布又提出了解释该现象的理论模型:如果大脑里两个神经细胞总是被同时激发,那么它们之间的连接就会变得更强;而这个时候,如果再激发其中一个细胞,那么另外一个细胞就会被同时激发。

这个就是著名的"赫布定律",他的这个猜想也在之后的科学实验中被证实。

所以,学习的过程,并不是我们通常认为的,是将虚拟的知识存入大脑里这样一个过程,而是将不同事物彼此联系到一起,并在大脑中产生与之相对应的神经细胞之间的连接强度的变化。

比如,你眼前放了一个"纸袋",今天是你第一次见到它,在没有其他人给你解释的情况下,请问你是如何理解它的(见图15-2)?

图 15-2

你大脑里会凭空冒出来一个概念叫"纸袋"吗?

不会。

我猜你理解它的过程大致是这样的(见图15-3):

图 15-3

看,我们理解一个新事物的过程,并不是凭空冒出来一个概念,而是找到已有的相关概念,并把它们链接起来,组合成一个新概念。

如果我们把这个过程再往下推，看看是不是这样的（见图15-4）：

同样地，你还可以试试其他事物，回忆一下，你学会它的过程是不是也发生了类似的链接？

学习的过程，其实就是建立新链接的过程。可以链接已有的概念，也可以链接你看到的、听到的、闻到的某个信息。

我们经常说某个人口才好，能把一个复杂的概念讲明白，那一定是因为他用了一个你熟悉的概念作为起点，帮助你链接到这个新概念上，这样你就一下子听明白了。

为什么会有吓尿指数

我们回到开头说的问题，200年前的嘉庆皇帝来到今天这个社会，为什么会被吓尿呢？

你把一个iPhone手机放在他的面前，他会怎么理解它（见图15-5）？

玻璃？瓷器？铁器？铜器？画？西洋文？这个画怎么会自己动呢？谁在讲话？匪夷所思……

他已经找不到该用什么"原有知识"来理解它了！

并不仅仅是我们现在的科技进步了，而是我们现在用的产品，所使用的"技术要素"已经完全脱离了他当时的知识存量，知识结构发生了断层，导致他找不到可链接的点，现实变成了他不能理解的梦境空间……

人是在已有认知上，建立新的链接，来理解新事物的。

如果缺少了相关的背景知识，就无法理解眼前这件事。反过来说，你的知识存量越多，你能理解的新知识也就越多，理解速度会越快，这就是我们看书会越看越快的原因。

图 15-4

图 15-5

我们在上章留了一个尾巴，就是学习的第三步"提取使用"没有讲。

结尾的时候我说：如果知识没有"用"，就"没有用"。其实说起来，这是一句正确的废话，因为这个道理大家都懂。

可关键是，我们为什么会"不用"？

这不是很奇怪嘛！

如果将来不会用，我们干嘛要学习？

我们辛辛苦苦学知识，是为了显得自己很有学问吗？还是显得自己很努力，很爱学习？

都不是吧！

为了通过考试？

确实，很多小伙伴是因此而学习的，比如有些同学高考结束后，就把书给扔了、烧了……

为什么会这样？

因为他们都把学习当成了"目的"本身。

高考结束、大学毕业或者考证通过，就是这个目的的"终点"，一旦跨过终点，我为什么还要学习？考完之后，我为什么还要用这些知识？

目的已经达到啦，书和知识当然可以扔了啊！

很多时候，我们很多人，都在为了学习而学习，为了考试而学习，全然忘记了学习的真正目的！

学了不用，是因为把学习的目的搞错了！

学习的真正目的是什么

学习知识，是为了能更高效地解决问题！

目标错了，姿势怎么可能正确？

就像基于"地心说"发展出来的任何理论，都不可能正确！

如果目标变成了"解决问题"，那么"学习"就变成了过程，"知识"就变成了解决问题的"要素"。

那么，只要你在生活、工作中依然需要面对问题，学习就不会停止！只要有问题需要解决，你为此学到的知识，就一定会被使用！

这就是我们常听到的"带着问题去学习"，这句话竟然还被当成了金玉良言，这不应该是理所当然的嘛！不带着问题去学习才是"动机不纯"嘞！

我们该如何"使用知识"来"解决问题"呢

比如，问题：7×8=？

你会如何解决这个问题？摆一个7行8列的点阵（见图15-6），然后数一下有几个点？

哪怕你用的是这种方式，也还得有个前提：
- 就是你得看得懂"7、8"这两个数字；
- 得看得懂"×"这个符号代表什么意思；
- 还得知道用"行、列"组成的点阵来解决乘法的问题。

<u>这些数字、符号代表的意思，就是"知识"，没有这些知识，你连题目都看不懂……</u>

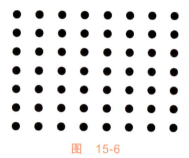

图 15-6

当然，如果你在小学背过"乘法口诀表"，你根本不需要搞这个点阵图，直接可以写出答案：56。

这个"乘法口诀表"就是知识。

<u>刚才这个过程，就是解决这个问题的"思考过程"。我们发现，拥有不同"背景知识"的人，思考这个问题的过程和方法、速度是不一样的：</u>

- 看不懂数字和符号的人：一脸懵圈，这些奇怪的符号到底是什么意思……
- 看得懂数字和符号，但是不会乘法口诀的人：列出点阵图，一个个数，好累……
- 会乘法口诀表的人：瞬间给出答案！

所以，知识是如何帮助你解决问题的？

"知识"并不是直接解决问题的，而是提高了你解决这个问题的"思考质量"！

这样，一个清晰的脉络就浮现在我们眼前：

学习知识→提高思考质量→解决问题的效率

所以，学习的真正目的，是为了提高"思考质量"！

这是一个非常重要的转变！

什么意思？

原来，学习是你的目标，现在目标变成了"如何提高思考质量"，"学习知识"变成了达成这个目标的一个关键步骤！

目标不同，姿势当然就会有变化！

那么，我们应该如何通过学习，提高思考质量呢？

首先，你得先了解一下，"思考"到底是一个怎么样的过程。

思考是怎么回事

我们如何思考"7×8=?"这个问题

我们回到前面"7×8=?"这个问题，你再回忆一下，刚才你是如何思考的？

1. 看不懂，一脸懵（见图 15-7）
2. 看懂了，列成点阵图，然后一个个数（见图 15-8）

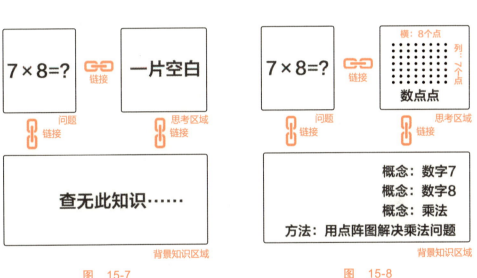

图 15-7　　　　　　　　　　图 15-8

3. "背"答案（见图 15-9）

这个答案是计算出来的吗？

不是！

是在记忆中找到的！

产品做出来了，该如何做宣传

我们再来看一个问题，如何给新产品做宣传。

思考1：背景知识中，没有"宣传"这个概念（见图 15-10）

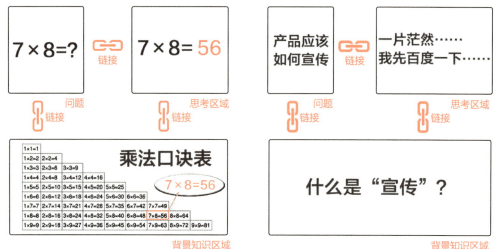

图 15-9　　　　　　　　　　　　　图 15-10

思考2：冒出很多相关信息（见图 15-11）

图　15-11

想到宣传，脑子里就蹦出非常多的成功案例：

- 朋友圈做微商吧，宣传效果好，我一个朋友现在辞职干这个，一个月几万块洒洒水……
- 做淘宝直通车吧，虽然费用不小，但是流量稳定啊，有人就靠直通车，一个月赚几十万呢……
- 开微信公众号吧，先发发文章，等粉丝有了，想宣传什么宣传什么，有的公众号月入 100 万元……

- 做抖音短视频吧，最近可火了，当下风口，流量超多，有人用这个方式赚大钱了，这就是10年前的淘宝啊……
- ……

思考3：拥有一个有关宣传的"方法论"（见图15-12）

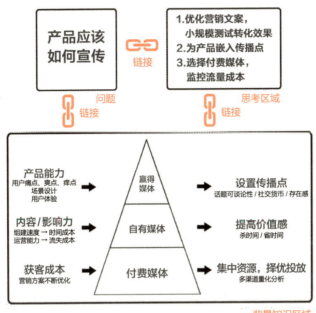

图　15-12

产品做宣传，可以从三个方面来考虑：

1. 营销文案：投放渠道之前，你应该先把时间花在设计一个好文案上，它是你推广的核心，营销文案没写好，投再多广告也是打水漂。

2. 选择适合自己的宣传渠道：宣传渠道有三类——付费媒体、自有媒体、赢得媒体，分别适用于土豪、网红和爆款产品。我们的产品体验非常棒，应该将投入重点放在赢得媒体，在产品中嵌入传播点，让朋友圈为我们刷屏！再拨一点预算，适当地投放一些付费媒体，提升短时间内的用户触达率。

3. 计算流量成本：先小范围测试投放渠道，每日紧盯转化率、分享率等数据，计算流量成本，找到更优质的投放渠道，加大投放力度……

基于这些概念和方法论，可以展开一整套解决方案，这里就不做赘述了……（如果你没有相关的背景知识，可能这段方案你并看不懂……）

这个方案是思考得来的吗？

不是！

也是在记忆中找到的！

这些思考具体经历了哪些步骤

1. 链接相关背景知识

我们首先会根据问题，在自己的知识库中搜索相关的背景知识，可以是概念、方法论或者别人的经验，或者是自己所见所闻的信息，也可以是其他行业的知识……

总之，在这个过程中，大脑中会冒出很多与问题相关的各种信息。

如果能链接到的背景信息很少，我们就无法有效地思考，甚至都不能理解题目的意思……

而你掌握的背景知识越多，可用于思考的要素就越多，最终给出的方案也会越全面。当别人还在理解问题的时候，你可能已经链接到一个方法论，并开始侃侃而谈了……

2. 梳理这些背景知识

想到的这些背景知识可能会很零碎，你需要结合问题，把它们重新排列组合一下，梳理成一条完整的信息，形成最终的结论。这个梳理的过程包括筛选、整理、重组、缩放等等……

不管怎么样，这个结论都是基于你掌握的背景知识，重新组合起来的新应用，而不是凭空而起的空中楼阁。

人类的思考过程看似无法捉摸，深入剖析，其实就这两步

1. 链接背景知识
2. 梳理背景知识

你说不对啊，还有想象力啊，我们可以想想并不存在的东西。

真的是完全不存在吗？

我们所有的想象，都是基于已有知识的重新排列组合，或者某个特性的放大或缩小，比如狮身人面像，就是将人头和狮身重新组合在一起；蜘蛛侠，就是把蜘蛛的特性和人组合在一起，并放大了能力……

组合的要素，放大的基础，都是我们已有的认知。

太阳底下没有新鲜事，排列组合就是创新！

我们并不能想象一个完全脱离于自有认知的东西，就像 200 年前的嘉庆帝，不可能想象出 iPhone 这么个玩意儿。

因此，当你拥有不同知识背景的时候，你的思考过程和结果，也会

截然不同。

当别人还在思考问题中的名词是什么含义时，你已经开始给建议了；当别人还在零碎地给建议时，你已经可以把完整方案抛出了……

所以，思考的过程，有点像玩乐高积木，决定你思考质量的，一个是你拥有的积木数量和种类，一个是你拼接的技巧和创意。

我们该如何提高思考能力

知道了我们的大脑是如何思考问题的，要提高思考能力就有了具体的方向：

一、增加背景知识量

思考的基础是背景知识拥有量。增加背景知识量，就是增加乐高积木里的积木数量和种类。

看似我们是在思考问题，其实大部分时间，我们是在回忆。当你的大脑里没什么可链接的时候，大脑就会呈现出一片空白；你甚至连问题都看不懂，更谈不上思考了。

就像我让你用乐高积木拼出一个房子，可是你手上连一块积木都没有，你当然什么也搭不出来。而如果你掌握的背景知识量太少，你的思考就会比较片面，以偏概全；或者所有问题，都链接到一个方法论，比如用供需理论解释一切，这就像拿着一把锤子，眼里都是钉子……

所以，提高思考能力的第一步，并不是让大脑变得更聪明，而是增加自己的知识量。这并不是为了让你显得更有学问，而是帮助你在面对问题的时候，有足够的背景知识量可供你链接，让你拥有思考的"基石"。

二、提高链接强度

链接强度，就是指熟悉程度，就像我让你用乐高积木搭出一个房子，你能瞬间知道该选用哪些积木、按什么步骤、拼成什么样子，而不需要在一大堆积木里一个个比对，一次次尝试……

为什么有些专家，当你的问题刚刚抛出，他的答案也几乎可以脱口而出？
是他拥有一颗超级大脑，还是思考速度能快出天际？
并不是！

而是你的问题所要用到的这些背景知识，对于他来说，已经成了条件反射级的链接强度。

他需要做的只有一件事：根据你的问题，把瞬间出现在脑海中的解决方案说出来而已，根本不用思考……

你无法那么迅速地找到相关的背景知识，当然也可以在自己的笔记本里查阅，通过搜索引擎寻找，但是那样效率太低，你资料还没收集齐全，对方已经开始执行方案了……

那我们该如何提高与背景知识的链接强度呢

第一步：建立初次链接

学习的过程是链接，而不是记忆。

所以你每次学习了一个新概念、新方法，并不是把它背出来，或者存入收藏夹，而是让它和你的旧知识发生链接，用旧的知识来理解这个新概念，让这个新概念从你的原有知识里"长"出来。

比如，今天你学习了"背景知识"和"思考区域"这两个新概念，它们是什么意思呢？

不要死记硬背定义，那样很快就会忘记，因为没有发生链接。你可以用其他熟悉的知识来理解它，比如电脑里的硬盘和内存："背景知识"就相当于"硬盘"里储存的信息，平时一般不用，等有个程序需要用到这个信息的时候，这个信息就会从"硬盘"进到"内存"里进行工作，这个内存就是"思考区域"。

你看，像这样，将两个原来并不相关的知识链接一下，是不是印象更深刻，也更容易理解了？

第二步：重复再重复，形成条件反射级的链接

还记得开头我们讲的"巴甫洛夫的狗"的实验吗？

小狗听见铃铛声就流口水，并不是马上就能学会的，而是要铃铛声和狗粮同时出现成百上千次后，它们两者之间的链接才会被逐渐增强，最终变成了条件反射。

知识也是一样，经常用到某个知识，就会切实改变大脑中神经细胞彼此的链接强度，当强度到达一定程度后，就会呈现出条件反射级的链接。

比如运动员，刻意训练某个动作，强化到一定程度，做动作就不需要再经过大脑；再比如开车，向右转弯，要先打右转向灯，松油门，点刹车，踩离合，换挡，松离合，同时方向盘往右打，再视情况踩油门，点刹车……如果你还要在心里默念，那么你还在考驾照；如果你是个老司机，这个过程是不需要思考的。

三、增强知识的结构性

关于结构化知识的好处，上章我们已经讲过。对于思考能力的提升，结构化的知识还有一个好处，就是当你联想到某个背景知识的时候，不是一个个想到的，而是一整片一整片，可以一次性拿到一串背景知识，甚至是一整套完整的方案，大大提高了你的思考效率。

比如，产品卖不出去怎么办？

别人能链接到的背景知识是：激励销售员，降价促销，增加广告投放渠道这些零碎的点；而你就可以直接链接到"企业能量模型"这个结构化的知识，然后分别从"产品、营销、渠道"这三个方向，九个常用解决方案里挑选几个适合的，几乎在瞬间给出一套完整的优化方案（见图15-13）……

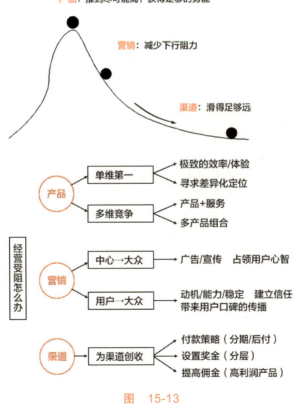

图　15-13

这就像让你用乐高积木搭房子，你不需要一个个寻找积木，再拼接它们了，直接就拿出一个拼好了的房子，简单调整一下即可……

四、提高对背景知识的梳理能力

有了这些背景知识，那么我们该如何做筛选、整理、重组、缩放等操作呢？

我们还是参考如何玩乐高积木（你看，我总是用乐高积木的案例，就是用熟悉的认知来理解新事物的方法，这样方便你理解和加深印象）

第一种方式：随意搭配

就是拿着这些积木，随意排列组合，没有什么规则，根据自己的喜好，想怎么搭就怎么搭。就像你面对问题，冒出了很多背景知识，你把它们随意组合，就能产生一些不错的想法和建议。

这种方式往往可以用于创新，就是尝试把原本并不相关的几样东西，结合在一起，看看能不能组合出新的样貌，探索一些新的可能性，结果常常会出人意料。

第二种方式：按套路搭配

就是你搭建的目标，是有一定规则和秩序的，比如你想搭一个房子，想拼一辆小汽车，在说明书上是有说明的，用哪几种积木，分别用多少，步骤是如何的，都写得很清楚，你按规定的步骤，一步步组合相关的积木，最终就能出现想要的房子、车子等。

在我们的思考方法中，也有组合这些背景知识的各种套路说明书，比如：

- 整理背景知识的：MECE 法则；
- 提升沟通效果的：SCQA 结构化表达；
- 用于策略选择的：SWOT 分析；
- 正向演绎推理的：三段论；
- ……

这些都是已经成型的"思考说明书"，面对特定的问题，使用特定的步骤，重新组合背景知识，就能得到你想要的思考结果。

当你能够熟练运用多种套路，并且熟悉每块积木的使用范围，那么下一步，你就能站在这些巨人的肩膀上，开始更有章法的创新，探索新的可能，设计出自己的艺术作品了。

对了，在梳理这些背景知识的时候，你还可以借助一些脑图工具：

比如 Xmind、MindManager 等，这些工具能将你整理背景知识的过程可视化，提高你的思考效率。

变聪明，并没有想象中那么难

所以你看，如果你想提高自己的思考能力，想让自己变得更聪明一些，其实并没有想象的那么难，你原来只是找不到提高的路径而已。

当你遇到问题没思路，大脑一片空白，并不是因为你笨，只是因为你平时太懒了，没有足够的知识存量。

学了许多知识却没有用，并不是因为知识对你没帮助，而是因为你只顾着记忆忘记链接了，没有链接，学习就不曾发生；没有链接，你的思考也无从开始。

当你有了足够的背景知识量，你与它们之间也能拥有条件反射级的链接强度，那么在思考具体问题的时候，你已经比别人快出了一大截，别人还没理解的时候，你就已经开始梳理答案了……

那么，在梳理答案的过程中，又有哪些"思考说明书"可以帮助你提高思考效率呢？

这个，我们之后再慢慢讲！

思考与行动

看完 ≠ 学会，你还需要思考与行动

思考题1：请用一个你熟悉的概念来解释什么叫"区块链"。

思考题2：如果上月你们公司员工的流失率为20%，你打算怎么办？请列出你能想到的相关背景知识，并且把它们梳理成一个解决方案。

微信扫描二维码，把你的思考结果和学习笔记分享至学习社区，与其他同学互相切磋、一起成长，哪怕只是一句话，也会让你对知识的理解更加深刻，收获也会更多，还能让其他人从你的感悟中获得启发。

不会专注，你的忙碌只是在演戏

概念重塑　　　　　　　大脑升级

重新理解财富　重新理解自己　重新理解世界　解开大脑的封印　思维力提升　解决所有问题

67%

注意力｜时间商｜人生密码｜复利｜角色化｜理解层次｜元认知｜多维能力｜势能差｜估值模型｜四域空间｜运气催化剂｜负面词语/情绪｜学习三步法｜背景知识｜专注的力量｜透析三棱镜｜线性思维｜结构化思维｜系统性思维｜选择｜计划｜演化｜创新

16

不专注，无效率

忙碌的一天

今天是周日，你计划在家把周一要演讲的PPT认真准备一下，除了今晚有一个聚会，也没其他什么事，想想应该没什么问题，于是，你打开电脑，泡了一杯咖啡，准备开始工作……

突然，电脑上弹出一则新闻，标题是《八句老人长期被保姆殴打》，你难以抑制住内心升起的怒火，点开了新闻，越看越气愤！忍不住，在评论区里狠狠地问候了一下这位保姆的全家……

你在愤愤不平中关掉新闻，抿了一口咖啡，打算让自己的心情平复一下，赶紧回到工作中来……

电话铃又突然响起，原来是你朋友，她说最近工作不顺利，和同事正在上演官廷剧，被打小报告、穿小鞋，可能因此将被辞退，内心委屈不已，找你诉苦……

你强忍着听完她的抱怨，并想方设法安慰她的情绪，突然一封电子邮件出现在屏幕的弹框，你点开后发现竟然是个段子……

你不小心笑出了声，竟然被你朋友误以为是对她的不敬……

一通解释后，终于友善地结束了这长达一个多小时的对话……

你长叹一口气，又抿了一口咖啡，脑海里思绪万千，你顺便打开了朋友圈，看看她最近到底过得如何……

刷着刷着，却意外地发现了一段特别搞笑的小视频，你忍不住打开了抖音，关注了这位视频中搞笑的妹妹，顺便欣赏了她另外几段舞蹈……

越看越有意思，根本停不下来，不知不觉，时间飞逝了两个多小时……

眼看就要到饭点了，你猛然想起晚上还有个饭局，立马起身收拾了一下行头，匆忙出门……

吃完到家已经是10点了，你洗完澡，倒了杯咖啡，放了点轻音乐，刷完最后一拨朋友圈……

时间终于来到了 11 点，你对着空空如也的 PPT，又抿了一口咖啡……

你有没有经历过类似的场景

看上去忙得很，结果一天过去了，却发现啥都没做好，效率极低……

为什么会这样？

你是否也幻想着有一天，自己能够拥有三头六臂，同时解决所有的问题？

就像计算机一样，可以同时处理多个任务……

但是你知道吗？

就算是计算机，它的 CPU 也不能同时处理多个任务。所谓的"多任务"，就是高速切换处理单任务，通过把 CPU 的计算时间，切成足够小的时间切片，然后供不同的任务轮流使用而已。

人脑也是一样，如果你想同时执行多个任务，也是不可能的，你得先结束一个任务，然后切换到另一个任务，这个切换过程由人脑中一个叫"丘脑网状核"（TRN）的组织负责。

所不同的是，CPU 切换一次只需要 22 亿分之 1 秒，而人脑则是 5～15 分钟……

因此，如果你想同时执行多个任务，切换的时间成本极高！

一件事还没有认真开始，又转向另外一件事了，时间都耗费在了没有价值的切换上，整体效率自然就会变得非常低……

为什么切换需要那么多时间？这个过程里大脑发生了什么

如果大脑同时接受多种任务信息：

比如你数学、物理、语文、英语课一起上，或者电影、培训、电子书一起看，或者韩剧、日剧、美剧、抗日神剧一起刷……

结果会怎么样？

结果你什么都听不到，什么也都理解不了……

为什么会这样？

如果你学习了上一章，你就会知道，理解某个新信息，你需要调用相关背景知识去链接才行，没有这些背景知识，你是无法理解它们的。

所以，当你接收到某个信息，你的大脑为了能够让你理解它，就会启动"寻找相关背景知识"的工作。如果这个过程被打断，又来了一个其他领域的待处理信息，大脑就需要擦除之前已经调用出来的背景知识，重新链接新的背景知识，再重新梳理……

除非你在这几个领域都已经非常精通，都是条件反射级的调取速度，不然，调用这些背景信息时，处理量大且缓慢，切换的过程就会变得特别耗时……

那不擦除，让两件事情或者多件事情并列进行，可不可以？

那背景知识就会混乱，可能就无法正常理解新信息并思考问题了，甚至可能出现串频的现象，就像你和多个人一起聊微信，消息竟然回错了人……

因此，想要提高工作效率，你就必须避免这些没有效率的来回切换，避免进行多任务同时处理，这是所有时间管理的基本原则，必须把时间切成一段一段，每一段时间只做一件事，学会专注！

注：关于怎么切分时间，如何分配任务的问题，我们之后会讲，因为任何的时间管理技巧，如果离开了专注，都是花架子，每一段时间都没有效率，加起来也没有效率……

专注，才能提高效率！

<u>工业革命，让社会的整体效率，因为分工带来了极大的提升：</u>

原来汽车是富人的专利，因为制造一辆汽车，要几十个熟练技师，围绕一辆车，持续奋战700多个小时才能完成，而亨利·福特通过流水线的方式，让这个制造时间缩短到了12.5小时。

这背后的原因，就是在环节中的每一个人，都更加专注了！

<u>再拿近两年大热的人工智能来说：</u>

人工智能的计算放弃了使用传统的CPU，转而使用原来专做图像处理用的GPU，不是因为GPU速度更快，而是因为GPU比CPU更专一，可以只负责相关的人工智能计算，而不需要去管计算机的其他任务。

当然，现在谷歌有了让人工智能运算效率更高的芯片：TPU。

从CPU到GPU，再到TPU，效率提升的根本原因，也是这两个字：专注！

专注，才能提高效率！

为什么专注能提高效率

在十一章的学习中，我们知道，你思考的过程是基于大脑中出现的"背景知识"进行梳理的。

而如果在背景知识中出现了不相关的干扰信息，就会影响你正常的思维过程，甚至会导致你输出错误的结论。这些干扰信息，在《信息论》中有个专有名字，叫作"噪声"。

比如，你正在思考关于"互联网金融"的问题，但是最近要计划一次出国旅游，那么有关出国旅游的信息，也会同时出现在你的大脑中（见图 16-1）：

这些就是你当前脑海中的"噪声"，如果少还好，你能分辨它们，并排除在你的思考之外，但噪声如果太多，就会影响你的正常思考了，甚至你想着想着就开始想出国旅游的事了，这种状态俗称"走神了"……

这就是为什么很多封闭式的特训营比碎片化的学习有用，因为在一段时间内，如果输入的是同类信息，你就可以用同一套背景知识去理解它们，不需要来回切换，也没有噪声的干扰，你的学习效率自然就会提高很多！

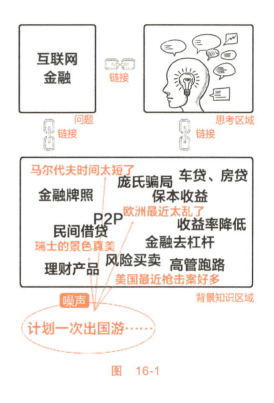

图　16-1

而且，脑海中都是相关的背景知识，你的思考就省去了不断寻找背景知识的过程，现在就只剩下梳理了，思考的效率也会提高不少。

并且，随着不断地思考同样的问题，这些背景知识之间的链接也会进一步加强，形成结构化的知识，你的思考效率又会进一步提高，如此往复……

不知不觉，你便进入了所谓的"心流"状态：

新想法、新创意，从内心如泉水般不断奔涌而出，键盘上代码行云流水，键盘下文字妙笔生花，眼前的设计巧夺天工……

这个过程，甚至让你忘记了时间的流逝……

一天下来，你不仅把原来一周的工作量给完成了，连质量也上了好多个台阶。

这，就是专注的力量！

是什么让你无法专注？

那我们应该如何获得专注的力量呢？

用番茄工作法吗？

别急！

那些浮于表面的技巧往往都治标不治本，如果想要真正解决一个问题，就得往下深探，找到真正的原因，然后对症下药，才能解决问题，甚至有时候，问题就根本不存在了。

因此，在讲具体方法之前，我们先来看一下，究竟是哪些事情会导致你分心。

第一类：内部干扰

1. 你天生爱分心

你为什么容易分心？

这不是你的错……

因为我们天生就必须要分心！

人的大脑天生就是渴求掌握更多信息的，为什么？

因为生存必需！

在远古时代，你必须时刻保持对周边环境的注意，每一处异动，每一种叫声，甚至每一种气味的变化，你都需要注意，要不然就会性命不保。

可以说，时刻关注身边所有的信息，是刻在我们基因里的习惯。

因此，你每天刷朋友圈、刷微博、刷新闻，生怕自己错过什么重要的信息，并不是因为你没有定力或者时间太多，而是这些功能满足了你的天性。

2. 心猿意马

做过冥想的同学应该都深有体会，当你开始认真观察内心的思绪时，就会发现，它永远像好莱坞大片一样，各种思想接二连三地奔涌而出，根本停不下来……

- 有时内心会冒出一段伤心的往事，让你黯然神伤；
- 有时又出现一段剧中未演完的情节，在脑海中不断放映；
- 又忽然想起刚发完的朋友圈，心痒痒地想去看有没有人点赞……

呆坐着工作，却又不想被束缚；内心装着其他事，却又放不下手中活……

一边做，一边分心，一边纠结……

总之，你的大脑中，永远如万马奔腾，不得一刻安宁，这也是大脑的天性……

第二类：外部干扰

1. 他人需要你

- 同事让你顶个班？
- 朋友叫你聚个餐？
- 闺蜜找你吐个槽？
- 兄弟拉你扯闲篇？

微信、电话、邮件，此起彼伏……

哄完老婆的小情绪，紧接着又接了个广告推销……

当你刚挂断电话，一个同事又坐到了你的眼前，和你聊起了昨晚的后宫神剧……

手机拉近了你们的距离，却把你的生活空间扯得支离破碎……

2. 他事勾引你

各种 App 提醒不断，各色网红跳舞不停，她们刷着自己的存在感，却勾引着你的注意力。

你若对她们视而不见，她们会继续用各种红点点，推送消息来不断轰炸你，提醒你她们依然还在……一会儿小主你去哪了？一会儿又出大事了！不弄出点大动静，都不好意思惊动你（见图 16-2）……简直和后宫里那些争宠的嫔妃一样，互相斗法，你争我抢，希望能得到你的宠幸……

图 16-2

你若还无动于衷,她们将祭出大杀器:已经存了100元现金到你的账户里,请点开领取提现……

节操也是不够用了……

那怎么办?

这四项,每一项看上去都很难克服,在这些人、这些事的狂轰滥炸之下,你如何还能独善其身?如何还能专心致志?

接下来,我就针对这几个原因来具体梳理一下,让自己保持专心甚至进入心流状态的具体方法。

获得专注的具体方法

一、破除内部干扰:选择能专注的事情

我们天生爱分心,爱主动去捕获各类信息;内心又如万马奔腾,根本停不下来。这是我们的天性使然,我们是无法改变的。

要解决天性的问题,我们只能用另一种天性去对抗!

在人类长期进化的过程中,有两类事情,当它们出现的时候,我们的天性就会自然切换到专注的状态,你想分心都会变得很难。

1. 对恐惧的逃避

当我们自身面临威胁的时候,我们会瞬间聚集注意力。比如你面前出现一只向你走来的狮子,你身边没有防护装置,你难道还会想着朋友圈的那些点赞数吗?或者想到马尔代夫那温暖的沙滩?

不会!

你只会将所有注意力集中到眼前的这一刻,脑海中只想着一件事:活下去!

没有威胁的时候,我们分心是为了活下去;当威胁出现的时候,我们集中注意力,也是为了活下去!

当然,触发这种专注还有一个限制条件:时间紧迫。

吸烟有害健康,甚至会丢掉性命,但是由于这份威胁离我们太远,所以我们并不会特别在意。

但是如果有时间限制就不一样了。比如，在工作截止日的最后一天，你的效率会突然变得很高，都不需要用什么辅助方法，就能心无旁骛，长时间地集中注意力，高效地完成任务！

为什么？

那是因为你正面临威胁：完不成后果很严重！

而且，这个威胁正在向你逼近，现在所剩时间已经不多了，今天是最后一天！

2. 对愉悦的追求

当我们做一些能给我们带来愉悦感的事情时，我们经常会乐在其中，无法自拔，甚至注意不到时间的流逝，比如玩游戏、刷抖音、玩音乐、体育竞技……

当我们在谈论专注的时候，有提到做这些事需要专心吗？比如教你如何在玩游戏的时候保持专心？

不会啊！

因为完全没必要！

做这些事的时候，我们自然就会很专心！

所以，你说你无法集中注意力？

怎么可能，只是这件事情你不感兴趣，不能给你带来愉悦感而已！

那什么事情会给我们带来愉悦感呢？

两个关键点：

1. 确定性的满足；
2. 不确定的奖励。

想要的能得到就是满足，满足就会愉悦。

比如动物，能吃饱就会愉悦，而人类除了满足基本生存需求之外，还有美食、美景、美人的需求，还有社会认同的需求，还有游戏里那一些些小胜利的需求……

什么是不确定的奖励呢？

就是游戏中你打怪物，掉下的装备就是不确定的奖励；抖音你每刷一下，不知道下一个视频是什么，就是不确定的奖励；发个朋友圈，不知道会收到哪些人的点赞，就是不确定的奖励。

$$持续获得确定性的满足 + 不确定的奖励 = 上瘾！$$

专注的极致，就是上瘾！就是你身体的每一个细胞，都在渴求继续做这件事，期待下一秒继续获得满足与惊喜！

当然，触发这种专注也有一个限制条件：能力匹配。

这种满足感的获得，是需要一定能力的，比如玩游戏，你把把都输；唱歌，没有人鼓掌；那么你会因挫败感而失去兴致。

而如果这件事对你来说太简单了也不行，比如与臭棋篓子下棋，你同样会感到无聊而离开……

能力太高或者太低，都无法让你获得满足感，不满足就不愉悦，没有愉悦感，身体就不愿意集中注意力继续投入……

所以，要解决专注的问题，首先我们得把事情选对了，不然专注的过程只会让你感受到煎熬。

如果完成这件事，不能给你带来愉悦感，也没有威胁逼近，却要求你能够专心致志？抱歉，做不到……

为什么我在第3章《富人越富的时代，普通人如何逆袭》中强调天赋的重要性，就是因为做自己擅长和喜欢的事情，更容易感受到愉悦，而有愉悦感，就自然能进入专注的状态，一旦专注了，你的效率就会呈几何级增长，最终的结果就自然会高出别人一大截。

当你事情选对了，专注就不再是问题！

但是，如果这件事确实很重要，但是你并不感兴趣怎么办呢？

那就给事情设置一个威胁对象和时间期限。比如：

- 告诉你的团队："我们离破产还有六个月！"
- 告诉你的员工："这个季度业绩不达标，下个月卷铺盖走人！"
- 告诉你的男朋友："最近老王同学经常约我吃饭！"

借助威胁的力量，让自己或者组织保持专注，一路狂奔！

二、阻断外部干扰：创造纯净的环境

破除内部的干扰之后，我们的内心就会安分许多，注意力就会更容易聚焦在眼前的事情上。

但你身处的环境，也许并不允许你那么安静，会有他人需要你，会有他事勾引你，各种微信、邮件、电话、App不断打扰你的思绪，怎么办呢？

把它们都关闭就可以了吗？

没那么简单。

你需要营造一个，有利于让自己进入专注状态的整体环境。具体通过以下三步来构建：

1. 隔离噪声

思考是由脑海中的"背景知识"构成的，想要思考高效，就得让背景知识纯净，你就需要阻断各种噪声进入你的大脑。怎么做呢？

首先，进入不被打扰的环境：

有些环境，比如家里、开放的办公室里，由于面对的熟人太多，免不了有些人会过来"勾搭"你，就算不和你说话，他们的对话内容也可能与你的工作、生活相关，你也会不自觉地被带跑。

因此，当你需要专注工作的时候，请远离这些环境，进入一个相对独立或者周围都是陌生人的环境。

然后，关闭各种App的提醒功能：

如果关不掉就卸载！会不断提醒你还关不掉的App都是流氓软件；电话设置成勿扰模式，只允许特定群组内的人打来电话，其余的一律稍后回拨……

最后，带上降噪耳机：

降噪耳机是一件神器，可以通过技术的方式，分割你与周围的环境，当戴上的那一刻，整个世界就此安静，再嘈杂的环境，你都能拥有一片宁静的天空。

2. 调控信道

为什么你在电影院能非常专心地看完一部电影？

因为电影霸占了你两个"信道"：视觉信道和听觉信道。整个观影环境，除了电影的画面和声音，你的大脑再难接收到其他信息，整个背景信息空间和思考空间，都被电影情节所填满，你当然就非常专心。

为什么电子游戏比电影更容易让人专注？

因为它霸占了你三个"信道"：视觉、听觉还有触觉。你每次点击鼠标，滑动屏幕，你的触觉都能从眼中的画面、耳中的声音那里获得及时反馈，这就足以让你深陷其中。

所以，当你想要专注一件事情的时候，能否调用多个信道来一起完成它？

比如看书的时候，别只是用眼睛看，你可以用手指随着视线一起滑动，或用笔在书上写写画画。如果环境允许，还可以大声读出来，让听觉、视觉、触觉都围绕一件事情展开，理解和记忆的效果就会明显提升。

如果某些工作用不到所有的信道怎么办？

比如写作的时候，一般只用到视觉和触觉，听觉是用不到的，而耳朵空着的时候，就会自动去捕捉环境中的声音，如果抓住一个你熟悉的内容，就会和你的背景知识发生链接，进而变成噪声，影响你的正常思考。

这时候，你就可以加入"白噪声"堵住你的听觉信道。

什么是白噪声？

就是刮风、下雨、电视里的雪花声等等，这些都是不会让你产生任何思考的声音。

用白噪声填满你的耳朵，就能堵住一个暂时不用的信道，避免让自己分心，你可以配合降噪耳机来一起使用，会产生奇效。

3. 摒除杂念

第一，主动进入受拘束的环境：

我们在家很容易分心，那是因为在家我们可以想干嘛就干嘛，渴了泡壶功夫茶，累了床上睡一觉，这是一个极度自由的环境。而太自由的环境，会让想法和行动离得太近，你可以任性而为，这不利于专心，你需要主动进入办公室、咖啡厅等公共场合，从一定程度上限制自己的自由。

第二，平时少看不相关的内容：

任何信息进入你的大脑，都会留下记忆的灰烬。虽然说，你看一部《延禧攻略》和你第二天的工作没有任何关系，但是看到的内容，会留存在你的大脑中，时不时地冒出来，叨扰你一下。所以，最好的方法，就是不看！和自我成长没有关系的内容，对知识增长没有帮助的信息，尽量远离！

第三，冒出一个不相关的好想法怎么办？

停下手中的工作，转而思考这个新想法吗？

当然不行，这会切换背景知识，降低你的工作效率。你可以拿出便签或者印象笔记，记录这些临时的想法，然后马上在脑海从擦除它，等手上的工作结束后，再回过头来仔细思考。

三、注意休息

如果你能同时排除内部干扰和外部干扰，你就能快速进入"心流"状态，精神高度集中，思维与灵感不断涌现，产生惊人的生产效率！

心流，不再是可遇不可求的状态，而是变成你的一种能力，你可以随时进入。

但，人毕竟不是机器，高强度的专注，必将带来精神与体能的双重消耗，疲劳的大脑，会让你的思维变得迟钝。

良好的休息，是你最重要的后勤保障。

我写作时，如果没有灵感，往往就会去睡上一觉，醒来的时候，就又能文思泉涌了。

那具体应该如何休息呢？

1. 短休息

专注了一段时间后，我们需要让大脑进行一次短暂的放松，休息5～10分钟，可以闭目养神，或者站起来随意走动一下。

专注多久休息一次呢？

这个时间可以参考番茄工作法，以25分钟为单位；也可以等感觉到一些疲劳的时候再停止，毕竟进入专注的状态不容易，不要轻易打断。

2. 中度休息

每天午饭后半小时，人会感觉昏昏欲睡，如果你强行工作，效率就会很低。你可以在这个时候进行一次20分钟左右的冥想，既能达到休息的目的，又能锻炼元认知。

开始之前，你可以先喝一杯咖啡，15～20分钟的时间正好可以让咖啡因进入血液，等睁开双眼的时候，你就会感到精神饱满，思维清晰，充满活力，比脉动还管用。

3. 夜晚睡眠质量的保证

每天至少需要7小时的充足睡眠时间，晚上尽量不要超过12点入睡，同时给自己配个好枕头、好床垫，投资自己的睡眠质量。

睡前还可以播放一段白噪声，让敲打在窗上的雨滴声，陪伴着你快速地进入深度睡眠……

不会专注，你的忙碌只是在演戏

如今的生活节奏已经变得越来越快，人与人、人与事的链接正在变得越来越密集。你随时都能联系到几百上千人，与他们同屏互动；也能链接到全世界的所有角落，倾听那边正在发生的故事……

而在这个时代，想要静下心来，专注做好一件事，已经变得越来越难了。很多人看似整天忙碌，却是在假装努力；如果不会专注，结果不会陪他演戏！

而这，也正是你的机会，习得专注的能力，在这个"破碎"的时代，就能聚焦于当下，充盈地前行！

祝你在这个新时代里，保持专注，一路狂奔……

思考与行动

看完 ≠ 学会,你还需要思考与行动

思考题:你还用过什么方法让自己快速进入专心的状态吗?

微信扫描二维码,把你的思考结果和学习笔记分享至学习社区,与其他同学互相切磋、一起成长,哪怕只是一句话,也会让你对知识的理解更加深刻,收获也会更多,还能让其他人从你的感悟中获得启发。

一秒钟，看透问题的本质

概念重塑
重新理解财富　重新理解自己　重新理解世界

大脑升级
解开大脑的封印　思维力提升　解决所有问题

71%

创新
计划
选择
系统性思维
结构化思维
线性思维
透析三棱镜
专注的力量
背景知识
学习三步法
负面词语/情绪
运气催化剂
四域空间
估值模型
势能差
多维能力
元认知
理解层次
角色化
复利密码
人生商人
时间
注意力

17

公司业绩下滑……

假设，你现在是一家创业公司的CEO。

最近，你发现公司的业绩一路下滑，你打算找业务部的主管王小锤聊一下，看看到底发生了什么，下一步该如何应对。

于是，你把他叫到了办公室，一脸严肃地问道："小锤，最近公司业绩一直在下滑，你打算下一步怎么办？"

小锤有些颤抖，紧张地说道："老板，这两个月团队走了好几个得力干将。另外，这段时间市场上出现了一个竞争对手，他们的产品在功能上和我们基本一致，但价格却比我们低了许多，用户现在都觉得我们的产品太贵，都跑去买他们的了，所以业绩才出现了下滑。如果能帮我再招几个销售，适当地再给我一些折扣的权力，我有信心，业绩一定能提上去！"

你听上去感觉像是借口，便质问道："再招几个销售没问题，我帮你去和人力资源部的李总说一下，可价格高不是理由吧，我们一直都是这个价格在卖，而且我们为了保证产品质量，用的都是好材料，利润本来就不高，现在你再一打折，利润就更少了……"

小锤看你有些犹豫，就继续说道："现在市场发生变化了，竞争对手开始主动降价，我们也要跟进，晚了也许市场就没了！通过薄利多销，先把竞争对手赶出去，把市场拿回来！"

被他这一说，你心头一紧，感觉挺有道理，频频点头。还没等你开口，小锤又接着说："只要您给我打折的权力，再给我配两个人，我保证下个月的业绩能有两倍的提升！把市场给拿回来！做不到我就走人！"

你被王小锤的诚意所打动，脸上露出了迷人的微笑，便许诺了他提出的条件。

一个月过去了……

公司的销售额确实提升了两倍，但由于都是打折出售，算上新增的人力成本、团队的运营成本，利润竟然变为了负数！

并且，竞争对手竟然又降价了，还摆出了一副誓死要打价格战的架势。小锤又向你提出了需要更高折扣的请求……

怎么办？

再降？就会亏更多！不降？市场就没了……

裁人降成本？那团队就散了。

小锤，你这是在坑我啊……

你焦头烂额……

为什么会这样？

那是因为你只看到了"表面问题"，没有找到"本质问题"，吃错了药！

什么是表面问题，什么是本质问题？我们又应该如何找到本质问题呢？

问题的本质

问题是如何产生的

要找到本质问题，我们得先看一下到底什么是"问题"，它是如何产生的？

比如我问你：什么是区块链？

如果你不知道区块链的含义，那么它对你来说是个问题；而如果你的认知中，已经拥有了区块链的认知，那么这对你来说就不是个问题，或者说，你已经解决了这个问题（见图17-1）。

再比如，我问你：你为什么这个月业绩那么差？

这是一个问题吗？

这就不一定了……

如果说，公司给你的业绩目标是100万元，你做了50万元，那么这就是个问题（见图17-2）。

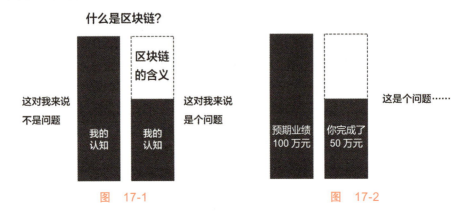

图 17-1　　　　　　　　图 17-2

但是，如果目标是 100 万元，你也做了 100 万元，那么这就不是个问题。你听到后会反问我："我哪里差了？！"（见图 17-3）

所以"问题"是什么？

"问题"就是：期望与现状的落差部分。

假设某件事的期望值是 B，现状是 B′，那么这个落差部分（B′→B），就是问题（见图 17-4）。

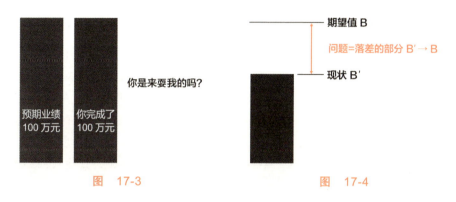

图 17-3　　　　　　　　图 17-4

为什么我们常说：没有问题，就是最大的问题？

因为没有问题，就意味着你不知道目标在哪里，也不知道现状是什么，自然就不知道有什么问题，只是当一天和尚撞一天钟，随波逐流，一脸迷茫……

比如你刚对一群人讲完一大段话，然后问："大家还有没有问题？"

大家回答你："没有问题……"

你千万别天真地以为大家都听懂了，更大的可能是：他不知道什么算真正听懂了，以及为什么要听你说这一大段，他没有一个期望值（B）；也不知道自己听懂了什么，没听懂什么，处在游离状态，找不到自己的现状（B′）……

因此，不是他完全听懂了，没有问题，而是他不知道自己有没有听懂，不知道什么算完全听懂，因而找不到这个"落差"在哪里，没有发现落差也就没有发现问题，所以只能回答："没有问题……"

我们所有的解决办法，都应该是围绕这个部分（B′→B）来展开思考的，找不到这个落差部分，我们的解决方案也就无从开始。

可是，我们日常工作、生活中的交流并不是这样的……

往往在还没弄清楚问题是什么的情况下，就急于给出自己的建议……

比如文章开头的问题："小锤，最近公司业绩一直在下滑，你下一步打算怎么办？"

这个问题，其实就很模糊，怎么算下滑？目标业绩是多少，现在业绩是多少？下滑的比例是多少？过去几个月具体是什么情况？是原来做 100 万元，现在变成 30 万元？还是原来做 100 万元，现在下降到 80 万元？

虽然都是业绩变差了，但这两个问题显然是不同的问题，一个是要解决 70 万元差额的断崖式下跌，一个是要解决 20 万元差额的业绩波动，你给的解决方案当然应该不同。

如果是第一个问题，那可能就要动大手术了，比如降价拉销售，整个团队大换血，甚至是战略的调整；而如果是第二个问题，那么补两个销售，再给团队打一针鸡血，老大一声吼，大伙们向前冲，也许就能解决……

又比如，闺蜜向你抱怨："最近和男朋友关系不好，怎么办？"
你说："我也不太喜欢他，不喜欢就换一个呗，反正你还年轻……"
可也许，人家两口子只是昨天的晚饭，因为盐放多了拌嘴而已……
比如，员工向你提意见："客户说我们包装太丑了，能不能改一改？"
你说："那我们就重新找个设计师，设计一个新包装，替换掉现在的！"
可事实也许是 1000 个客户中只有 1 个提出了这个建议，其他人都还挺喜欢的……

因此，要解决一个问题，你得先弄明白问题到底是什么，别急于给方案

不然，讨论的过程，就会变成鸡同鸭讲，或者用高射炮打蚊子，发现了症状，却下错了药……

那么，我们该如何精准地描述一个问题呢？

如何描述一个问题

第一步：明确期望值（B）

你的目标是什么？正常的情况应该是怎样的？这个目标可衡量吗？

第二步：精准定位现状（B′）

前面说的几个例子都比较简单，现状很容易描述。可现实情况却没那么简单，要清晰地描述目前所处的位置，并不是一件容易的事。因为现状往往不是单一维度的，需要牵涉到许多方面。比如文中提到的团队业绩问题，我们在描

述现状的时候，仅仅说业绩数字是不够的，我们得从历史销售数据、团队人员状况、产品质量、渠道营销、市场环境、竞争对手等多个方面来全面描述。

而且，描述的时候，你还得注意区分事实与观点。

什么是事实？什么是观点？

比如"今天好冷啊！"请问，这个是事实，还是观点？

你说："这当然是事实啊，我都冷得发抖了，你是不是眼瞎？"

不对！

冷，是观点，不是事实。

那什么是事实？

现在气温 =0℃，这个才是事实。

至于 0 度的时候，你觉得冷还是不冷，每个人的感受是不同的。

所以，这个体感的"冷"就是观点。

我们在描述现状的时候，需要用大量的"事实"来构筑，而不是"观点"，不然现状就会变得很模糊，你也就不知道现状与期望的落差（B′→B）具体在哪里，给出的解决方案就自然会有偏差。

第三步：用 B′→B 这个落差，精准描述问题

下一次，请记得不要再问出类似于"你的业绩那么差，打算怎么办"这样模糊的问题，因为你认为的差，和他认为的差，也许并不一样。在他眼里 20% 的下跌，也许算正常波动，而你却已忧心忡忡。所以，你想让他给出方案，而听到的却感觉他在不断寻找借口……

你们在讨论的，其实并不是该如何提升业绩的方法，而是到底什么才算"差"……

那应该怎么问？

你应该问："你之前三个月的业绩分别是 100 万元、110 万元、105 万元，而这个月变成了 80 万元，我们来讨论一下，下个月如何能做到 120 万元？"

这样，问题就会很聚焦，开口的第一句话，也许就是个好办法！

一个问题，就像是一盏路灯，只会照亮下方的特定区域。

你想要的答案，就像是一把遗失的钥匙，如果你想要找到它，就必须打开它上方的路灯才行。但如果你问错了问题，就像是开错了灯，就永远也找不回那把钥匙了。

提出一个精准的问题，是你能找到正确答案的第一步，也是最重要的一步！

好，问题描述清楚了，那我们该如何寻找答案呢？

如何寻找答案

从现状 B′ 出发，寻找一条从 B′ → B 的路径吗？

比如，人体正常温度（B）= 37℃，现状（B′）= 38.5℃，精准的问题描述就是："我现在体温是 38.5℃，比正常体温（37℃）高了 1.5℃，我发烧了，该如何降至 37℃？"

如果你的解决方案是从（B′）出发，那么得到的解决办法可能就是：

1. 冰敷，直接对头部降温。
2. 吃大量的冰块，把体温降下来。

可真正的问题是 38.5° → 37 度的差额吗？

不是！

发烧，只是表面问题，而本质问题也许是细菌感染……

表面问题，只是由本质问题导致的症状，而我们常常把症状当成了问题本身，于是急于去消除它，而忽略了本质问题。结果就是头疼医头，脚疼医脚，就算温度暂时降下来了，过段时间又会升上去，真正的问题依然存在……

别觉得这个案例看上去很弱智，在现实生活中，我们用的往往就是这种弱智策略……

- 离职两个员工，那就再招两个！
- 竞争对手降价，那我们也降价！
- 员工状态消极，那就天天打鸡血！
- 一说话就吵架，那就都不说话了！
- ……

看似当时有效，可没过多久，同样的问题又会反复出现，或者又引发了新的问题……

怎么办？

我们该如何穿透表面问题，寻找本质问题呢？

如何找到本质问题

答：别盯着问题看！

遇到问题，你要掌握足够的信息来精准地描述问题，这是第一步。

但要解决这个问题，一定别盯着问题看，盯着症状是找不到答案的，或者只能找到治标不治本的方案。这就像是门被锁住了，钥匙一定不在门上，你盯着钥匙孔看是没用的，你要到别处去找钥匙！

那去哪里找呢？

我们先来看一下这个 B′ 是如何产生的。

比如我们设定，公司本月业绩的期望值 B=100 万元。

然后怎么办？每月的业绩又不会自己完成。所以，我们要同时制定一个实现它的方法[1]，我们假定这个方法是 (A)。那么，理想的状态应该是：做了 A 就能完成 B（见图 17-5）。

可现在做了 A 之后，并没有达到预期结果 B，而是达到了 B′，这就产生了 B′→B 的这个落差。也就是我们看到的表面问题，或者称之为症状（见图 17-6）。

然后我们就开始分析，B′ 为什么会产生？

结果发现有一家讨厌的竞争对手降价了！

这个因素，在我们当时制定 A 的时候，没有考虑进去，是一个在过程中突发的变量，我们称之为 C。现状 B′ 的出现，它脱不了干系（见图 17-7）！

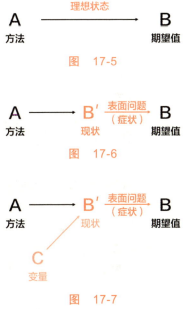

至此，我们发现，现状 B′ 并不是凭空出现的，而是在三个因素的共同影响下导致的：

- A：为了实现 B 的结果所使用的方法。如果方法是错误的，目标自然无法达到。
- B：期望值。目标设置不当，或者目标设定过高，那么即便完美做到了 A，这个目标也是无法达成的；
- C：过程中出现的变量。方法和目标都没有问题，可是出现了意料之外的事，也有可能导致目标无法达成……

因此，B′ 只是症状，而导致这个症状出现的是 ABC 这三个因素，它们才是更本质的问题。

所以，要解决这个问题，不能盯着 B′→B 看，而是要透过 B′ 去看 ABC，我称之为"透析三棱镜"。

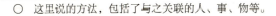

○ 这里说的方法，包括了与之关联的人、事、物等。

下面，我就来说一下这个三棱镜具体怎么使用（见图 17-8、图 17-9）。

图 17-8　　　　　　　　图 17-9

透析三棱镜 B：校准目标

遇到问题，就习惯性地找原因，找解决办法，难道你就没想过，是目标本身错了吗？

啥？你这是找借口好吧！

达不到说目标有问题？达不成就得努力，就得坚持，就得学习啊！这有什么问题吗？

对，你说的没错，但前提是，你得先有个正确的目标……

比如，如果你的目标是"幸福"。

这就不是个正确的目标。请问，你如何衡量自己达到"幸福"了？

幸福，没有标准，每个人对它的定义也不同。既然无法衡量，你也就无法知道与现状落差具体在哪，找不到落差，你甚至连问题是什么都不知道！

- 是存款不够多，还是房子不够大？
- 是老公不够帅，还是儿子不够慧？
- 还是总有个别人家的老公和隔壁家的孩子，让你心烦让你躁？

没有清晰的目标，你认为的问题就会永远存在，永远达不成，整天感觉自己不幸福，却不知道该怎么办，随之而来的就是间歇性的嫉妒和持续性的焦虑……

再比如，你唱歌五音不全，却给自己定了一个目标，要一年之内成为一名职业歌手，并举办一场万人演唱会……

然后，你不断学习，刻苦练习，半年后，你报名参加了《中国好声音》，想向他们展示你这半年来的成果，更想就此一举成名，踏上梦想的舞台……

你一开嗓，就霸气十足，跨跃两个 8 度，直接把评委们给看傻了……

终于……

你被当成观众捣乱现场秩序，请出了舞台……

为什么会这样？

是你练习的方式不对，还是学习的课程不够专业？

都不是，而是这个目标对目前的你来说，不切实际……

所以，一个错误的目标，会让你的所有努力都化为泡影。

那怎么办呢，如何设定一个正确的目标？

设立目标的 SMART 原则

设立目标，一定要遵循 SMART 原则。什么是 SMART 原则？

S：Specific，明确的，具体的

比如刚才提到的目标——幸福。

这个目标本身没有错，只是办不到而已，因为幸福的定义不明确，所以不知道该做什么才能达成。那怎么办呢？

你想要幸福，就一定要有所行动，因此，你可以把这个目标用清晰明确的行动指引来替代。

比如："我的目标是有一份稳定的工作，有一个爱自己的老公，每周能一起去看次电影，每年去旅行一次。"

M：Measurable，可衡量的

目标是否达成，需要可衡量的标准，比如你说："我们的目标就是让客户满意。"

那怎么样才算满意呢？

这个无法衡量。

你需要加上一组数据维度，比如说："用户好评分，在 9.5 分以上"，这样就能衡量是否达成了。

A：Achievable，可独力完成的

你不能定一个不可实现的目标，比如前面说的唱歌的例子，那个目标是不错，但是从五音不全到成为歌星，这个目标离你的现状太远，遥不可及，你几乎不可能在一年之内实现。那怎么办？

你可以先定一个可实现的小目标，比如参加唱歌培训班，并通过毕业考试，然后在 K 歌软件上上传翻唱的歌曲，获得 100 个粉丝、100 个点赞。

如果这个目标能达成，那么再定一个远一些的目标，这样就会比较靠谱。不然就会因为目标距离太远，而让自己始终处在焦虑的状态，也不知道下一步该如何改善……

这里要强调的一点是，目标的达成，一定是自己的力量可以控制的过程，而不能把目标达成与否寄托在他人或者你不可控的事情上。比如，目标定为"下半年能够升职"，或者是"他能更喜欢我"，这些你不能控制，因为决定权在对方，你可以改成"连续三个月业绩达到100万元""提升自己知识量和气质，增加自己的魅力"……

R：Rewarding，完成后有满足感的

不能设定太远的目标，那我就设定一个"近一些的，容易实现的"目标，可不可以呢？

那你就需要衡量，当你完成这个目标的时候，是否能满足你的存在感知层？

太近、太容易的目标，即便完成，你也不会有愉悦感和满足感，那么这就不是一个好目标，会让你在过程中失去对它的渴求，也就没有了动力。

T：Time-bound，有时间限制的

一定得有时间限制，不然任何目标都没有意义，比如"我的目标是赚100万元"，那是准备多久达到呢？1个月？1年？10年？还是50年？

不同的时间限制，会导致你思考的方式、制订的计划完全不同。如果没有时间限制，这个目标就会成为一句口号，起不到任何作用。

除了这5点之外，你在制定目标的过程中，还得注意以下两点：
① 要用在第13章中讲的"正面语言"去描述目标。
② 你的目标不应该伤害他人或者你的其他目标。

区分目标和手段

除了目标要遵循"SMART原则"外，你还得注意区分目标和手段（见图17-10）。

我们使用方法A来达成目标B，但往往在过程中，却把A本身当成了目标，这是怎么回事？

就比如读书这件事，你定了一个目

```
        理想状态
A ─────────────→ B
方法              期望值
```

图 17-10

标：一年要读 50 本书。

然后呢，具体要看什么书？历史、商业还是文学？找不到方向……

年中的时候，发现才读了 10 本书，下半年就开始奋起直追。

到了年底，终于读完了 50 本书了，然后呢？

好像也没学到什么，读完这 50 本书能干嘛呢？

还是一脸迷茫……

为什么会这样？

那是因为，读书是手段，并不是目的。

你不应该问："读书是为了什么？"而是要问："为了什么，我需要读书？"

- 可能是要解决某个具体的问题；
- 可能是要写一篇学术论文；
- 也可能是为了准备一场重要的演讲……

只有带着这些目标去读书，才能有效果。

读书，是让你达成某个目标的手段，但我们却常常把它当成了目标本身。

再比如，有两个人在图书馆争吵：

一个人要关窗，一个人要开窗，两个人争吵不休……

图书馆馆长走了过来，分别问他们，为什么要开关窗啊？

其中一人说："我要开窗，是因为天气太热了，想要透透气，吹吹风。"

另一个人说："我要关窗，是因为外面噪声太大了，影响我专心看书。"

结果，馆长把窗户关上，拿来了电风扇，两个人的问题就都解决了。

关不关窗是手段，开/关窗后想要达到的结果才是目的。在不伤害其他人的情况下，别纠结手段，达到目的即可。

关于这一点，在谈判中也比较常见：

谈判中的双方，经常就某一价格问题彼此僵持，一个要更便宜些，一个死活不降价，怎么办？

这就是把手段当成了目的。

我们要降价，对方不肯降价，可能都是要追求更高的利润。那么，你谈判的焦点，就应该放在如何帮助对方提高利润上，而不要局限于眼前这个产品的价格上。比如，你们公司网站的流量很大，那么你就可以和对方说，价格我们给不了更多了，但是可以让你们公司的广告免费出现在我们的网站上，我们网站的流量非常高，这能让更多的用户了解你们，提高你们品牌的知名度。

这样，你就能用低价购入对方的产品，而对方也能通过你的网站提升自己的总收益，这是一个双赢的方案。

以上这些，就是因为目标的错误而导致的问题。

所以，当你遇到一个问题的时候，第一步应该先检查一下：你的目标是否符合 SMART 原则？你是否把手段本身当成了目标？

目标不对，什么都不对！

透析三棱镜 A：重构方法

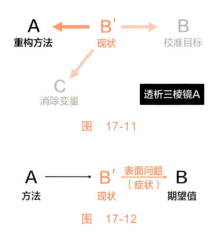

图 17-11

图 17-12

请看图 17-11。

第二步，再来看 A

A 是什么？

A 是你为了实现 B 所用的方法（这个方法包括了与之相关的人、事、物）。

当出现了现状 B′，我们会习惯性地再找一条从 B′ 到 B 的途径，其实这是治标不治本的方法，结果常常让同样的问题重复出现，这个前面我们已经说过，见图 17-12。

从这个示意图中我们可以看到，现状 B′ 不会平白无故地出现，它是由原来的解决方案 A 导致的。如果不改变原有的解决方案，现状就很难改变。

洋务运动 vs. 明治维新

1861 年，清政府开始了一段长达 30 年的洋务运动，学习西方人的先进技术，可最终失败了。而日本几乎在同时开始了明治维新，同样是学习西方，结果却大获成功，一举超越中国，跻身世界列强。这是为什么？

洋务运动的指导思想是："师夷制夷、中体西用"

这八个字什么意思呢？

师夷制夷，是"师夷长技以制夷"的简写，意思是要学习西方的长处，也就是他们的科学技术，学会了就可以反过来对付他们。

可后面这"中体西用"四个字是什么意思？

也是一句简写，原话是："中学为体，西学为用"。意思是国家和社会的主体结构，还是维持原来的封建体制、儒家文化，这些不能动摇，在这个前提下，我们学习并应用西方的先进技术，提高国力。

听着是挺好的，洋务运动刚开始的时候，确实也办得风风火火，可越到后面阻力越大，这是为什么？

北洋水师装了洋枪洋炮，号称亚洲第一，可在甲午海战中，被打得几乎全军覆没，这又是为什么？

这个就是在不改变原来 A 的情况下，强行去改 B′，见图 17-13。

看上去"表面问题"很快得到了改善，但是原来的 A 并没有动摇，那些隐藏在表面之下的"本质问题"依然存在。

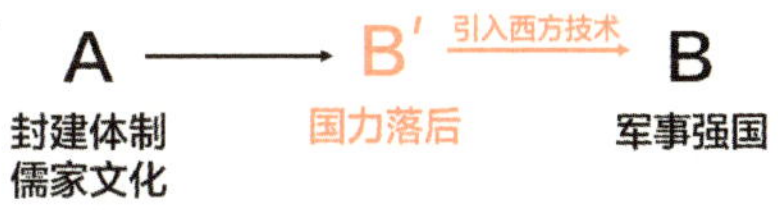

A ——→ B′ 引入西方技术 ——→ B
封建体制　　国力落后　　军事强国
儒家文化

图　17-13

洋枪洋炮是换上了，可应该如何使用？士兵该如何训练？现代战争该如何打？洋枪洋炮是能自己仿造了，可质量如何保证？产能如何提高？时间长了如何维修和更新？

这些问题，就需要国家的政治、军事、经济、商业、教育等一同改变才能解决，并不是借来一身高级西装穿上，就变成 CEO 了，看似表面光鲜，实则败絮其中，等真正上了战场，才发现是个空心鸡蛋，晚了……

这就好比，你明明种了一棵苹果树，已经长了一半了，你现在想要改成葡萄树。但是呢，你又不砍掉苹果树重新种，而是直接在苹果树上挂葡萄，这个葡萄由于无法吸收树干给予的养分，或者营养成分不匹配，葡萄很快便枯萎了。

反观日本的明治维新

他们不仅仅是在科学技术、军事武装上学习西方，而是全盘地西化：建立新政府，改为君主立宪制政体，经济上推行"殖产兴业"，学习欧美技术，进行工业化浪潮，并且提倡"文明开化"、社会生活欧洲化，大力发展教育等等……

这是直接在 A 上动刀，真正推动了国家的整体变革（见图 17-14）。

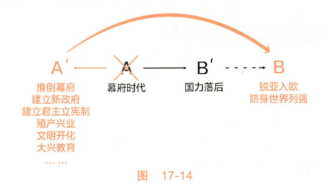

图　17-14

所以，想要大幅度改变现状，或者达成全新的目标，就得把原来的 A 一起改了，而不是在 B′ 点上转弯。

中国之后的崛起，也是因为原有的 A 被彻底摧毁了，虽然代价是惨痛的，但要从根本上解决问题，就不得不这样做……

重复原有的方法，只能得到同样的结果；想要有不同的结果，就需要用不同的方法。

具体怎么做呢？当发现问题后，如何调整 A？

回到开头的案例，王小锤的团队离开了两名重要伙伴，不应该马上给出解决方案：再补两名销售，而是要回过头，去看看王小锤平时是用什么方式经营团队的，也就是原来的 A 是怎么样的。

- 管理方法是什么？责权利有没有对等？是否应用了情境管理？
- 团队结构是怎么样的？合适的人有没有放到合适的位置？
- 激励机制能否激励到所有人？是资源分配不公平，还是保健因素没给到？
- ……

是其中的哪个原因导致了员工的离开？

如果这些"导致员工离开的原有系统"不改变，只是单纯地再补两个新人，那么依然还会有新的员工继续离职。

调整 A 需要大量的背景知识和正确的思维方式，才能找到适合的解决办法。每个问题都有其独特性和不同的时空背景，需要具体问题具体分析。并不是我今天能在这里给你说一套，就能适用于所有症状的。

你平时看的大量方法论书籍都是在讲各种 A，这些就像是不同的药丸，当你能够快速抓住问题本质，就能在这些药丸中找到适合的来对症下药了。

具体解决问题的思路和方法，我会在本书的下篇详细讲解。

透析三棱镜 C：消除变量

请看图 17-15。

再来说三棱镜的第三面：变量 C。

如果 A、B 都没有问题了，B′ 还是存在，那么就一定出现了变量 C。

这个 C 可能是内部变量，比如，发现原定计划 A 中的某个人并不能胜任该工作，或者团队执行力比预期的要低。

这个 C 也可能是外部变量，比如，你平时非常注意身体的保养，控制饮食，保持运动，可还是感冒发烧了，那就不是 A 有问题，而是有可能被病毒感染了，这个不可预料的病毒入侵，就是变量 C（见图 17-16）。

图 17-15　　　　　　　　图 17-16

那么我们该如何找到 C 呢

首先，你要建立一个寻找问题的基本思考框架，叫作"象、数、理"。

这三个词出自《易经》，不过可以用作分析问题时的口诀。"象、数、理"是什么意思？

意思是：任何一个"现象"背后一定有"数据"，任何"数据"的变动，背后一定有"道理"。

也就是说，当你发现某个现象后，你要赶紧去找相关的数据，然后用"数据"来说明问题，这可以让你对事情从感性认知变成理性分析。

面对一个客观问题，要避免使用"我感觉……"这样的表述方式，比如"我感觉最近用户的投诉多了"这样的反馈没有任何意义，这只是你的"观点"，不是"事实"，这点前文已经讲过，你要用"数据"来说明，数据就是事实。

比如，上个月我们的销量是 1000 单，共接到 2 个投诉电话，投诉率为 2‰；这个月我们卖了 3000 单，却接到了 20 次投诉电话，投诉率为 6.7‰，比上个月足足提高了 3 倍多，这个问题需要引起我们的重视！

有了这个数据够不够呢？

还不够，你要继续挖掘更细的数据，比如这 20 个投诉电话，分别投诉了哪些内容。

然后你发现，其中有 19 个投诉了产品质量问题，有 1 个投诉了物流问题。

当然，你还可以继续追问下去，比如具体是哪些部位的质量问题，占比各是多少？这些产品分别是什么时间生产的？等等。

总之，把现象背后的数据分解得越细，看到的问题就会越精准。

有了明确的数据，我们才能寻找"导致数据变化背后的道理"是什么。

怎么找到数据背后的道理？

我们可以使用"5Why 提问法"，也就连续追问 5 个为什么，来寻找这个数据异动背后的原因("5"只是一个象征性的数字,意在提醒你,别拿到第一个答案后就认为是全部,而要继续往下深挖)。

比如:
"为什么这个月的次品率是上个月的三倍?"
"因为最近销量突然变大,这个月开始日夜两班倒,晚上的次品率比较高。"
"为什么晚上的次品率比较高?"
"因为晚上品控把关不严。"
"为什么晚上会品控把关不严?"
"因为工人们晚上都在偷偷看手机。"
"为什么半夜加班会偷偷看手机?"
"因为最近正好是世界杯……"

原来,世界杯这个外因,导致了你产品质量的下降!

然后怎么办?打电话给国际足联,让他们把世界杯取消了吗?

发现根本原因后,你要把之后的改善行动落实在"自己可以改变"的事情上,你无法让世界杯暂停,但却可以让工人们不能携带手机进入工厂,这样问题就能解决了。

小结:穿透现象看本质

我们太喜欢给建议,却往往还没弄清楚问题到底是什么。

问题的本质是期望与现实的落差,因此,如果要解决问题,首先得弄清楚期望是什么,目前现状又是如何,这样才能精准定义问题所在。明确的问题,才能得到正确的答案,这是第一步。

而问题并不会平白无故地出现,它是由"目标、方法、变量"这三个因素共同影响产生的,见图17-17。

你可以用"透析三棱镜"的方法,找到隐藏在表面问题下的本质问题(见图17-18)。

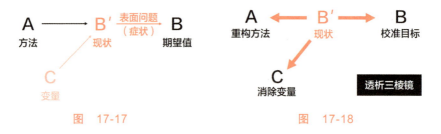

图 17-17　　　　　　图 17-18

第一步，校准目标 B

目标要符合 SMART 原则，同时要避免把手段当成目标。

第二步，重构方法 A

现状是由原来的方法导致的，因此，想要改变现状，不是从现状出发，添加一个新的解决方案，而是要回过头，重构原来的方法系统。

第三步，消除变量 C

如果 A 和 B 都没有问题，问题依然存在，一定存在着变量 C，你可以通过"象、数、理"这个基本框架来寻找它，并通过 5Why 的提问方法，挖掘真正的原因。

在电影《教父》的原著中，作者马里奥·普佐有一句经典的旁白："在 1 秒钟内看到本质的人，和花半辈子也看不清一件事本质的人，自然是不一样的命运。"

祝你从今天开始，也能一眼看透本质，开启不同的命运！

思考与行动

看完 ≠ 学会，你还需要思考与行动

思考题 1：现阶段最困扰你的问题是什么？请用"B′ → B"的表述框架精准地描述出来，并尝试从 A、B、C 三个方面，寻找这个表面问题下的本质问题。

思考题 2：如何用"透析三棱镜"的思考框架，设计你的产品营销方案？

微信扫描二维码，把你的思考结果和学习笔记分享至学习社区，与其他同学互相切磋、一起成长，哪怕只是一句话，也会让你对知识的理解更加深刻，收获也会更多，还能让其他人从你的感悟中获得启发。

你的思维方式，也许还在学生时代

概念重塑
重新理解财富　重新理解自己　重新理解世界

大脑升级
解开大脑的封印　思维力提升　解决所有问题

75%

注意力　时间商人　人生密码　复利　角色化　理解层次　元认知　多维能力　势能差　估值模型　四域空间　运气催化剂　负面词语/情绪　学习三步法　背景知识　专注的力量　透析三棱镜　线性思维　结构化思维　系统性思维　选择　计划　演化　创新

18

在电影《三傻大闹宝莱坞》中有一个场景

在工程学课上,老师问了学生们一个问题:"什么是机械装置?"

主演阿米尔汗回答道:"能省力的东西就是机械装置。比如今天很热,按下开关,得到阵阵凉风,风扇……就是个机械装置;跟千里外的朋友说话,电话……是机械装置;快速运算,计算器……是机械装置;从钢笔头到裤子拉链(他一边说一边拉着拉链开始比划起来……上下,上下……)……都是机械装置。"

学习的过程就是链接,阿米尔汗通过将知识点与生活中的各种现象链接在一起进行学习,通俗易懂,印象深刻,特别棒!

可老师却对这样的回答嗤之以鼻,竟然反问道:"考试你也这样写?机械是……上下,上下……?"

然后,又邀请另外一位"好学生"继续回答。

好学生说:"老师,机械装置是实物构建的组合,各部分有确定的相对运动,借此,能量和动量相互转换,就像螺钉和螺帽,或者杠杆围绕支点转动,还有滑轮的枢纽之类的,尤其是构造,多少有点复杂,包括活动部件的组成,或者简单的机械零件,比如滚轮、杠杆、凸轮等等。"

这位"好同学"将机械装置的定义,熟练地背诵了下来,获得了老师的一个大大的赞。

窘……

为什么会这样?

这是因为这位"老师"和"好学生"的思维状态,还处在"零维"的状态。

什么意思?

所谓"零维"的思考方式就是"点状思维"

就是学习和思考的过程中,知识点并没有发生"链接",而是像一个一个孤岛一样,单独地存在于你的大脑之中……

可所有的学习和思考,不应该都是链接产生的吗?

注：关于这点，我们在第15章《如何提高思考能力》中已经讲过，这是我们大脑学习和思考的基本方式。

为什么会有"零维"的状态呢？

因为，在特殊的教育体制下，我们使用了独特的学习方式——死记硬背。

某个知识点，我不需要知道它从何而来，也不需要知道能用在何处，更不需要知道它与其他知识有何关联，只是因为考试需要，所以它需要被我记住！

这虽然能够帮助我们在考试中获得好成绩，可一旦毕业或者考试结束，这个知识点就像宇宙中的一粒星辰，再也找不到，也没有任何用处……

在现实生活中，没有人会问你这个定义是什么意思，那个定义是否正确……

现实生活中，只有一个一个具体的问题，需要你运用学过的知识，链接到现实中来，解决眼前的困境！

这就是为什么好多在学校里成绩优秀的学生，来到社会中并不怎么样，因为他们中的一部分人，还是习惯使用这种"零维"的点状思维，遇到问题后的第一反应，依然是："这道题的答案是什么？"然后在脑海中查询相关知识点，结果查无此物……

"这个问题我之前没有学习过啊，这该怎么办？"

大脑中一片空白，双眼中一片茫然……"这题太难了！做不来……"

应试教育训练出了一堆思考能力是零维的人，虽然已经毕业很久了，但思考方式可能还停留在学生时代，想想也是蛮可悲的……

那怎么办？

我们要从"零维"的状态，上升到"一维"的思考方式——线性思维。

什么是线性思维

所谓线性思维，就是将两件事、两个概念，像一条线一样串联起来，彼此关联，相互链接。

我们的学习就是靠链接完成的

比如小时候我们是怎么学汉字的，就是把看到的某个事物，对应到某个汉字，

再对应某一个读音,我们就知道这个汉字怎么读,代表什么意思(见图18-1):

没有这些图片或者实物的链接,小孩子就学不会汉字,或者只能死记硬背……

我们思考问题,也可以靠链接来完成,由A推导出B,由B联想到C

比如《论语·子路》中的经典语录:"名不正,则言不顺;言不顺,则事不成;事不成,则礼乐不兴;礼乐不兴,则刑罚不中;刑罚不中,则民无所措手足。"

这个彼此链接、逐步推导的过程,就是线性思维。

图 18-1

线性思维是逻辑思考的基础

如果无法有效地建立事物之间的联系、因果关系,你的思维就会变得一片混乱,甚至表达都成问题,一会儿说东,一会儿说西,听的人根本抓不住你的重点;突然蹦出一个结论,也没有证明的过程,让人听了发懵……

那我们该如何从零维的"点状思维"升级到一维的"线性思维"呢?如何建立各种概念、事物之间的链接呢?

接下来,我就来讲一下建立链接的三种方法。

一、演绎法

演绎法,就是由"因"推导出"果",由一般推导出特殊的思维方式。

演绎法是逻辑思维的基础,如果这个没掌握好,所有想法都是扯淡,整个言论就会像豆腐渣工程,经不起推敲,一推就倒……

比如,你看如下的言论有无逻辑?

- "你别看某某某捐了多少钱,他只是为了逃税罢了……"
- "她穿得那么暴露,活该被色狼盯上……"
- "你说他打球不行,你行你上啊……"

我们经常会听到这类的神逻辑,乍一听,好像是那么回事,可是细细一想,这逻辑好像有点不太对劲,那么究竟是哪里不对劲呢?

要回答这个问题,让自己的逻辑变得无懈可击,你就需要学习演绎法中的核心思维方式:三段论。

什么是三段论

简单来说,这是一种"大前提→小前提→结论"式的推理过程。

其基本逻辑是:如果大前提是什么,且小前提是大前提的一部分,那么小前提也是什么。比如著名的"苏格拉底三段论":

(大前提)所有的人都是要死的。

(小前提)苏格拉底是人。

(结论)所以苏格拉底是要死的。

嗯,无可辩驳……

也许你以前已经听过三段论,但感觉这种说话方式好费劲,平时我们也不是这样说话的啊,只有科学研究、学术论文需要用到这种文体吧?

其实三段论的应用范围很广,大到治理公司、设计产品,小到说一句话、写一段文字,其实都需要用到三段论,它是你逻辑的基础。

只是在实际应用中,它并不是那样标准的三段形态,或者是隐去了大前提,或者是隐去了小前提,或者是隐去了结论,因而,才让你忽略掉了它的存在。

我们回到前面的三句神逻辑:

"你别看某某某捐了多少钱,他只是为了逃税罢了……"

之所以这位同学有这样的言论,是因为在他的大脑中,可能有这样一个价值论断:"做好事的人,都有自私的目的。"这个就是他的大前提。我们试用三段论的方式,拆解一下他的逻辑推断:

(大前提)做好事的人,都有自私的目的。

(小前提)某某某捐钱了,他在做好事。

(结论)某某某一定有自私的目的。

所以,他得出了某某某的捐钱是为了逃税的结论。

只不过,他在表达的时候,把这个大前提给隐藏了,因此我们才会觉得这个逻辑听着有些不对劲,这个不对劲,就是指那个没露脸的错误的大前提……

我们再来看另外一句:"她穿得那么暴露,活该被色狼盯上……"

这句话可能隐藏了什么大前提?

我猜,他脑海中的大前提可能是:"受害者必有罪过。"

(大前提)受害者必有罪过。

(小前提)她是受害者(被色狼盯上)。

(结论)她一定有罪过(穿着暴露)。

所以,他得出了这样的结论:"她穿得那么暴露,活该被色狼盯上……"

可是,这个大前提是对的吗?所有的受害者都是有罪的吗?穿着暴露也是一种罪过吗?

他的逻辑千疮百孔……

我们可以看到,这些因果推论其实都符合三段论的形态,只是隐去了大前提,而错误恰恰就发生在这个大前提上。

当你能熟练运用三段论的眼光去看待这些推论的时候,就能很快找到对方逻辑的谬误点。所以,想要让自己的逻辑变得严密,第一步,就是要学会使用三段论。

那么,我们该如何使用"三段论"呢

1. 用于逻辑推理

第一次世界大战期间,德军向法军猛烈进攻,法军为了避开德军锐气,便将自己的部队隐藏了起来,德军一时失去了攻击目标。

德军指挥官下令侦察敌情。有一天,德军一名军官用望远镜搜索时,突然发现前方慢慢地爬出了一只名贵的波斯猫,懒洋洋地躺在那里晒太阳。

于是,德军军官根据波斯猫的出入地点,找到了法军指挥所,并一举摧毁!

一只波斯猫竟然毁了一支部队,这是如何推理出来的?

(大前提)法军高级指挥官喜欢养名贵的波斯猫;

(小前提)前方阵地有名贵的波斯猫;

(结论)所以,前方阵地可能有法军高级指挥官。

(大前提)法军高级指挥官住在法军高级指挥所内;

(小前提)前方阵地可能有法军高级指挥官;

(结论)所以,前方阵地也可能有法军高级指挥所!

2. 用于逻辑验证

说出"神逻辑"的人并不会被抓,但是会影响你的思维逻辑,当不该链接在一起的两个要素链接在一起,而你又没有察觉,便会进一步推出更多的逻辑谬误,最终导致你的思维一片混乱……

比如，日本曾经侵略过中国，而我很爱国，所以我要去砸日本车，你不让我去，你一定是卖国贼！既然你是卖国贼，你说的话就是错的，而我和你的观点不同，因此我说的话就是对的！

无语……

那么，我们除了找到隐藏掉的错误大前提，还有没有其他方法来识别谬误呢？

三段论中有五项基本原则，分别是：

第一，四项错误；

第二、中项两不周延；

第三、大项扩大，小项扩大；

第四，前提都为否，结论不必然；

第五，前提有一否，结论必为否。

关于这五点的介绍，网上已有很多了，你可以自行百度。

3. 用于预测未来

当我们掌握的是一些基本规律的时候，我们就能以此为大前提，做一系列的推演，进而对未来事物的发展进行预测。

比如："我们抬头看天，发现阴云密布，然后回家拿了把伞……"

这是一个生活中常见的情形，也是我们解决问题的一种最基本的思考方式，叫作"空雨伞"。什么意思？

空：（抬头看天空）把握事实和现状

雨：（可能要下雨）解释、预测

伞：（回去拿把伞）行动、提案

但这个过程，依然省略了一个大前提：阴云密布的时候，有70%的概率会下雨[一]。这是一条规律。

因此，如果用三段论的方式，把上面的这个推理过程翻译一下就是：

（大前提）阴云密布的时候，有70%的概率会下雨。

（小前提）现在阴云密布。

（结论）未来，有70%的可能性会下雨。

（解决方案）带把伞。

二、归纳法

所谓归纳法，就是由"结果"出发，寻找"原因"；通过观察、比对、分析，找到事物之间的因果关联的过程。

[一] 70%这个数字只是为了便于说明，而非精确比例。

我们前面讲的"象、数、理"的分析方法，就是归纳法，通过现象，找到背后异动的数字，然后得出变化背后的道理。

可你有没有听过这个故事：

在一个火鸡饲养场里，一只火鸡发现，不管是艳阳高照还是狂风暴雨，不管是天热还是天冷，不管是星期三和星期四，每一天上午的 9 点钟，主人都会准时出现，并给它喂食。于是，它得出了一个惊天大定律："主人总是在上午 9 点钟给我喂食。"

时间来到圣诞节的前一天，上午 9 点，主人又一次准时出现，但是这一次，主人带来的并不是食物，而是把它变成了食物……

这个是英国哲学家伯特兰·罗素提出的一个问题，被称为"罗素的火鸡"，用来讽刺那些归纳主义者通过有限的观察，得出自以为正确的结论……

那，归纳法真的不靠谱吗

恰恰相反，整个人类的知识大厦，几乎都拜归纳法所赐。归纳法虽然不能直接得出一个牢不可破的结论，但是它却能帮助我们提出一个可能是正确结论的"猜想"，而正是因为有了这个猜想，人们才会使用"演绎法"去小心求证，最终获得一个又一个科学的结论，人类的智慧才能得以前进……

所以，如果你能提高自己的归纳能力，你就拥有了一双"能发现藏在事物背后的规律"的眼睛，然后你就能用这个发现的规律，先人一步，对未来做出正确的预测，进而获得领先……

那么，我们应该如何提高自己的归纳能力呢

19 世纪英国逻辑学家穆勒对归纳法做了一次系统的阐述，提出了著名的探索因果联系的归纳方法——穆勒五法。

今天，我就来向你介绍训练归纳能力的这五个神技：

1. 求同法

在某个国家，有一个诈骗犯，作案非常谨慎，他先用假身份证办了一张电话卡，然后用这个电话号码进行诈骗，得手后即把这张电话卡销毁，整个过程看似天衣无缝。

但是很快，警察就把他抓住了。为什么？

因为警察调查基站数据后发现，有一个电话号码，白天会出现在某个办公楼附近，晚上会出现在某个小区附近，周末会出现在某个超市附近。然后，这个电话号码就突然消失了……

接着，没过几天又出现了一个新注册的手机号码，也符合相同的生活规律。

于是，警方就能凭借这个发现快速锁定嫌疑犯。

这就是求同法，通过大数据比对找到"相同点"，从而发现案件线索。

2. 求异法

黄小妹的珍贵珠宝在菜市场上被偷了，她找到当地的捕快来帮忙抓捕小偷，可时间已经过去很久了，也许珠宝早就被销赃了，怎么办呢？小妹很着急……

张捕快灵机一动，拿出一个袋子，跟大家说，我这袋子里有一块神石，只要你一摸，我就知道你是不是小偷。

于是，他让所有人逐个将手伸入袋子里摸……

结果，所有人摸完，手上都有黑点，只有一个人没有，因为心虚不敢摸，所以他就是小偷！

这个就是求异法，通过发现"不同"找到原因。

3. 并用法

16 世纪时，航海探险成了很多探险家的梦想。可这些探险家碰到了一个共同的难题：在长途航海时，船员的死亡率非常高。船员先出现牙齿出血，然后全身出血，无法医治，最后悲惨地死去。

当时的人并不知道这是坏血病，也不知道该如何治疗，这成为探险家的噩梦。他们称之为"海上瘟疫"。

后来，英国海军医生詹姆斯·林德，在船上做了一个著名的试验，他让不同的人吃各种号称能治疗这种疾病的食物，结果只有吃橘子和柠檬的人没事。

之后英国海军就接受了他的建议，让所有出海的船员，每天必须喝 3/4 盎司①的柠檬汁，这效果立竿见影，几乎就再也没有人得坏血病了。英国海军也因此被称为"柠檬人"。

这就是"求异法"得出的结论。

可是，后来又陆续发现橘子、德国酸菜、白菜、麦芽等也能有效治疗坏血病，显然，它们含有一种共同的物质，这是什么呢？

经过多位科学家的共同研究，用"求同法"在这些不同的食物里，发现了同一种元素，后来被命名为维生素 C，也正是这种元素有效地治疗了坏血病。

从此，坏血病终于得以根除。

维生素 C 被发现的这整个过程，用的就是"并用法"

4. 共变法

社会心理学家拉塔尼和罗丁在 1969 年做了一项试验：他们让一位女士在办公室里从椅子上摔下来，然后让她假装很疼，并大喊求救……

他们模拟了多种情形：当只有一名旁观者的时候，他有 70% 的概率会去

---

① 1 盎司（英液）= 28.413 立方厘米。

帮助这位女士；而当旁观者的数量增加到两名之后，出手帮忙的概率下降到了40%。

当旁观者数量不断增加，这个概率持续下降……

后来，这种现象被称之为"旁观者效应"。意思是，当受害者周围的旁观者越多的时候，帮助别人的责任就被分摊了，每个人都觉得别人会去帮助她，最后却是谁也没有伸出援手……

这就是共变法。通过发现有两个因素（旁观者数量＆伸出援手的比例）总是同时变化而得出的结论。

5. 剩余法

1846年，天文学家在观测天王星的时候，发现它有四次偏离了预定轨道。经过分析，发现其中有三次偏移是因为分别受到了已知行星的引力影响，还有一次原因不明。

于是，科学家就推测，一定存在着另外一颗还没有被我们发现的行星，导致了这次天王星的偏离。

根据这一猜想，天文学家们运用天体力学的理论，计算出了这颗未知行星的轨道，并且最终在1846年9月18日，用望远镜在与计算相差不到1度的地方，发现了这颗神秘的行星：海王星。

海王星的发现，就是运用了剩余法。

三、类比法

类比法，就是拿一件事来理解另一件事。

它不像"演绎法"那样从一般到特殊，也不像"归纳法"那样从特殊到一般，它是从特殊到特殊。

就比如说："人就像一瓶饮料，你别看他外表有多么靓丽，朋友圈的动态有多么令人羡慕，他到底是怎么样的人，是烈酒还是苦水，你只有打开瓶盖，和他深度接触一次才知道。"

这个就是类比法。

但是你细细一想，饮料和人，这两者其实是毫无关系的，但是被这么一联系，好像听起来挺有道理的，形象又深刻，这就是类比思维的奇妙之处，它可以帮助我们用一个熟悉的事物来快速地理解另一件陌生的事物。

再比如，有一次润米咨询的刘润在参访小米时问道："小米生态链中，有很多既不高科技，也不智能的生意，比如毛巾、床垫等，小米不是要做'科技界的无印良品'吗？怎么现在不科技的也做呢？"

小米科技的副总裁刘德说："这类生意对小米来说，是'烤红薯生意'。"
什么意思？

"小米发展到今天，已经有3亿用户了，其中2.5亿是活跃用户。他们除了需要小米手机、充电宝、手环等科技产品，也需要毛巾、床垫等高品质的日用品。所以，与其让这些流量白白耗散掉，不如利用这些流量来转化一些营业额。就像一个火热的炉子，它的热气散就散了，不如借助余热顺便来烤一些红薯，这就是'烤红薯生意'。"

短短五个字，就把这个事情概括清楚了，通俗易懂而又透彻传神。

类比法，就像你大脑里的"封装技术"

它能帮你把一些极其复杂的逻辑、概念、信息，用一个非常简单易用的外壳给包裹起来，你一看到这个壳，不需要理解里面的具体构造，就知道它是什么，能怎么使用，从而帮助你降低认知负载，提高思考效率。

比如，你的公司网站也拥有富余的流量，你就可以马上联想到，也可以试着做一做"烤红薯生意"，而不需要再复杂地解释一遍……

光说不练假把式……

如果你只是知道这三种链接的方式是没有用的。
不会有人来问你，什么叫归纳法，什么叫演绎法。
就算你能倒背如流，但在实际生活中从来不用，那你的思维就是处在"零维"的状态，你还是在学校里准备考试呢……
你得把这些方法，锻炼成你大脑的基本功能。

具体怎么锻炼？

大脑就是一块肌肉，大脑中各个神经元的连接强度是需要经常链接才能加强的，所以，你得把握每一个机会，不管看到新知识、旧知识，都要试着去做一些链接的练习。

1. 学习新知识后的链接练习

如果，你刚学到一个新规律……
就可以试着找到一个现象，然后用"演绎法"做出一番预测。

比如，你刚学会了供需理论，就可以试着结合目前的大豆产量、市场的需求状况，预测一下明年大豆价格的走势……

结果对不对不重要，重要的是把学到的知识用起来，与你的既有认知链接起来……

如果，你刚学到一个新概念……

你就可以试着寻找一下，生活中的哪些现象，也能"归纳"出这个结论？

比如，你今天刚学到了一个概念叫作"旁观者效应"，那么你可以寻找一些现实生活中的真实案例，看看是否也出现了这个效应？

如果，你刚学会的是一个比较复杂的理论……

那么你就可以试着用"类比法"，寻找一个简单、形象的物体来给它做一次封装，让它变得更简单易懂。

比如，什么是"零维"的思考方式？

你可以回答：大脑的状态就像是个"录音机"，只能播放预先设置好的固定内容……

2. 练习写作和演讲

除了刚学会新知识后的链接练习，你还可以通过练习写作和演讲来锻炼自己的线性思维能力。

这两种方式不能像思维导图那样，把所有的知识、彼此的关系，都平铺在一个平面上，而必须通过线性的方式展开。因此，上下文之间就需要很强的逻辑关系来联结，需要结构严密，经得起推敲才行，不然读者就会看不懂，或者理解起来很吃力，或者你的内容破绽百出……

有些人说，写作和演讲是把学到的东西输出，输出才是最好的学习方式。其实，输出并不是重点，而是通过输出的手段，强迫着你把学习到的知识点建立起结构严密的逻辑链接，这才是重点！因为只有发生了链接，特别是需要输出让别人能听懂的、逻辑严密的、高质量的链接，学习才会真正发生！

等等，很多人说线性思维有毒！

嗯，没错，讲了那么多，线性思维确实有它的致命缺陷！

线性思维会让你的思维变得单向而局限，会让你看不到事物之间更多方向、更复杂、更曲折的因果关系，让你只关注到局部，而忽略整体。

我也不建议你日常的思考方式都用线性思维……

那我费那么大劲，给你讲这些干嘛

因为它是一切思维能力的基础，就像造房子用的"砖瓦"，如果砖瓦的质量不行，你是造不出摩天大楼的，就算碰巧造出来了，也会是个豆腐渣工程，一推就倒的！

那如果你已经能锻造出坚实耐用的砖瓦，下一步，该如何建造摩天大楼呢？

下一章，我们将进入一个更复杂的立体世界，从一维的线性视野，上升到二维、三维的立体视角，360°观测一件事的全貌，拆解他的内部结构，让你感受到思维之美！

思考与行动

看完 ≠ 学会，你还需要思考与行动

思考题1：你用"死记硬背"学过哪些很有用的知识，但是却从来没有使用过的？

思考题2："你说他打球不行，你行你上啊……"请使用演绎法来分析这句话的逻辑谬误。

微信扫描二维码，把你的思考结果和学习笔记分享至学习社区，与其他同学互相切磋、一起成长，哪怕只是一句话，也会让你对知识的理解更加深刻，收获也会更多，还能让其他人从你的感悟中获得启发。

思维混乱，是因为大脑没有结构

概念重塑　　　　　　大脑升级

重新理解财富　重新理解自己　重新理解世界　解开大脑的封印　思维力提升　解决所有问题

`████████████████████████░░░░░░` 79%

注意力　时间人生商人码　复利密码　角色化　理解层次　元认知　多维能力　势能差　估值模型　运气催化剂　四域空间　负面词语/情绪　学习三步法　背景知识　专注的力量　透析三棱镜　线性思维　结构化　系统性思维　选择　计划　演化　创新

19

请你花 10 秒钟的时间，记住以下的 20 个数字：
"71438059269250741863"
怎么样，记住了吗？请闭上眼睛回想一下……
好，我们再来试一组数字，还是花 10 秒钟来记住它：
"99887766554433221100"
这次如何，记住了吗？请闭上眼睛再回想一下……
其实这两组的 20 个数字是一样的，但是不是觉得第二组一下子就记住了？为什么会这样？
因为第二组数据更符合我们大脑的使用习惯，数字与数字之间有清晰的逻辑和结构。

我们大脑处理信息有两个规律

1. 太多的信息记不住
2. 喜欢有规律的信息

可你有没有遇到过这种情况：有人口若悬河地和你讲了半天，他说的每个字你都听得懂，然而组合在一起，你并不知道他想说什么，内容没有逻辑，语句没有重点，就像刚才那一串杂乱的数字……

听他说话时间一长，你甚至开始头疼，变得焦躁，心里骂道："这家伙到底想说什么……？"

你别觉得听着难受，讲的人，他自己也许更难受！

明明心里有很多想法，甚至做了上百页的 PPT，但就是讲不清楚……为什么会这样？

语言没有逻辑是因为思维没有结构

我们思考问题的时候，脑子里的想法会不断地涌现出来，看似有很多，却杂乱无章，就像是衣橱里一堆没有整理的衣服，彼此缠绕，互相堆积在一起。

<u>当有人问你，你能说说你有哪些衣服吗？</u>

"嗯……我有很多衣服（想法）……"

能说得详细点吗？

"我有一条蓝裤子，一条橘黄色裙子，一件白衬衫，还有件灰白条纹衬衫，一条牛仔裤，一条蓝色竖条纹的裤子，还有顶黑色的帽子，哦对了，还有一条蓝色裤子（这个刚才好像说过了）……"

……你到底有些啥？

"我刚才说的都是我有的啊……"

语言是思维的传声筒

如果你的思维没有经过整理，就会像这堆乱糟糟的衣服，你拥有它们，却无法理解它们……

自己看着难受，别人听着难懂！

那怎么办？如何让思维变得既全面又有序呢？

你需要结构化思维……

什么是结构化思维

所谓结构化思维，就像是把衣橱里的这些衣服，分门别类地整理好

比如按季节分类，按穿着场合分类，按服装风格分类，等等。

这时候，如果别人再问你："你有些什么衣服呢？"

你可以这样回答：我一共有208件装备，分为：

- 夏季、春秋季、冬季三大类；
- 每个季节的衣服又分为工作装、休闲装、宴会装、运动装四大系列；
- 其中，休闲装里有田园、淑女、简约三种风格；
- 每种风格的衣服，拥有深色、浅色各3套搭配；
- 另外配了4双运动鞋、5双皮鞋、6双休闲鞋、7个包包、8顶帽子来应对不同需要……

是不是听着清楚多了？

并且，当你需要使用这些整理好的衣服时，也会变得很方便

比如，今天晚上你想要和男朋友去一个party，那么你不需要再从所有的衣服里翻来覆去地寻找，一件件试穿，而是直接在已经分好类的衣橱中，找到宴会装区域，从里面拿出一套适合的即可。

把你的想法和思维内容，像整理衣服一样，分门别类地安放好，组成一个结构分明的整体，方便日后的理解、存储、使用。这个，就称之为"结构化思维"。

学会结构化的思维有什么好处

如果你能够习惯用结构化的方式进行思考，你的思维能力、沟通能力、学习能力都将获得大幅度的提升。

比如，公司的线下门店，生意突然下滑，怎么办？

如果你不会结构化思维，你可能会这样说（见图19-1）。

而有结构化思维的人，可能会这样表达（见图19-2）。

思路清晰，考虑周全。

再比如，你们公司近期要举办一场大型的相亲活动，你是项目的负责人，目前正在召开项目工作会议，老板请你介绍一下本次活动目前的安排：

如果你不会结构化思维，你可能会这样表达（见图19-3）。

而有结构化思维的人，可能会这样表达（见图19-4）。

是不是感觉整个表达逻辑非常地有序，层次分明？

除了表达和思考，结构化的能力还能帮助我们提高学习的效率。比如我问你：过去一年，你都学了些啥呢？

如果你不会结构化思维，你可能会这样回答（见图19-5）。

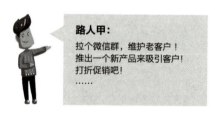

图　19-1

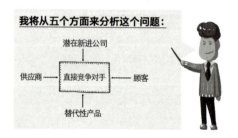

图　19-2

图　19-3

而有结构化思维的人，可能会这样表达（见图19-6）。

图 19-4

图 19-5

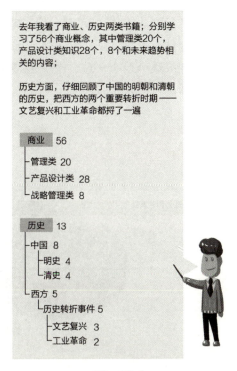

图 19-6

怎么样？是不是感觉很不一样呢？

好，说了那么多结构化思维的好处，可我们如何才能拥有这种能力呢？

接下来，我就从最基本的地方开始说起，帮助你快速学会结构化思维。

快速学会结构化思维

有一天，你驾驶着自己的汽车，在路上游荡，汽车突然停下，发出"哄哄"的巨响，无法行驶，怎么办？

是哪里出了问题？轮胎、轴承、发动机、油箱？还是有只猫在车里作怪？

一辆汽车有上万个零件，当你发现汽车的行驶功能出现故障时，如果你不是专业修汽车的，你根本不知道是哪个零件可能出了问题，你能想到的也是这上万零件里的一小部分……

那怎么办？

你一通乱试后，最终无果，只得叫来拖车，将汽车送入了修理厂……

师傅一看，说：小问题，你稍等片刻……

然后"咔咔咔"，不到一局王者荣耀的时间，就把车给修好了！

为什么能那么快？不是有上万个零件吗？

如果逐个检查一遍，至少也需要一天的时间啊，这还不算更换和维修的时间，师傅为什么能那么快？

因为"结构"！

<u>在维修师傅的眼中，汽车并不是由上万个零件拼接而成的，而是"结构化"的</u>（见图19-7）。

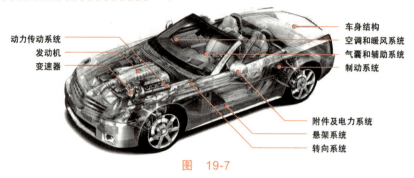

图　19-7

- 有了结构，师傅就能由局部到整体，快速判断可能导致问题的所有区域。
- 有了结构，师傅就能由混乱到有序，以模块为单位进行整块整组的排查。
- 有了结构，师傅就能由复杂到简单，将大问题切成多个小问题逐个击破。

透过结构看世界，你就拥有了化繁为简的能力！

结构化思维，关键就在于"结构"二字，如果你能找到复杂问题背后的结构，就能像修车师傅那样，将问题化繁为简，变成若干个小问题，从而更快速地找到解决方案。

那么，我们该如何将一个问题结构化呢？

结构化思维的步骤

第一步：明确目的，找到分解角度

所谓的结构化，是否就是把问题拆散、切碎，然后再分类汇总就行了？

比如刚才整理衣服的例子、汽车零件的例子，就是把一个整体拆分成一个个小零件，然后根据小零件的属性，进行了分类汇总。

真的是这样吗？

并没有那么简单……

将一个"整体"拆成一个个独立的"要素"，再将一个个要素组合成结构，其实可以有很多种组合方式。

比如刚才的汽车零件，你也可以把它们按材质分类，方便垃圾回收；或者按生产零件的厂家分类，方便返厂维修；或者按头部、身体、四肢的构造分类，就能组合成一个大黄蜂……

同样的要素，组合成不同的结构，就能实现不同的功能和目的。因此，结构化思维并不是简单地做个分类汇总，而是要思考，分解后以什么方式组合，要达成什么目的。

所以，我们得在问题分解之前，先弄清楚分解的目的是什么，然后根据目的进行拆解与结构化。比如说，对于一个项目：

- 如果目标是分析进度：那就按时间进度，过程阶段来分解；
- 如果目标是分析成本：那就按工作项来分解；
- 如果目标是分析客户：那就按性别、年龄、学历、职业、收入等来分解。

第二步：按 MECE 原则，组成结构

确定了分解目的，然后我们就可以开始搭建结构了，先说一种最基本的结构形态：金字塔结构。

什么是金字塔结构

简单来说就是：先确认目标问题，再根据分解的目的，将问题分解成不同的类别，类别下再放入对应的不同要素，这样逐层分解，最终形成类似于金字塔的形状结构（见图 19-8）。

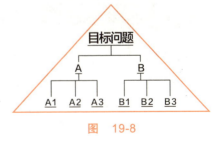

图 19-8

并且，金字塔的每一层都必须牢固，不能少一块砖，也不能多一块砖，不然整个结构就会垮塌，这个就称为"MECE 原则"。

什么是 MECE 原则

MECE 是麦肯锡著名咨询师巴巴拉·明托在她的著作《金字塔原理》中提

出的核心概念，意思是：相互独立、完全穷尽。

也就是金字塔的每一层，内容不能有重复的部分，也不能有遗漏的部分（见图 19-9）。

比如，你把衣服分类为：

- 春秋季服饰
- 职业套装

这个就有重叠的部分：有些衣服既是职业装，也是春秋季服饰（见图 19-10）。

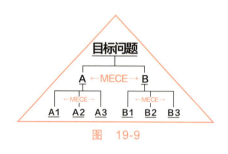

图 19-9

图 19-10

也有遗漏的部分：夏天穿的休闲服应该归到哪一类？见图 19-11。

那么，什么才是不重叠、不遗漏，符合 MECE 原则的呢？

你可以按季节分为春秋装、冬装、夏装。见图 19-12。

图 19-11

图 19-12

除了这三类之外，没有其他季节了，这个就是"不遗漏"；春秋的衣服差不多，所以归为一类；夏天的衣服，春秋冬穿不了；冬天的衣服，也不能归类在春夏秋这三个季节里，因此"不重叠"，符合 MECE 原则。

是不是有点听晕了？

不着急，下面我用一个例子来说明。

问题：如何在未来三个月完成 100 万元的销售业绩

我们可以通过以下两种方式来构建金字塔结构：

方式1：自上而下"使用演绎法"设计结构

要完成100万元的业绩，关键是客户，因此我们可以根据客户的类别进行划分，对不同客户类别采取不同的营销策略来完成业绩。

根据MECE原则我们发现，客户无非来源于三类：

① 陌生的新客户；

② 正在跟进中的准客户；

③ 已经购买过的老客户。

因此，我们可以在金字塔的第一层，划分为新客户、跟进中客户、老客户这三类（见图19-13）。

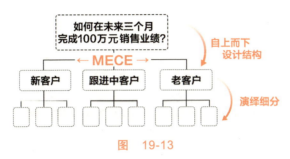

图 19-13

这样一划分，大致的思路就清楚了：

① 开拓更多获取新客户的渠道；

② 提高跟进中客户的付款率；

③ 促进老客户的复购。

根据这个策略，我们再继续往每个子分类中添加要素，比如：

- 在新客户下，添加可拓展的新渠道列表；
- 在准客户下，添加促销方案；
- 在老客户下，添加老客户回访计划，等等。

如此这般，一层层演化细分，最终形成一个金字塔结构。

其中，第一层的分类最重要，它决定了你整个结构的整体功能。

不过，这个分解方式没有标准答案，你在运用的过程中，得根据实际问题，找到对问题的解决最直接有效的切分方式，比如：

- 侧重于分而治之的，可以按空间维度进行分类：新客户、跟进中客户、老客户；或者业务A、业务B、业务C；
- 侧重于进度把控的，可以按时间维度进行分类：第一个月、第二个月、第三个月；
- 侧重于战略聚焦的，可以按重要程度进行分类：机构客户、普通客户；

- 侧重于目标达成的，可以按演绎逻辑进行分类：流量、转化率、客单价、复购率。

方式 2：自下而上"使用归纳法"提炼结构

自上而下演绎法的好处是效率高，可以很快速地就把问题结构化。

可是，这种方式有个前提，就是你得对问题的解决方法有深刻的理解，能够快速找到恰当的分解角度，或者大脑中已经有了现成的结构可以直接使用，比如：销售额 = 流量 × 转化率 × 客单价。

如果没有现成的结构，或者找不到分解的角度怎么办？

你可以尝试使用"归纳法"自下而上地提炼结构。具体怎么做？

1. 针对问题目标，穷尽所有能想到的内容

我们还是回到前面的问题：如何在未来三个月完成 100 万元销售业绩？

然后你需要开始头脑风暴，把能想到的所有相关信息，不管是建议方法、关键人物，还是重要事项、截止时间等等，只要和问题相关，有多少写多少，完全穷尽。

你也可以找来一些帮手，把大伙儿关在会议室里一起讨论，运用群体智慧，通过各种唇枪舌剑，各种奇思妙想，将想法、建议、点子铺满整个白板（见图 19-14）。

头脑风暴结束，你发现真的是说什么的都有……

不过，这都什么跟什么啊，果然是人多智商低……

是不是看着很头大？

还是不知道接下来该怎么办……

别急，我们接着进行下一步……

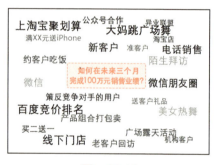

图 19-14

2. 用归纳法中的"求同、求异、剩余法"对内容进行分组

在分组过程中，你需要对内容进行一些增减修补，比如：

- 把一些有明显上下层次关系的先链接起来，看起来比较方便；
- 把同一分组中明显缺少的项目补上，比如客户分类中缺少"老客户"这一类；
- 再把一些重复的内容删除，不恰当的内容进行修正。

经过一番调整，凌乱的内容很快被分成了五个大组：渠道、获客方法、产品活动、客户分类、沟通方式，这里的分组名称不要求太精确，因为后期可能还需要调整（见图 19-15）。

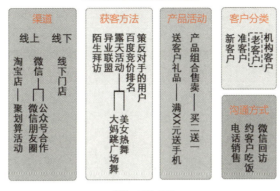

图 19-15

是不是感觉整体结构清晰很多了？

不过，这五类之间的逻辑，看上去还是比较混乱，内容之间也不 MECE，而且也不是金字塔结构……怎么办？

我们接着进行下一步……

3. 梳理逻辑层次，构建金字塔结构

接着，你需要梳理这五组的逻辑关系。我们发现"客户分类"这个组和其他几组明显不同，渠道、获客方式、沟通方式应该是根据不同的客户采取的不同的拉新、促销的手段。

因此，我们把"客户分类"这组拎出来，作为金字塔的上一层，把渠道、获客方法、沟通方式，根据客户的类别不同，重新组合，放在金字塔的下层。

在调整的过程中，继续修改归类错误，结构不 MECE 的部分，比如：

- "客户分类"中目前的内容是：新客户、准客户、老客户、机构客户。而机构客户和其他三类有重叠部分，不符合 MECE 原则，应剔除；
- 之前的类别命名不精确，其实应该分为"渠道、营销"这两部分，不同的用户对应不同的渠道，不同的渠道对应不同的营销方式；
- 头脑风暴时只考虑了新客户的渠道，没有考虑准客户和老客户的渠道，要补上（见图 19-16）。

这样看上去是不是又清晰很多了？

咦？"产品活动"去哪了？

不管是新客户、准客户还是老客户，我们采取的产品活动都是同一个，因此可以把产品活动放在它们的上方，作为金字塔的顶端，这也因此成了本次三个月业绩冲刺的核心活动（见图 19-17）。

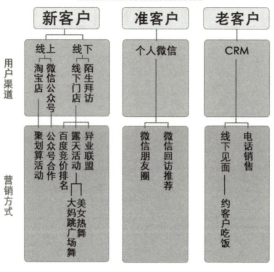

图 19-16

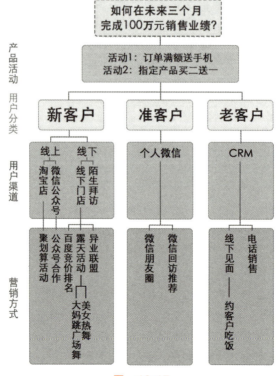

图 19-17

现在是不是看到金字塔结构了？

第三步：调整结构，给出方案

目前这个方案看上去还不太完善。

因为内容基本都是通过头脑风暴得来的，比较零碎，但是结构已经出来了。接下来，我们需要先检查整个结构是否 MECE，逻辑层次是否有混淆的部分，调整一下。

然后，根据这个结构，再往里面继续增减要素，不断完善整个方案。

注：篇幅原因，就不再继续做进一步的完善工作了，有兴趣的读者可以自己尝试。

最后，你就可以根据这个金字塔结构，给出未来三个月业绩冲刺的完整方案了（见图 19-18）：

你看，这样一步步梳理，我们就从一堆凌乱、没有规则的想法中，提炼出了一套有结构、有逻辑、可执行的行动方案。

这，就是结构化思维的力量！

不过，结构化思维的过程，就是将问题分解成一个金字塔结构吗？

当然不是。

金字塔结构只是结构化思维中最基本的一种形态，是结构化思维的基础。

接下来，我将带你进入结构化思维的进阶技巧……

三个月业绩冲刺方案：
为了完成在未来三个月100万元销售额的业绩目标，我们制定了两项活动方案：
1. 订单满额送手机；
2. 指定产品买二送一。

我们将针对新客户、准客户、老客户通过不同的渠道和营销方式来推广本次活动。

先来说新客户：
新客户的渠道分为线上和线下两个部分，线上分为淘宝店和微信公众号，我们将采取的营销方式分别是……

图 19-18

结构化思维的进阶技巧

通过刚才的例子我们可以看到，结构化思维，可以将一个复杂的整体分解成多个小部分来逐个分析，让思维可以既细致又不失整体；也可以将零碎的信息分类归档，组合成一个金字塔结构，让思维可以既发散又井然有序。

但是，整个过程既要头脑风暴穷尽想法，又得不断调整逻辑找出恰当的结构，还需要每一层都符合 MECE 原则……

这样下来，耗时就会比较长。而且，万一有些该考虑的部分，因为在头脑风暴的时候没有出现，后来也没想到，导致缺少一整个思考维度，怎么办？

有没有更高效的方法，可以让你把问题快速结构化，又保证每一步都符合MECE原则呢？

下面，我就给你说一下结构化思维中的进阶技巧：平面切割法。

图 19-19

什么是平面切割法

你拿出一张白纸放在面前，想象在白纸上即将填满的内容，将构成一个完整的方案（见图19-19）。

然后怎么办？

念个咒语，答案就会自动出现？

当然不是。

你需要拿起一支笔，开始对这个完整的方案，用横、竖线进行切割。只要你画的线是贯穿、封闭的，那么切出来的结构一定是MECE的（见图19-20）。

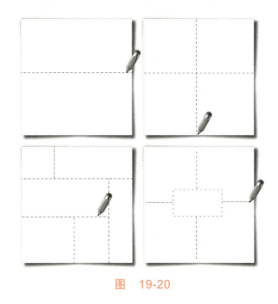

图 19-20

这个很好理解，因为本来就是一个整体，肯定是无遗漏的；用线条把彼此分开，一定是相互独立不重叠的。

现在的关键问题是，这个线怎么画？

当然不能随便画，就像我们中国的汉字，一共有10万个左右，每个字都不一样，但所有的汉字，都是通过"点、横、竖、撇、捺、折、弯、钩"这八个基本的笔画组合而成的。

切割平面的线也一样，也有两个基本手法，所有的结构都来源于这两个手法的单独或组合使用。

平面切割的基本手法

第一个画线手法：两分法

两分法是指：任何事物都是一对矛盾的统一体，彼此对立，加在一起又是一个整体，比如有无、是非、黑白、阴阳、虚实、因果（见图19-21）。

因此，如果我们能找到一件事情中，既对立、又统一的两面，我们就能用一条线，将它们彼此分开，组合成一个对立统一体，而它们两者也一定是 MECE 的。

比如，你们公司最近想招募新员工，应该采取什么样的招聘策略呢？

然后我们就开始思考，这张白纸上就是你所要面对的所有招募对象，是否可以用两分法，将它们分成一个对立统一的整体呢？

我们想到了一个要素：能力。

我们可以把它们先分成：能力强、能力弱的两类，彼此对立，结合在一起又是统一的整体，符合 MECE（见图19-22）。

不过这个分类还是太宽泛了，还有没有能组成对立统一体的其他要素？

我们又想到了第二个要素：态度。

我们可以把他们分成态度好、态度差这两类，彼此对立，又能融合统一。

可是，纸上已经被切割成能力强弱的两部分了，怎么办？

我们可以横向再画一条线，把纸切成上下两部分，上面的代表态度好，下面的代表态度差。

这样，这张纸就被我们切成了一个二维四象限，四个部分彼此 MECE，面试者也因此被我们分成了四类（见图19-23），他们分别是：

1. 能力强 / 态度好

2. 能力强/态度差
3. 能力弱/态度差
4. 能力弱/态度好

有了这个结构,我们就能很方便地制定出对应的招聘策略了(见图19-24):

图 19-23　　　　　　　　　图 19-24

注:结构化思考是帮助我们分析问题的,至于分析完之后又应该如何给出更有效的解决方案,还得看你的背景知识量,上面这个案例省略了具体策略的制定过程,有心的同学可以自行思考一下原因。

当然,遇到问题,你不用每次都自己切割。

有一些已经成熟的模型,也都是建立在这个切分方法之上的,你可以根据问题,直接拿现成的结构模型使用,不要自己重新发明轮子。

比如,基于两分法的管理理论(见图19-25):

图 19-25

第五模块　思维力提升

比如，将两次两分法，组合成一个二维四象限的各种管理理论（见图 19-26）：

图　19-26

当然，还可以找到很多，这里就不一一列举了，它们都是基于 MECE 原则，使用了两分法切割出来的结构模型，非常好用。

学会了这个切割方法后，你自己也能原创出一些有价值的分析结构，说不定还能出本书啥的。

第二个画线手法：三分法

三分法，就是在二分法的中间添加一个"过渡"的状态，让分类变得更加细致，也避免非此即彼的绝对论断。比如：

- 黑、灰、白；
- 好、一般、差；
- 事前、事中、事后；
- 陌生客户、准客户、老客户。

你也能将两个三分法，组合成一个九宫格，见图 19-27。

通用电气矩阵，就是把波士顿矩阵的二分法改成了三分法的变形，分析结构变得更加细致，战略选择也更加精准。

不过，三分法带来结构更细致的同时，也带来了结构的复杂化，很多人看到这个九宫格就已经懵圈了。因此，在你还没有熟练掌握结构化思维的前提下，如无必要，尽量避免过多地使用三分法。

图 19-27

结合这两种画线技巧，你可以设计出更复杂的结构模型。

比如，让你思维更缜密的：5W2H（见图 19-28）。

比如，让你快速理清商业模式的：商业模式画布（见图 19-29）。

图 19-28

图 19-29

比如，让你能全面分析企业发展问题的：麦肯锡7S（见图19-30）。

也许，你曾经看到过这些结构模型，也学习过它们的含义以及使用方法。而通过刚才的学习，你是否能看到它们是如何被一步步切割出来的呢？如果你能看到这些结构的演化过程，你是否对它们的理解和使用又更深了一个层次？

注：作为思考题，你可以自己试着拿张纸，把这些模型自己推演一遍。

回到前面头脑风暴的案例，我们试着用平面切割法，看看可以把刚才这个问题切成什么样的结构：

问题：如何在未来三个月完成100万元销售业绩？

图 19-30

一、用两分法，找到第一条切割线

客户？产品？活动方案？营销？渠道？

好像这些都不太适合，要么范围太小，无法包含所有相关的信息；要么无法切分成一个对立统一的整体。那应该怎么切？

通过思考后发现，要完成100万元的销售业绩，无论是从哪个角度思考，无非就分为公司的外部因素和公司的内部因素，这既包含了所有的相关要素，又对立统一。

因此，我们第一条线可以先把结构分为"内部因素、外部因素"这两部分（见图19-31）：

二、第二条线怎么画

要完成100万元的销售，无非就两个环节：① 把产品生产出来；② 把产品卖掉。

因此，第二条线可以是"生产与销售"这对矛盾统一体。

切割后，出现了一个二维四象限，彼此符合MECE原则。为了便于理解，我们对这四部分进行重新命名（见图19-32）：

图 19-31

图 19-32

- 外部销售问题：那就是"营销渠道"的问题；
- 外部生产问题：那就是"市场需求"的问题；
- 内部销售问题：那就是"销售团队"的问题；
- 内部生产问题：那就是"产品设计与供应链"的问题。

三、然后，再看一下每个部分是否还可以继续切割

比如，在"营销渠道"这个分类中，不同的用户类别适用于不同的渠道和营销方式，因此，可以用三分法，切成新客户、准客户、老客户三类，再横向切成营销和渠道两部分（见图 19-33）。

比如，在"销售团队"这个分类中，使用 X-Y 结构，设置业绩目标，施加外部压力；设置业务奖励，提供内在激励（见图 19-34）。

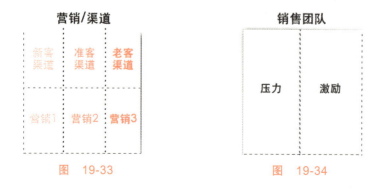

图 19-33　　　　　　　图 19-34

比如，在"市场需求"这个分类中，用两分法切分为用户需求和市场热点，用于搜集信息，协助设计部门做出更受欢迎的产品或者活动（见图19-35）。

比如，在"产品设计/供应"这个分类中，用两分法切分为产品设计和供应链管理，针对用户的需求和未来这三个月可能出现的销售高峰，调整产品设计，对供应链进行优化等（见图19-36）。

图 19-35　　　　　　　　图 19-36

如果说，前面金字塔结构是一名业务主管的视角，那么当你通过平面切割，你便拥有了CEO的全局视野。除了能看到前面金字塔结构中的所有和营销相关的内容，你还能看到之前未考虑到的公司内部视角和产品生产视角（见图19-37）。

图 19-37

19　思维混乱，是因为大脑没有结构

有了这个结构化的分析，你就可以从用户需求、市场热点的部分开始，收集相关信息并加以分析；

然后，用这些信息指导你的产品设计、活动设置，优化产品供应链；

接着，设定销售团队的业绩目标，制定团队的激励方案；

最后，针对不同用户的不同销售渠道，采取不同的营销方式。

通过平面切割来进行结构化思维，你的整个解决方案将变得更加完整和系统！

还没结束……

当方案开始执行，根据实际的销售情况、市场反馈，视图中右下角的"用户需求"部分的信息就会被更新；这将进一步帮助你优化产品设计，提供更受市场欢迎的产品，优化供应链的管理，以满足市场的增长；紧接着，调整团队业绩目标，优化激励方案；然后，继续改善渠道的营销方式……

随后，又进入下一拨优化循环，如此往复（见图 19-38）。

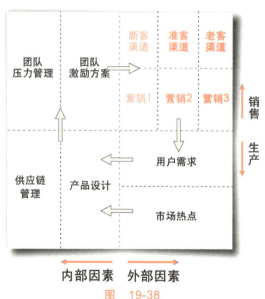

图 19-38

你有没有发现，整个方案动起来了！

它不再是固定的方案，在纸上一成不变，而是会随着时间推移不断调整、自我演化的！

这种加入了时间轴的动态思考,将我们的思维从三维上升到了四维,进化到了另一种方式……

下一章,我们将进入问题分析的"究极奥义":系统性思维!

思考与行动

看完 ≠ 学会,你还需要思考与行动

思考题:请使用金字塔结构和平面切割法分析问题:团队拼命研发了六个月的产品,上线后竟然无人问津,怎么办?

微信扫描二维码,把你的思考结果和学习笔记分享至学习社区,与其他同学互相切磋、一起成长,哪怕只是一句话,也会让你对知识的理解更加深刻,收获也会更多,还能让其他人从你的感悟中获得启发。

如果你能穿越，现在会变得更好吗

概念重塑　　　　　　　**大脑升级**

重新理解财富　重新理解自己　重新理解世界　解开大脑的封印　思维力提升　解决所有问题

`████████████████████████████░░░░` 83%

| 注意力 | 时间商 | 人生密码 | 复利人 | 角色化 | 理解层次 | 元认知 | 多维能力 | 势能差 | 估值模型 | 四域空间 | 运气催化剂 | 负面词语/情绪 | 学习三步法 | 背景知识 | 专注的力量 | 透析三棱镜 | 线性思维 | 结构化思维 | 系统性思维 | 选择 | 计划 | 演化 | 创新 |

20

蝴蝶效应

有一部经典的穿越系列电影，叫作《蝴蝶效应》，影片的大意是这样的：

Part 1

主角埃文，拥有穿越时空的能力，可以通过阅读自己的日记回到过去，甚至改变历史。

有一天，他找到了自己曾经深爱的（女主）凯丽，发现她如今的生活特别不如意，又因为自己提起她小时候被变态父亲要求拍限制级影片的往事，导致凯丽精神崩溃，选择了自杀……

男主悲痛欲绝，决定使用穿越技能，回到过去，改变历史！

男主想："既然凯丽的生活悲惨，精神崩溃到要自杀，是因为有一个变态的父亲，有一段不堪回首的童年经历，那我就去改变这段历史！"

于是，男主进行了第一次穿越……

穿越后，他正巧来到了童年时与凯丽一起在她家拍限制级影片的场景，男主愤怒地对变态佬一番呵斥后，成功阻止了女主的父亲继续拍片！

历史，也因此发生了改变，如今的女主凯丽，已经没有了变态的父亲，她拥有了一个美好的童年……

回到现在，改变历史后的女主，已经成为男主的女友，两人郎才女貌，正在过着王子与公主般的幸福生活，并且即将结婚。

Part 2

就在求婚的当晚，浪漫的场景突然被打断，因为女主的弟弟，刚从监狱里被释放，正怒气冲冲地来找男主闹事……这是怎么回事？

原来，因为上一次的穿越，女主的变态父亲，把这个变态心理，从女主转移到了弟弟汤米身上，导致了汤米从小心理畸形……如今已经变成了个大坏蛋！

后来，男主与汤米发生冲突，竟然误杀了汤米，并因此被关进了监狱，美好的生活就此终结……

男主想："我不能在监狱里了却余生啊，得继续穿越……既然我入狱，是因为汤米变坏了，那我就要回到过去，劝他变成好人！"

于是，男主开启了第二次穿越之旅……

这次，男主穿越到了汤米小时候正在做坏事的一个情节："打算放火烧死男主家的狗"。

男主想让汤米变好，就劝说他放下屠刀，立地成佛……

一番苦劝后，汤米竟然真的被说服了，打算重新做好人！

可正当汤米放下了火把，开始解救被困住的小狗时，另外一位伙伴"兰尼"突然拿起一把武器，从背后把汤米给杀死了！

男主傻眼了……

原来，兰尼一直因为小时候的一场恶作剧，对汤米怀恨在心，那时兰尼被汤米唆使在别人家的信箱里放雷管，结果炸死了房主，自己成了罪人。所以，今天正好逮到报复的机会，就忍不住下手了……

这可怎么办，汤米死了，历史再一次被改写……

时间回到现在，如今的兰尼，已因为那件事被当成了精神病给关了起来；而女主凯丽，也因此被毁了容，家庭被发疯的兰尼给毁掉，现在竟沦落成了卖淫女，还染上了毒瘾！

Part 3

男主见了惨不忍睹的女主后，精神很崩溃，决定继续穿越……

他想："这一切都是小时候的那场恶作剧，兰尼才会憎恨汤米的，所以，我只要回去制止这场悲剧的发生就好了！"

于是，男主开始了第三次穿越……

这次，男主穿越到了小时候放雷管的那个场景，他心想："我一定要阻止这场悲剧的发生！"

所以，当兰尼放完雷管，房屋的主人开始慢慢走向信箱的时候，男主一个箭步冲上前去阻止，兰尼见状也良心发现，前去扑倒房屋的主人以防被炸……

但万万没想到，男主由于太靠近信箱，自己反被雷管炸成重伤……而兰尼却因为救了房子的主人，成了英雄！

时间再次回到现在……

兰尼已经不是神经病了，汤米也变成了一名好学生，女主呢？

女主竟然和兰尼走在了一起，他们成了情侣！这是怎么回事？

正当男主发懵的时候，他发现自己竟然因为那件事情失去了双臂，如今已变成了一个残疾人……

所有人都变好了，自己却变成残疾人了，女友也跟别人跑了……

Part 4

男主想不开了，想自杀……

结果自杀失败，被救起……

没办法，男主只能选择继续穿越……

总之，男主因为如今生活中的各种不满意，不断穿越到过去，并进行各种修改……

可是，每一次小小的改动，却带来一次比一次更可怕的现实……

最终……

（影片有三个结局，这是结局之一）男主已完全接受不了现实的痛苦，也不想给其他人再造成麻烦。于是，他最后一次选择穿越回妈妈的肚子里，在自己还没出生前，用脐带把自己勒死在腹中……

游戏结束……

为什么会这样

为什么最初改变的一件小事，最终却改变了整个世界？

明明拥有超能力，可以穿越到过去随意修改历史，以为能过上完美的人生，可现状为什么变得越来越糟糕了？

这到底是怎么回事？

因为，你身处的，是一个混沌的世界！

一个混沌的世界

这个世界，没有简单的因果关系

比如，影片中汤米变坏了，男主就想回到过去，劝说他好好做人，结果却导致了对方的死亡……

每一件事情背后,都有其错综复杂的关系与结构,并不能做简单的因果归因!

这个世界,没有绝对孤立的个体

明明是在解决 A 问题,结果却导致了 B 问题的发生。

比如,影片中男主想让女主的变态父亲放过女主,可没想到却让女主的弟弟从小饱受虐待……

再比如,你想增加收入,想给家庭带来更好的生活。因此,你努力工作,业绩也变得越来越好,收入也在不断地增加。

一切看似都在往好的方向发展,可没想到,这却让你陪伴家人的时间变得越来越少,导致妻子对你心生不满,你却觉得自己很冤枉,家庭关系出了矛盾,生活的幸福感反而下降了……

这个世界,更不是永恒不变的静止状态

明明把当下的问题解决了,却在不久后的将来,带来了更大的麻烦。

比如,美国的次贷危机,将卖不出去的劣质资产重新包装后,当成优质资产出售,本以为从此皆大欢喜:普通民众都能贷款买得起房,投资人和银行也都能因此赚到不菲的收入。

可长此以往,风险积聚,杠杆越加越大,巨大的风险,就像一根不断拉长的皮筋,终于有一天绷不住了,"呼"的一声断裂,全球性的金融危机就此爆发!

对策,有时候比问题本身更糟糕!

那怎么办

用线性思维分析问题吗?

那你就看不清问题背后的错综复杂……

用结构化思维分析问题呢?

那你就看不到问题在时间长河中的持续演化……

面对这个复杂、动态、混沌的世界,你需要掌握一种全新的思维方式:系统性思维(由彼得·圣吉在 1990 年出版的《第五项修炼》一书中提出。——作者注)。

系统

这个世界上所有的事情都不是孤立存在着的，而是存在于一种叫作"系统"的东西之中，要理解什么是系统性思维，你就得先理解什么是系统。

百度给的定义：由运动着的若干部分，在相互联系、相互作用之中形成的具有某种特定功能的整体。

听着感觉很抽象啊，我来给你举个例子：

一堆汽车的零配件，这是系统吗？

这个显然不是系统，这些零件我们称之为"要素"。

然后，你可以把要素和要素，以一定的秩序拼接起米，搭成汽车的样子（见图20-1）。

图 20-1

那请问，现在是一个系统了吗？

还不是。

在汽车不能正常发动之前，你只能称它为一个结构，就像是用乐高玩具拼出来的一个玩具，只是把各个要素组合成了一个有结构的整体，要素与要素之间并没有发生互动关系，就不能称之为一个系统。

那什么才能称得上是系统？

当你把各种要素都组装完毕后，打着火，汽车能发动，能向前行驶，要素和要素之间能够产生互相作用，整体要能展现出一种特性和功能，这个，才能称得上是一个系统。

重新梳理一下系统的定义

由多个要素，以特定的方式组合成一个结构，通过互相联系和相互作用，变成具有某个特定功能的整体，称之为系统。比如说，人体有消化系统、血液循环系统；城市里有交通系统、金融系统；大自然里的生态系统，等等。

由此，我们可以总结出系统的四个组成部分。

系统的构成

1. 要素

系统由要素构成，要素是系统中你看得见的东西。

比如，汽车动力系统中的各种零部件，血液循环系统中的血液、血管、心脏，学校里的学生、教师、教室、书本，等等。

2. 关系

关系，是要素之间你看不见的相互联系和作用。

比如，两个人之间的上下级关系、合作关系、情感关系，汽车方向盘和轮胎的传动关系，也可以是规则、物理定律，等等。

3. 功能 / 目标

一定的结构，加上要素之间的连接、互动关系，使得系统成为一个具备特定功能的整体。

比如，汽车中任一零件都不能单独运动，但是组合成一个整体后，就具备了运动能力，可以以 200 公里 / 每小时的速度高速行驶。

大脑主要是由脂类、蛋白质、糖类、无机盐等构成，每一个看上去都很普通，但是以一定结构和互动方式组合在一起，就变成了我们至今都无法理解、拥有意识和智能的大脑。

并且，同样的要素，以不同的方式，可以组合成不同的系统，发挥出完全不同的整体功能！

比如石墨与金刚石（钻石），组成它们的要素都是碳原子，但是两者的碳原子之间，因为结构关系的不同，整体呈现出来的功能性就会大相径庭（见图 20-2）。

系统的功能，有时候并不明显，有时候表面上有个功能，实际上还有个功能。比如私立学校系统，表面上看，它的目的是教育；但实际上，它的目的也许是为了赚钱。

4. 环境

一套系统能否发挥作用，还得看这套系统所处的环境。比如汽车，在陆地上运行的时候，它是一套运行良好的系统；丢到水里或者外太空，这套系统就失效了，只是一堆废铁。

因此，当我们讨论一个系统的时候，不能只盯着系统内部，而是要把系统看作一个整体，看看这个整体外面的环境是如何的，这套系统是如何与外界环境互动的。

环境就是一个更大的系统。小系统相对于大系统来说，就是大系统中的一个要素，就像地球相对于太阳系，太阳系相对于银河系。

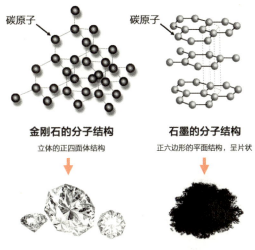

图 20-2

当把系统作为一个整体考虑的时候，除了要考虑它与大系统（环境）的互动关系，也要看它与大系统内其他要素（小系统）之间的互动关系。

OK，知道了系统是怎么回事，我们再来看什么叫系统性思维。

什么是系统性思维

一、系统性思维是一种"基于要素之间关系"的思维方式

一辆车，200万元买的，撞毁了，变成一堆废铁，价值趋近于零；
一幢楼，500万元买的，地震了，变成一堆砖头，价值趋近于零。
是什么改变了价值？
它们的要素都没变，还是那些组成它们的材料，变的是要素之间的关系。决定系统价值的是要素之间的关系和结构，而非要素本身。
要素重不重要？
当然重要，没有要素就不可能有系统。
但是，比要素更重要的是要素之间的关系，你要学会看见要素之间的关系，而非盯着要素本身。
比如，由10个人组成的一个小型创业团队，你可以把他们看成是一个系

统,每个人就是这个系统中的要素。

要素固然重要,比如你可以向谷歌学习,公司只招最优秀的人,让每一个要素都很厉害,可结果呢?你会发现成本越来越高,业绩却越来越差,为什么?

因为真正决定这个团队战斗力的是他们彼此间的分工配合,是合作模式,是相处关系,是共同愿景,是流程,是制度,是激励,是晋升机制,是股权分配……

一群聪明人,如果不经管理,就无法组合成一个目标一致、互相配合的系统,他们就会你争我夺,各怀鬼胎,谁都不服谁,各自打着小算盘,最后公司成为一盘散沙,什么事也推进不了。

没有彼此的分工协作,没有组合成一个有效的系统,你别说三个臭皮匠顶个诸葛亮,三万个也没用。

管理的目的,就是把一群人组合成一个有效的系统,他们才能成为一支团队。

看不见的关系,比看得见的要素要重要得多。系统性思维的第一步,就是要将你的视角从要素转移到关系。

二、系统性思维是一项"看见整体"的修炼

许多组织的运行效率低,首先是系统的问题,而不是人的问题。你要从某个局部的问题,延伸到整个系统的角度,去整体分析。

那怎么才能看到整体?

你可以从三个方面来看:

1. 要看到系统的内部结构

比如汽车转向失灵,你盯着方向盘和轮胎是看不出问题的,任何要素都是系统中不可分割的部分,不能脱离整体单独分析,你得看到整个系统中,与此相关的所有内部结构,不然就会出现头痛医头、脚痛医脚的情况,你换个更灵敏的方向盘,也许转向问题将变得更加严重。

在系统中,任何一个要素的变动,影响的不是一条直线上的因果关系,而是会牵一发而动全身,按了葫芦起了瓢。

只有看清了所有的关系和结构,才能找出系统中的杠杆解(见图20-3)。

2. 要看到系统的整体特性

比如由脂类、蛋白质、糖类、无机盐等构成的大脑,涌现出了超越这些物

质的能力，比如智能、情感和自我意志；大脑可以用来解方程，可以用来谈恋爱，还能谱写美妙的乐章，想象美丽的图景……而这些能力，都是组成它们的要素所不具备的。

原来这里有个螺丝松了

图 20-3

你在分析问题的时候，除了要看到整体之下的要素、关系、结构，还要看到整个系统涌现出的特性和功能，以整体功能和系统目标为导向，优化系统内部的结构和要素。

这样说，听着有点抽象，我给你举个例子：

2018年世界杯，被寄予厚望的阿根廷队，表现低迷，最终无缘八强。

赛后，矛头自然都指向了拥有五届年度世界最佳球员称号的梅西，有人说他太累了，有人说他受伤了，有人说他缺乏领导力……

总之，他没有在阿根廷队展现出应有的实力。

但，真的是这样吗？

梅西在任何情况下拿到球，都会吸引对方至少两人甚至多人来抢。在阿根廷队，梅西找不到传球的机会，通常会陷入苦战，然后错失机会……

有人会说，是梅西太独了；或者说他身边的队友，太没意识……

然而，同样的情况如果发生在巴萨，却是个好机会！

当梅西拿球被包夹，巴萨的队友就会迅速跑位，填满梅西附近的特定区域，方便梅西传球。这让对方球员进退两难，你要过来抢梅西的球，梅西马上就会把球传给队友；你要是盯防其他球员，梅西就拿着球自由活动！

从要素的角度来看，可能是因为在巴萨，梅西的身边拥有更出色的队友，他们的跑位意识更好；但是从系统的角度上来看，巴萨所使用的其实是一个更先进的现代足球系统，叫作"tiki-taka"。

总之，这种足球系统，会让整个球队的配合行云流水，更让梅西这种超级球星在系统中如鱼得水，让对手感到特别特别恐怖。

梅西出身于西班牙巴塞罗那俱乐部的拉玛西亚青训营。他从小接受的就是这种系统性的打法，而阿根廷的俱乐部没有这种打法。所以，阿根廷想要重振雄风，并不是换个梅西这样厉害的要素，也不是给他配几个更好的队友就可以了，而是要把目光拉到一个整体，要构建一个更先进的足球系统……

梅西，不仅属于阿根廷；梅西，也属于系统！

3. 要看到系统的外部结构

一个整体，是一个更大的系统中的要素。

你不仅要考虑某个要素在系统内的互动关系，还要考虑，整个系统作为一个要素，与外部系统之间的互动关系。

比如你设计一款汽车，不仅仅要考虑汽车的内部构造，还要考虑这辆汽车未来所在的交通系统是怎么样的，是在繁华拥挤的大都市，还是在一望无际的大沙漠？是在激情燃烧的赛车跑道，还是布满传感器的未来之都？不同的外部系统，导致你在设计汽车的时候，内部系统也要有对应的不同构造。

除了要考虑与外部系统的互动关系，还要考虑与外部系统中其他要素之间的互动关系。

比如你在思考如何提高工作绩效的问题时，不仅仅要考虑和工作相关的事情，还要考虑对家庭、学习、社交所带来的影响，因为这几个系统都有一个共同的要素：你每天仅有的 24 小时。

因此，它们之间就会互相影响，你就得把这些因素都放进来，综合考虑。

要素服务于系统，局部服务于整体，小系统受大系统影响。

所以，系统性思维的第二步，就是要将你的视角，从局部拉升到整体。

三、系统性思维是一种"动态化"的视角

这个世界不是你做一个动作，就导致一个结果的，而是你每做一个动作，都会加入到一个系统中，然后跟着系统一起不停地演化，导致很多很多个结果。

比如，你因为某次在路上扶起了一位摔倒的老奶奶，老奶奶的儿子成了你的大客户，你因此获得了突出的业绩，被升职加薪，你特别高兴。

但这并没有结束，新职位会为你带来更多的资源，还会逼着你提升自己的能力，来适应这个新的岗位，而这些将给你带来收入的再次增加，职位的再次提升，分配给你的资源又因此变得更多……

这还没有结束，你收入变得更多，职位变得更高，也许还会增加你对异性的吸引力，成就一段美好的婚姻，给你未来的孩子提供更好的教育资源……

而这一切，也许就是因为那一次，你伸手扶了一位摔倒的老奶奶……

所以，从系统的角度去思考问题，任何事情都不是静态的一瞬间，做了动作 A，得到结果 B，就结束了，而是会一直一直持续演化，没有尽头……

就像本章开头说的那部电影《蝴蝶效应》，南美洲亚马逊河流域热带雨林中的一只蝴蝶，偶尔扇动几下翅膀，可以在两周以后，引起美国得克萨斯州的一场龙卷风……

回想一下过去，是否有几次在当时看起来非常不起眼的小决定，造成了你如今截然不同的生活呢？那么，你现在做的每一次决定，又将如何影响你未来的人生轨迹呢？

这是一个持续演化的混沌世界，系统性思维的第三步，就是要将你的视角从静态变成动态，加入时间这第四个维度，让你看到事物背后的演化进程。

好，说了那么多系统性思维是什么，那么你该如何掌握这种系统性思维呢？

系统性思维的基本概念

一个简单的系统

先给你看一种最简单的系统形态：

假设，你现在要洗个热水澡：你打开了水龙头，开始调节温度……

一开始流出的水很凉，你想让温度升高一些，因此你转动水温调节阀，水温开始慢慢上升；

渐渐地，你又感觉太烫了，想把温度降下来，因此你反转水温调节阀，水温开始慢慢下降；

过了几秒钟，又感觉太凉了，你再次转动热水阀，以提高水温……

如此反复几次后，终于达到了体感舒适的温度。

这个过程看似很日常，但

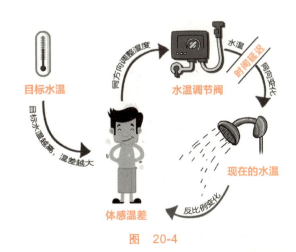

图 20-4

它却是由"水温调节阀、现在的水温、体感温差、目标水温"这四个要素组合成的一个系统,如图 20-4 所示。

假设一开始的水温是 10℃,你感到舒服的目标温度是 37℃(见图 20-5)。

- 现在的体感温差 =37-10=27℃,这将影响你转动水温调节阀:调热,目标 37℃。
- 水温调节阀的转动,使水温发生同方向的变化,在上调的过程中,水温的实际变化,可能会有几秒钟的延迟。
- 现在的水温升高到了 40℃,体感温差将减小,变成了 37-40=-3℃,新的体感温差又进一步影响你转动水温调节阀的方向和大小:因为变成了负数,因此反向旋转,降低一点点温度……
- 如此循环往复,直至达到目标水温。

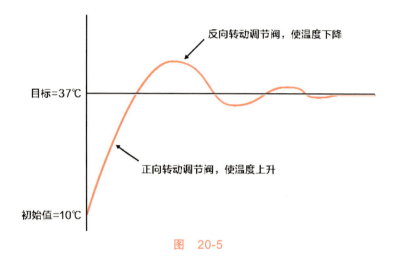

图 20-5

接着,我把这个示意图简化一下,见图 20-6。

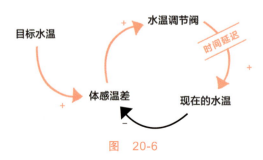

图 20-6

- 箭头与加号:代表两个要素同方向变化(A 增强,B 增强);
- 箭头与减号:代表两个要素反方向变化(A 增强,B 减少);

- 在箭头中加的 || 符号：代表这两个要素的互动关系存在时间延迟，变化会来得迟缓一些。

这样，一个多要素之间的复杂互动关系，就可以被清晰地画在了纸上，我们称之为"系统图"。

之后的所有系统化思考过程，我们都将通过这种系统图的方式来表达。

有了这些铺垫后，接下来就正式开始讲系统性思维的具体内容。我先来说一下系统性思维中的几个基本概念：

三种基本反馈

反馈，是系统的基本组成单元，用于描述系统中要素与要素之间的关系。
在所有的系统图中，有且仅有三种基本的反馈方式，它们分别是：

1. 正反馈

代表两个要素之间是正比例关系，A 增强，B 增强，用箭头与"＋"表示（见图 20-7）。

2. 负反馈

代表两个要素之间是反比例关系，A 增强，B 减少，用箭头与"－"表示（见图 20-8）。

3. 延迟反馈

代表两个要素之间的互动关系不是即刻发生的，A 发生，一段时间之后，B 才会有反应，在箭头中加入"||"表示（见图 20-9）。

图 20-7　　　　　图 20-8　　　　　图 20-9

两种基本回路

光有要素和反馈，还构不成一个系统，这点前文已经说过，要成为一个系统，它们得能运行起来，产生某种特性或者达成某个目的才行。

在系统性思维里，这种拥有特定功能、结构最简单系统样式，叫作

"回路"。

它的样子就像你用电线,将电池的两极连接一个灯泡,构成的一个能运行的最基本的闭合电路一样(见图20-10)。

有两种基本的回路:

1. 增强回路

或者叫正反馈循环,是由两个及以上的正反馈连接起来的环形回路(见图20-11)。

增强回路,会让在此系统中的要素,像滚雪球一样不断地增强。

比如说,为什么会富者越富,甚至逐渐形成了阶层固化?

就是因为财富的增加会带来资源分配的不平衡,而资源不平衡会带来每个人的竞争力出现本质的差距,这又进一步导致财富的向上聚集,富者越富!见图20-12。

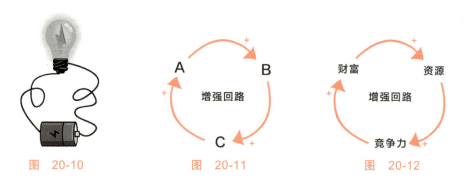

图 20-10　　　　图 20-11　　　　图 20-12

增强回路不仅会使系统往好的方向不断增强,也会往坏的方向不断恶化,直至崩溃。

比如,股市下跌造成的恐慌情绪,导致股票抛售量的增加,这又进一步导致股市的下跌(见图20-13)。

我们在第4章讲过"复利"的概念,其本质就是构建了一个增强回路。

2. 调节回路

调节回路,是由1个负反馈(或者单数个)加上若干个正反馈所组成的环路(见图20-14)。

调节回路的功能,是让系统趋向稳定或者达成某个目标。

比如,我们前面说的调节热水器的那个过程,就是一个调节回路,让水温达到并稳定在一个确定的温度上(见图20-15)。

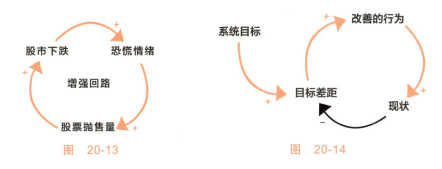

图 20-13　　　　　　　　图 20-14

再比如，为了保持公司持续拥有竞争力，你需要保证公司内部有一定的人员流失率。

比例太高，意味着招聘成本的增加以及业绩的损失；而太低，意味着人员臃肿，考核过于宽松，你的团队会越来越没有战斗力。怎么办？

经过统计，10%的末尾淘汰率，是一个比较健康的流失率。因此，你需要设计一个调节回路，通过调节考核指标来控制人员流失比例（见图20-16）：

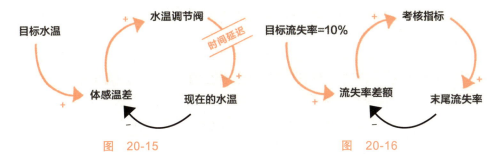

图 20-15　　　　　　　　图 20-16

两种结构模型

知道了反馈和回路，现在我们就可以根据问题开始画系统图了吗？
还不行。

如果把要素比作电子元器件，反馈方式比作电线，那么，仅仅通过把电子元器件用电线一步一步连接成一个系统，也许简单的结构还行，如果是构建一个复杂系统，还要保证系统能稳定、高效地运行，那这种方式的效率就很低了。

这就像安装电脑主机，你不需要焊接每一个元器件和电线，从零开始设计一台电脑，这样的方式不仅慢，还会出错……

那怎么办呢？

你只需要将主板、显卡、内存、CPU、硬盘等等已经封装好的模块拼装起来即可。

如果，一些常见的系统结构，也能被封装成像主板、显卡那样的一个个模块，可以直接拿来使用，就可以大大提高构建一个系统的效率。

系统性思维发展至今，确实已经有一些结构被模块化了，你可以拿来直接使用。接下来，我就给你介绍其中两种最常见的基本结构，它们存在于我们日常生活的很多场景中，很多复杂的系统都可以由它们通过简单的变形、拆分、组合而成。

结构一：增长上限

刚才说到一种基本回路，叫作增强回路。你看到的时候，不知道有没有一些疑问：

"这种增强会一直持续下去吗？复利增长是永远的吗？有钱的家庭永远会越来越有钱吗？"

如果是的话，为什么我们又总说"富不过三代"呢？

股票下跌，造成恐慌性抛售，导致股市从10米跳板上往下跳，但总会有落水停止的一刻吧？

鸡生蛋，蛋生鸡，感觉从此就要发财致富了，可为什么很多人玩不下去了？

复利好像是有极限的，增长回路也是会停止的，这是什么原因呢？

这是因为，系统在增强的过程中，会产生一些抑制增强的副作用，而副作用的不断累积，就会反过来制约增强回路，最终导致增强的停止，甚至会让它急转直下。

这个，就是系统性思维中"增长上限"的结构模型，请看图20-17。

图 20-17

它是由一个"增强回路"，加上一个"调节回路"组成，一开始，系统按左侧增强回路的方式运行，当目标要素不断增强，右侧的调节回路开始启动，并不断限制增强，最终使左圈的增强停止，甚至开始逆向增强。

比如说鸡生蛋，蛋生鸡，看似很美好，但是随着鸡的数量不断增加，规模带来的养殖复杂度，也呈几何级上升，这就对你的管理能力提出了严峻的考验！请看图 20-18。

图 20-18

瘟疫、污染、水电等等因素，会因为你的管理能力不足而频频发生，大量的鸡会因为种种意外、管理不当开始死亡，一场瘟疫、两小时的停电等突发事件就有可能让整个养鸡场毁于一旦。

而造成的影响，比如恶性瘟疫的发生，甚至会持续发酵，让你面临巨额的赔款，导致你倾家荡产……

如果你发现自己进入了一个"增长上限"的系统结构，应该怎么办？

大多数的人会选择继续图 20-17 中左圈的循环，因为这个方法曾经有效，并带来过指数级的增长，如今停滞了，那么我就应该更加努力才是……

比如，你们公司推出了一款新的产品，通过投放大量的广告，让产品的销售量暴增。钱多了，于是你们开始投放更多的广告，产品越卖越多，销售额呈指数级增长，这是一个增强回路……

但是，产品卖得多了，产量就得跟着提升；产量提高了，你可能就得加人手，管理的复杂度就提升了；管理复杂度提升，就会带来次品率的上升，次品率会影响用户的口碑，用户的差评变多了，就会影响你产品的销量（见图 20-19）……

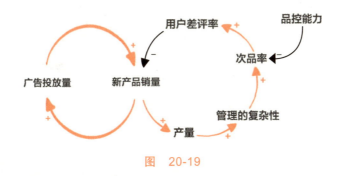

图 20-19

而这个时候，如果你选择继续走左侧，增加广告投放量，你就会发现，广告对产品的销量拉动开始变得乏力，甚至由于市面上你的负面信息过多，这个时候的广告反而会带来反效果，引起大量的嘲讽和退货，造成销量的快速下跌，变成了一个逆向的增强回路……

那怎么办？

如果你发现自己身处一个"增长上限"的系统结构中，你应该找到右侧循环中的"限制因素"，比如养鸡场案例里的"管理能力"，新产品销售案例里的"品控能力"，它们才是杠杆解，用心解决限制因素就能打开上限，让左侧的增强回路继续良性运转。

当然，并不是所有的限制因素最终都会被消除，比如市场容量，它会让你的增长最终迎来极限。

结构二：舍本逐末

回到养鸡场的案例，现在养殖复杂度变得越来越高，鸡群的风险变得越来越大，你应该怎么办？

增加人手？提高打扫卫生的频次？在饲料里添加抗生素？

这些行为，确实可以在短时间内快速解决出现的问题，却会在长期的过程中，产生新的更严重的问题；或者这些问题会一再地出现，你需要不断地去解决，成为救火队员。

那怎么办？

真正有效的解决办法，是引入一整套科学的现代养鸡体系，从硬件设施到软件管理，全部规范化、流程化……

听到这里，你可能已经头大了，这得花多少钱，花多少时间啊，我现在的这些设施怎么办？人员怎么办？再搬个场地？开玩笑……现在已经出现问题了，你告诉我怎么解决？

嗯，你说的没错，所以你只能是个救火队员……

比起救火，更重要的工作是防火。如果觉得防火的工作麻烦而不去做，你就只能天天去做救火的事情。

这类问题背后的系统结构，就叫"舍本逐末"，见图20-20。

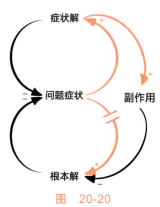

图 20-20

"舍本逐末"的结构，是由两个"调节回路"组成，两个回路都想解决问题，上面一个回路代表能够快速解决问题的"症状解"，但是效果只是暂时的；下面一个回路是能够从根本上解决问题的"根本解"，但是存在时间延迟、见效慢、成本高、难度大等问题，好在可以持久有效。

另外，在使用症状解的过程中，还会产生副作用，并隐含了一个增强回路，让问题症状在未来变得更难解决（见图20-21）。

比如养鸡场的例子，问题症状是鸡容易得瘟疫，症状解是长期给它们吃带有抗生素的饲料，从表面上看，鸡的疫情得到了控制，但如果长期食用抗生素，将带来的副作用是药物残留，产生抗药性，普通细菌会演化成超级病菌，这将进一步危害鸡群和人类的健康，让原来的根本解也逐渐失去作用，最终导致问题变得更加严重，更加难以解决。

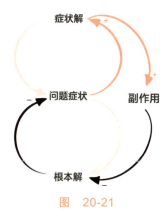

图 20-21

注：两个负反馈（偶数）= 正反馈，因此这是一个增强回路。

舍本逐末的结构，在我们日常生活中相当常见，比如：

生病是"症状"，去医院看病是"症状解"，去医院能很快地缓解病情，而"根本解"是健康饮食和锻炼身体，耗时长，见效慢。你不锻炼身体和控制饮食，身体就会变差，就需要经常去医院看病。而你会觉得，反正去医院看病也能治疗，你就更不愿意花时间去锻炼身体，身体就越差……

收入低是"症状"，下班后去做兼职是"症状解"，做兼职能够很快地增加收入，而"根本解"是提高自己的能力，耗时长，见效慢。你经常去做兼职，就没有时间去提高自己的能力，这将导致你的竞争力在同龄人中变得越来越低，进一步影响你的收入，你因此就需要做更多的兼职（见图20-22）……

我们之所以那么痴迷于头疼医头式的症状解，就是因为症状解简单，并且确实能快速见效，这就会让我们上瘾，让我们对这种解决方法产生依赖，于是就更不愿意使用根本解……

而症状解带来的副作用，会让我们在未来失去根本解的能力，想回头的时候已经来不及了，最终病入膏肓，无可救药。

这就像很多企业，遇到问题后，给出一个自认为很聪明的解决方案，比如业绩差了就提高激励尺度，相信重赏之下必有勇夫。当时看，也许的确

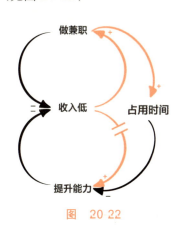

图 20-22

很有效，但是随着时间的推移，这个解决办法带来的后果，甚至比原来的问题更严重，比如业绩造假，欺瞒客户，或者公司在亏钱，而员工的收入却在增加……

而这个时候，你不给还不行了，药不能停，不给就不做，一停业绩就掉，你再想改方法？已经来不及了……

有一种悲哀，叫作为时晚矣；有一种苍凉，叫作无力回天……

如果，你正在遭遇某个问题的困扰，而你也曾经尝试过许多解决办法，当时看上去改善了不少，但是没过多久，问题又一再地出现，甚至变得更糟更猛烈，你感到一种无力感油然而生……

那么，你就要小心了，也许，你已经踏入了这个舍本逐末的死循环……

如何逃离舍本逐末的死循环？

试着画一下舍本逐末的系统图，找到问题的症状解和根本解，然后呢？

当然是选择进入下面的回路，而避免走上面的回路了。

不要因为路远而踌躇，路选对了，时间会给你答案！

好，说完了基础知识和两个基本结构，那么遇到问题后，我们该如何运用系统性思维，来解决问题呢？

最后，我将用一个案例来说明运用系统性思维的完整过程。

系统性思维实战

还是拿前面的问题来举例：

图 20-23 是我们前面通过结构化分析的结果，将一个问题拆分成很多部分，各部分彼此之间相互 MECE，拆解得很全面。

接下来，我们要开始使用系统性思维做进一步的分析。

使用系统性思维并不是说就要抛弃结构化思维，结构化思维能够让我们把事情想得很完整，这是基础。而系统性思维则是在这个基础之上，帮助我们找到要素之间的关系，发现整个事件的内部结构，同时，拉高视角，让

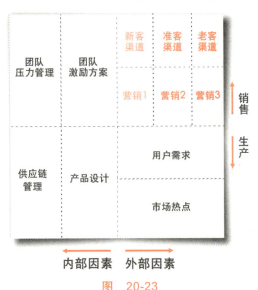

图 20-23

我们看到事情的全貌，建立起一个整体的概念；并加上动态的时间轴，让我们能看到事情未来的演化方向。

具体怎么做？

第一步，从调节回路开始，描述系统

一个系统是为了实现某一个目标或者功能而存在的，而调节回路的作用，就是让系统的运行方向走向某一个特定的目标。

因此画系统图，一般可以从系统要实现的目标开始，用调节回路开始描述系统。

首先我们来看问题：如何在未来三个月完成 100 万元的销售业绩？

请问，这个对系统来说，是一个正确的目标，或者是要实现的功能吗？

不是，这是一次短期的任务。

如果一支球队是一个系统，那么这个系统的目标，应该是夺得联赛冠军，或者胜率达到 70% 以上，而不是赢得下一场比赛。一场比赛，只是整个系统在实现目标过程中的一次任务，这就好比是给系统加点油，让系统在这段时间里跑快一点一样。

所以，从系统的角度来看，系统的目标应该拉长时间，比如三年要实现一个什么目标；或者状态化，比如每天、每月要实现什么样的效果。

因此，我们可以把系统的目标调整为：每月销售额达到 50 万元。

这就是一个状态化的目标，能够比较清晰地衡量出这个系统目前的生产能力。

然后根据这个目标，画出调节回路中的"现状、目标差距"这两个要素，组成系统的第一个部分（见图 20-24）。

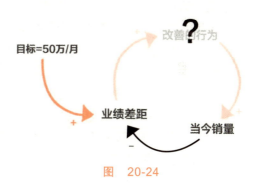

图 20-24

那么，当今的销量是如何产生的呢？

销量是经由你目前的"销售系统"产生的，销售系统的效率越高，

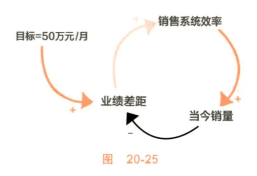

图 20-25

当今的销量越高（见图 20-25）；

那业绩的差距，如何能提高销售系统的效率呢？

我们可以试着在业绩没达到之前，给团队设定 KPI，用压力工具，推动销售系统的运转（见图 20-26）。

这样，一个基本的调节回路就完成了。

当然，销售系统也是个复杂的结构，由营销、渠道、其中的人员、方法等构成，由于篇幅有限，以及每个公司的业务方式不同，因此，我就不做拆解了。我们把整个销售系统，作为一个要素，放在这个更大的系统中来整体对待，你可以根据自己公司业务的情况，试着拆解梳理一下，具体可以参考前面的内容。

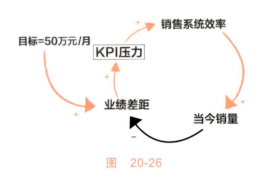

图 20-26

第二步，优化结构，完成系统图，找到杠杆解

我们的目标是要提高"当今销量"，而从目前的系统结构中，只有当团队业绩不达标的情况下，KPI 才会发挥作用，用压力推动销售系统，而业绩一旦达标，团队就没有了继续销售的动力，甚至会把当月的业绩藏到下个月用，怎么办？

一个系统，增长的动力来自于"增强回路"，我们要想办法在系统中构建一个增强回路，让系统不断地增强。

因此，我们可以试着用新增业绩的一部分作为激励，推动销售系统的继续运转，形成增强回路（见图 20-27）：

这样，在标准之下，系统会走外圈，使用"压力工具"为销售系统提供动力；而在标准之上，系统会进入内环，用"激励工具"继续为销售系统提供动力，销量越高，激励越多，团队动力就越大，销量就因此越高……

现在，增强回路出现了，我们就要马上想到，会不会存在"增长

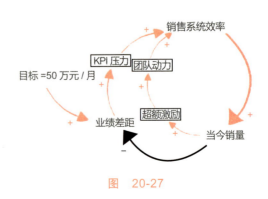

图 20-27

上限"的结构？也就是产品卖得越多，会不会产生其他的副作用？

嗯，这个当然会，产品卖得越多，产品供应端的压力肯定就增大，产品质量、服务品质可能都会因此下降，比如饭店的客人一下子来了很多，服务员手忙脚乱，厨师糖盐不分……

这将导致次品率的上升，用户体验的下降，差评的增多，这将会反过来限制销量的增加，一个熟悉的增长上限结构出现了。

因此，我们在系统图的右侧，可以继续画出这一部分的系统图（见图 20-28）：

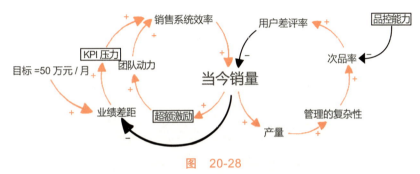

图 20-28

注：销量增大，还有可能带来新竞争者的出现等其他副作用，反过来限制增强回路，为了案例中的系统不过于复杂，我们这里暂时只设定"次品率增加"这一种副作用用于案例说明。

有了这个系统图，我们的杠杆解也浮出水面了，作为一个"增长上限"的系统结构，关键在于两点：

1. 保证左侧回路的正常运行

制定适合的 KPI，定得太高，进入不了内环，定得太低产生不了压力的推动；设置激励机制，让超额收益持续推动系统的运转。

2. 去除右侧回路的限制因素

投入足够的资源，提高团队品控能力，保证产品品质。

如果从结构化思维的视角，我们会发现要做的事情有很多，分不清主次；但是如果拉升到系统的视角，我们就更容易找到关键的环节，以小博大。

第三步，抬头看天，放入大系统

等等，系统中有些关键的要素怎么没有看到？

比如用户需求、产品设计、公司战略、团队管理、人才用留？

目前这个系统只是某一个业务层面的系统图,要看到刚才说的这些,我们需要拉高视角,把整个业务系统视为一个要素,放入一个更大的结构中来看:

比如,我们放到整个公司的运营系统中:

用公司中能带来大量现金流的业务,来给案例中的业务提供弹药,给人、给钱、给资源,帮助该业务更快地成长为明星业务(见图20-29)。

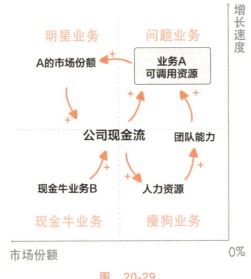

图 20-29

然后把视角,再往上拉一个维度……

把整个公司的业务,看作是一个要素,把它放在整个市场环境中去分析(见图20-30)。

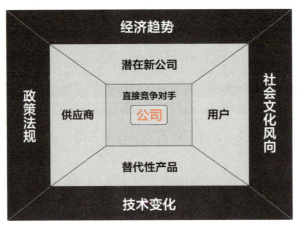

图 20-30

这样，我们就能从更宏观的层面，从上到下，系统性地逐层分析，找到更适合公司的发展策略、产品策略、营销策略……见图20-31。

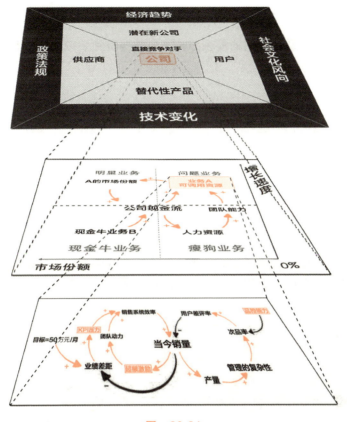

图 20-31

当然，你还能分出更多的维度，比如细化销售系统、产品系统、公司的人力资源系统，等等。

但是，并不是我们要在分析任何问题时，都需要把全世界的每个角落都看一遍才能做决定，把与问题相关性最大的系统结构拿来分析即可。

一旦拥有了系统思维，你看到的世界，将和原来变得不一样了

你不再浮于表面，观察将更有深度……

你能够洞察事物的本质，看到别人看不到的关系，发现事物背后的规律，找到最关键的环节，以小博大，以简驭繁！

你不再限于局部，视野将更加宽广……

你不但能看到系统之内的复杂结构，还能够看到系统之外的整体特性，能够飞上三万米的高空俯视全貌，把控全局！

你不再困于当下，观察将更有远见……

你能够拨动停止的钟摆，让时间穿越到未来，看到事件的动态发展，预言未来的演化趋势，站在未来，看今天！

不过，这一切都还只是冰山一角……

这个世界，远比我们能够想象的还要复杂！

好在，系统性思维给了我们一束从混沌的世界中透出来的微光，如果你能拥有这种能力，也许，你便能发现这混沌背后的简单之美，你眼里的世界也将从此不同！

思考与行动

看完 ≠ 学会，你还需要思考与行动

思考题：以你所在的公司作为一个系统，试着用系统性思维来拆解一下它的内部结构，并找到下一轮增长的杠杆解。

微信扫描二维码，把你的思考结果和学习笔记分享至学习社区，与其他同学互相切磋、一起成长，哪怕只是一句话，也会让你对知识的理解更加深刻，收获也会更多，还能让其他人从你的感悟中获得启发。

成大事者，不做选择题

概念重塑　　　　　　　　**大脑升级**

重新理解财富　重新理解自己　重新理解世界　解开大脑的封印　思维力提升　解决所有问题

▰▰▰▰▰▰▰▰▰▰▰▰▰▰▰▰▰▰▰▱▱ 87%

注意力　时间商人　人生密码　复利　角色化　理解层次　元认知　多维能力　势能差　估值模型　四域空间　运气催化剂　负面词语/情绪　学习三步法　背景知识　专注的力量　透析三棱镜　线性思维　结构化思维　系统性思维　选择　计划　演化　创新

21

你为什么纠结

正文开始之前，我先问你几个问题：
（1）去星巴克喝咖啡，大杯拿铁34元，加3元升超大杯，你要不要升？
（2）和别人约会早到了半小时，你会打一局王者荣耀，还是看一会儿书？
（3）好友向你借钱，借的话你舍不得，不借面子又挂不住，你是借还是不借？
（4）高考没进自己理想的大学，你会选择复读，还是去上一个不喜欢的大专院校？
（5）毕业后，你更愿意去大公司拿稳定的收入，还是去创业公司，用时间换空间？
（6）你30岁了，是继续在不喜欢的公司里打工，还是跳槽转行或者下海创业？
（7）有两个男生追你，一个家财万贯，但是天生愚笨，长相一般，性格暴躁；另一个英俊帅气有才华，性格温柔，就是没钱，你选哪一个？
（8）你是一家大公司的CEO，年度战略会议上，两个部门都说自己的业务重要，向你要预算，一个看似更有前景，但是近期不会赚钱；另一个看似很赚钱，但是发展空间有限；而公司预算有限，你会怎么选择？

都说选择大于努力，可应该怎么选才对？

你也知道，最大的失败，不是努力了没有成功，而是选择错误，导致之后的所有努力都没有价值……

因此，你谨小慎微，生怕自己判断错误，你知道，你的每一次选择，都有可能改变人生，就像上一章里说的那样，产生蝴蝶效应。

面对未知，你感到彷徨、恐惧、纠结、焦虑……

怎么办？该如何做出正确的选择？

凭感觉？

拍脑袋？

数花瓣？

要，不要，要，不要，要……

脑子是个好东西，可为啥每次都忘了用呢？

或者听听别人的建议？分成两拨人，各持观点，互相辩论，上演人间奇葩说？结果感觉双方都说得很有道理，你该听谁的呢？

估计你会更纠结了……

好，你说这些都是大问题，太复杂了，确实很难判断。可为什么像星巴克咖啡要不要升杯，空闲的时候是玩游戏还是看书，今天中午去吃啥，今天出门该穿啥，这些日常小问题你还是会纠结？

成功学会告诉你，成大事者不纠结，可如何才能不纠结？面对选择，你就是会犹豫、会纠结啊，到底该如何做出果断的决策呢？

该如何做选择

好，我现在再给你出一个选择题：

"两个骰子，一个6，一个2，请选一个点数更大的。请问你选哪个？"

你会说，这不是废话嘛，当然选6……

那么问题来了，面对这个选择，为啥你就不纠结了呢？这与前面的问题区别在哪？

答案是：这个问题有一个统一的选择标准，而且选项可以被量化。

选择标准是：比点数的大小。

而骰子点数的大小，是可以被量化的，一个2，一个6，眼睛就能分辨。

因此，6大于2，选6，这个答案是显而易见的，我们完全不需要纠结。

可我们经常遇到的并不是这类选择题，而是更像"石头、剪刀、布"一样的选择题："石头 > 剪刀；剪刀 > 布；而布 > 石头……"

你说哪个好？

这你就懵圈了，不知道该怎么选了……

这就像你要找一个终身伴侣。面对2位候选人，A比B有钱；B比A有才；A又比B帅；B又比A性格好……

怎么选？

好不容易想选 A 了，结果 B 又给你做了顿烛光晚餐，送了你一大束玫瑰，跟你许下了山盟海誓……

你又犹豫了……

为什么？

因为他们之间没有统一的比较标准！

你每次都是拿局部比局部，结果比来比去各有优势，所以才纠结了嘛！

<u>因此，纠结只是症状，导致我们纠结的是选择没有统一的标准。</u>

你看似是在做选择，其实是在找标准。

如果标准能确定，选项可以被量化，那么，这就变成了骰子比大小的问题，答案也就自然出来了，你根本就不需要做选择！

做选择，其实就是把石头、剪刀、布的问题，变成比骰子大小的问题……

比大小

<u>我还是拿"如何挑选老公"来举例说明该如何做科学的决策：</u>

假设，现在有两位帅哥同时在追求你，一个叫王小帅，一个叫李有钱。

- <u>王小帅</u>：30 岁，程序员，家境一般，但很有才华，受老板器重，目前在一家创业公司上班，拿着 25 万元的年薪，工作非常努力，每天加班到很晚。
- <u>李有钱</u>：33 岁，富二代，长得帅，目前在某国企上班，老爸托人安排的职位，15 万元年薪，工作、生活都比较安逸，有过多次恋爱经历，娱乐生活丰富。

好，请问你怎么选？

比收入、比家境、比长相、比智商还是比性格？这又变成石头、剪刀、布的问题了……

要做选择，一定得有统一的标准，你不能只比其中的一个维度（除非你只看重一个维度，其他都不在乎），也不能拿一个人的收入和另外一个人的长相比，它们不是一个标准，没有可比性。

那怎么办？

第一步：列出标准

首先，你要把你在乎的所有要素都作为比较标准列出来。

那么，有哪些要素可以作为比较标准呢？

你可以从三个方向去寻找，分别是：过去、现在、未来。

1. 过去：寻找历史记录

往过去找什么？

找历史记录。

就是被选对象，有哪些过往的经历可以拿来作为判断依据的，比如成长经历、学习经历、职场经历、获奖经历、情感史、犯罪史等等。

这些内容代表备选对象过去是什么样的，虽然不能代表未来也会如此，但可以很大程度上，帮助你做出大概率的预测。

比如，李有钱告诉你，虽然他过去谈过 5 个女朋友，都是不到半年就分手了，但是他说："遇到你之后，我才知道什么叫缘定今生，我要和你厮守终老，白首不相离……"

那么，根据他的情感史来判断，你有理由给他的这句话打个折扣。

2. 现在：寻找当下的参考点

在当下找什么？

找参考点。

什么是参考点？

比如你在丛林中迷路了，面对岔路口，你该走哪条路？你的选择标准是什么？

是你手中的指南针。

指南针，就是你在当下能找到的参考点。

参考点有什么特征？

就是一般情况下，它不怎么会变。你在森林中的任何位置，指南针的方向永远是固定的，这样，你才可以用这个"不变"作为参考，在模糊中看清方向。

你在选老公的时候，也可以设立一些不变的标准作为参考点，用来衡量备选对象是否与你的目标一致。

那么，有哪些指标可以作为参考点呢？

比如，你可以定义：

- 资产 =200 万元；
- 收入 =25 万元 / 年；
- 身高 =175cm；

- 长相 = 刘德华；
- 智商 =120；
- 性格 =1 周内不发脾气，说话能把我逗乐；
- 还有价值观、能力、人品、格局等等。

注意，这些不是筛选条件，而是参考点。不是说对象资产没有到 200 万元就排除了，而是你心中理想的标准。

<u>然后，根据对象目前的状况，与参考点进行比较、打分。</u>

比如，王小帅的个人资产目前有 40 万元，那么他在"资产"这个参考点上，得分只有 20 分（满分 100 分，40/200=20 分）。

但是，他目前年收入有 25 万元，那么在"收入"这个参考点上，得分就是 100 分。

当然，还有一种方法，就是可以直接拿一个你心目中认为完美的人来作为"指南针"。比如，你特别崇拜乔布斯这样的人，想找一个这样特征的人做老公，那么你就可以拿他作为"指南针"，然后看你的选择对象有百分之多少像他。

这个也是很多投资者在选择投资项目时常用的选择方式之一，他们心中会有很多成功公司的模板，比如 Apple、Amazon、Facebook、Airbnb、阿里巴巴、腾讯……然后就会拿投资项目去和这些公司做对比，看看有几分像它们，期待你也能有机会成为下一个腾讯，成为某某领域的 Airbnb，这些就是他们心中的"指南针"。

3. 未来：可能性预测

就是基于你的认知和对他们的了解，以及对于环境的判断，你认为对象未来会有哪些可能性？也就是想象空间有多大？

比如，王小帅目前是一名优秀的程序员，是公司的技术骨干，公司从事的领域是研究五级自动驾驶技术，并且已经拿到了 A 轮融资，如今正在快速地发展。那么你有理由预测，他未来的收入潜力巨大。

而李有钱，虽然是富二代，但是年薪只有 15 万元，而且身在国企，工作又比较安逸，没什么上进心，年龄还有点偏大了，收入增长空间比较有限，所以，在这方面的得分就比王小帅低。

这是收入预测。

你也可以对他们的情感专一性进行预测，比如李有钱，因为长得帅，又是富二代，还经常出入各种娱乐场所，身边美女众多。你预计他未来出轨的可能性有 40%，而王小帅，天天加班，身边也都是技术宅男，出轨的可能性只有

5%。那么这项得分，小帅就略胜一筹……

反观到商业，如果你是一名天使投资人，你要投资一家创业公司，也需要预测这家公司未来的发展空间。你可以根据公司所在的行业、市场趋势、潜在用户规模等等，看这个市场的天花板在哪，能做多大的生意，这就是行业内常说的看"赛道"。

好，把上面找到的这些标准，列成一张表，见表21-1。

表 21-1

分 类	判断项目
过去历史记录	成长经历
	学习经历
	职场经历
	获奖经历
	情感史
当下参考点	资产 = 200万元
	收入 = 25万元/年
	身高 = 175cm
	长相 = 刘德华
	智商 = 120
	性格 = 1周内不发脾气
未来可能性	收入预测
	专一性预测

注：评判项目的选择仅用于案例参考，实际情况下每个人的关注点和之后的权重分配高低，都会有所不同，这个取决你的BVR层（参考第6章"你是第几流人才"）。

第二步：分配权重

标准是列出来了，然后就开始打分了吗？

还不行。

首先，你要把"筛选条件"从表里拿出来。

什么是筛选条件？就是能一票否决的，只要备选对象符合某些点，就立刻排除，其他再好也没用。比如，你可以设立几个筛选条件：

- 有犯罪史
- 有黄赌毒等恶性嗜好
- 年龄比我小

只要符合以上任何一点的，立刻排除！

还好这两位都没有……

然后，你就需要对剩下的这些标准进行权重分配：

比如你认为：性格 > 收入 > 长相，那么就需要给它们分配不同的权重。具体怎么分？

高能预警：做科学决策绕不过数学，所以，接下来会用到一些数学计算，看着可能有点复杂，但基本都是小学数学的级别，仔细一点应该没问题。别觉得麻烦，你怕麻烦的地方，也许正是你薄弱的环节……

1. 先对大类分配权重

就是先对"过去、当下、未来"这三大类分配权重，如果你的价值偏好比较保守，相信看得见的东西，那么就对过去、当下分配比较高的权重，比如30%、50%，对未来分配20%的权重。

而如果你的价值偏好比较激进，想赌一把大的，不看过去看未来，更看重对象的未来发展，那就可以调高未来预测部分的权重，比如10%/30%/60%。

假设在这里，你是一名保守派。

2. 再对大类里的项目进行权重分配

每个类别之内的项目也是按100%的比例进行分配，按你认为的重要程度进行划分（省略此处过程）。结果如表21-2所示：

表　21-2

分　类	判断项目	权　重
过去历史记录 30%	成长经历	20%
	学习经历	10%
	职场经历	25%
	获奖经历	5%
	情感史	40%
当下参考点 50%	资产 = 200万元	10%
	收入 = 25万元/年	30%
	身高 = 175cm	10%
	长相 = 刘德华	10%
	智商 = 120	10%
	性格 = 1周内不发脾气	30%
未来可能性 20%	收入预测	40%
	专一性预测	60%

然后，再把小项目的权重和大分类的权重相乘，得到每个项目在整体中的"真实权重"（见表21-3）：

表 21-3

分类权重 × 项目权重 = 真实权重

分 类	判断项目	权 重	真实权重
过去历史记录 30%	成长经历	20%	6.00%
	学习经历	10%	3.00%
	职场经历	25%	7.50%
	获奖经历	5%	1.50%
	情感史	40%	12.00%
当下参考点 50%	资产 = 200万元	10%	5.00%
	收入 = 25万元/年	30%	15.00%
	身高 = 175cm	10%	5.00%
	长相 = 刘德华	10%	5.00%
	智商 = 120	10%	5.00%
	性格 = 1周内不发脾气	30%	15.00%
未来可能性 20%	收入预测	40%	8.00%
	专一性预测	60%	12.00%

每个子项目的"真实权重"，其实就是你内心对其价值排序的数字化表达。

3. 加入别人的建议

有些问题，你自己的判断并不一定准确，也想听听别人的建议，特别是自己不懂的领域，更想参考一下专家的建议，那么，你就需要把这部分也纳入表单里。

权重的分配，可以按你对问题的"了解程度"进行划分，如果自己比较有把握，比如这个感情的案例，那么自己的权重就高一点，别人的权重低一点，比如：自己=80%/别人=20%。

而如果是一些专业领域，你自己不怎么懂，找不到什么好的评判标准，那么就可以调高别人的权重，比如：自己30%/别人70%。

然后再把"真实权重"按这个比例做一下计算，得到表21-4。

表 21-4
个人评分（80%）

分类	判断项目	权重	真实权重
过去历史记录 30%	成长经历	20%	4.80%
	学习经历	10%	2.40%
	职场经历	25%	6.00%
	获奖经历	5%	1.20%
	情感史	40%	9.60%
当下参考点 50%	资产 = 200 万元	10%	4.00%
	收入 = 25 万元 / 年	30%	12.00%
	身高 = 175cm	10%	4.00%
	长相 = 刘德华	10%	4.00%
	智商 = 120	10%	4.00%
	性格 = 1 周内不发脾气	30%	12.00%
未来可能性 20%	收入预测	40%	6.40%
	专一性预测	60%	9.60%

他人评分（20%）

评选人	评分理由	权重	真实权重
父母	根据参考对象的专业程度、重要程度分配他们的话语权重	40%	8.00%
闺蜜		25%	5.00%
好友		20%	4.00%
同事		15%	3.00%

到了这里你可以看到，你原本内心的那些复杂、混沌、纠结的各种要求，已经变成一个个可以用数字衡量的明确标准，原来因为要考虑的因素实在太多，你只能凭感觉或者局部比较，现在有了这张表，就可以对每个备选对象做整体性的量化分析了。

当然，每个人的权重分配方式也都会不一样，以上内容只做案例参考，你可以根据实际问题，找到更适合自己的分配方案，过程中也可以随时调整权重的分配比例，优化整个决策系统。

第三步：量化选项

接下来就要对你的备选对象进行打分了，怎么打分？

你可以在表格的右侧增加两列，每一列代表一个候选对象，然后对两个候选人按每个项目 100 分制进行逐项打分，分数可超过 100，也可以是负分，如表 21-5 这样：

表 21-5

个人评分（80%）

分类	判断项目	权重	真实权重	王小帅	李有钱
过去历史记录 30%	成长经历	20%	4.80%	80	90
	学习经历	10%	2.40%	90	70
	职场经历	25%	6.00%	95	60
	获奖经历	5%	1.20%	80	50
	情感史	40%	9.60%	90	40
当下参考点 50%	资产 = 200 万元	10%	4.00%	20	200
	收入 = 25 万元/年	30%	12.00%	100	60
	身高 = 175cm	10%	4.00%	90	110
	长相 = 刘德华	10%	4.00%	90	90
	智商 = 120	10%	4.00%	100	80
	性格 = 1 周内不发脾气	30%	12.00%	80	60
未来可能性 20%	收入预测	40%	6.40%	130	80
	专一性预测	60%	9.60%	90	60

他人评分（20%）

评选人	评分理由	权重	真实权重	王小帅	李有钱
父母	门当户对最重要啊	40%	8.00%	75	85
闺蜜	一个有才，一个有财	25%	5.00%	85	90
好友	小帅人不错，李太花了	20%	4.00%	90	70
同事	小王未来不可限量啊	15%	3.00%	85	70

其中每项的分值是怎么出来的呢？

1. 过去部分的打分：凭感觉

每个人的过去都不一样，没有一定的标准，因此关于过去的评分主要看感觉。

嗯？你可能会说这样不是不科学吗？

没关系，因为通过多个项目的加权计算，误差会被抵消，最终每个人历史阶段的评分，会比较接近于你的客观评价。

2. 当下部分的打分：看差距

这里的评判标准基本是明确的，所以，计算实际对象和参考点的差距，就能得出比较客观的评分。

3. 未来部分的打分：概率树

未来这部分的评分，你需要用到一个决策工具，叫作"概率树"。

什么是概率树？

就是从对象的此刻出发，按可能出现的结果和出现的可能性，画成像树枝一样的一条条分叉，最后对结果做加权汇总，得到最终的预测结果。

就拿"王小帅"的收入预测来做案例：

- 他现在年收入 25 万元，目前在一家创业公司上班，公司刚拿了 A 轮融资；
- 如果公司倒闭了，他可以跳槽去其他公司，拿 30 万元的年薪，你预测这种可能性有 50%；
- 而如果公司拿了 B 轮融资，他可以拿到 40 万元年收入，你预测这种可能性有 20%；
- 剩下 30% 的可能性就是维持现状，拿着 25 万元的年收入；
- 而如果公司拿了 B 轮融资后，又拿到了 C 轮融资，那么他的收入可以达到 80 万元年薪，你预计这种可能性在 B 轮融资拿到后有 30% 的可能性……

如此这般，你就可以将以上的这些预测，画成如图 21-1 这样的一个概率树：

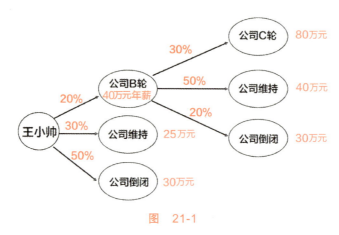

图 21-1

接着，你把所有"结果"乘以路径上的"概率"，然后汇总，就能得到小帅未来的预期年收入：

预期年收入 =（80×30%×20%）+（40×50%×20%）+（30×20%×20%）
　　　　　+（25×30%）+（30×50%）= 32.5 万元

因此，你就可以在他的"收入预测"中打上分数 =32.5/25×100 分 =130 分。

别人的建议如何量化呢？

这里我们可以用另一个决策工具，叫"德尔菲法"。

不过，过程有点小复杂，有兴趣的话，你可以自己百度一下。总之，就是综合各位专家、朋友的意见，最后做一个加权平均，得到一个比较客观的预测结果。

第四步：做出选择

OK，烧脑结束，最后一步是将所有的分数，根据真实权重进行加权汇总，得到一个最终评分。这样，一个石头、剪刀、布的问题就变成骰子比大小的问题了，具体结果如下（见表21-6）。

表 21-6

分类	判断项目	权重	真实权重	王小帅 88.26	李有钱 74.72
		个人评分（80%）			
过去历史记录 30%	成长经历	20%	4.80%	80	90
	学习经历	10%	2.40%	90	70
	职场经历	25%	6.00%	95	60
	获奖经历	5%	1.20%	80	50
	情感史	40%	9.60%	90	40
当下参考点 50%	资产 = 200万元	10%	4.00%	20	200
	收入 = 25万元/年	30%	12.00%	100	60
	身高 = 175cm	10%	4.00%	90	110
	长相 = 刘德华	10%	4.00%	90	90
	智商 = 120	10%	4.00%	100	80
	性格 = 1周内不发脾气	30%	12.00%	80	60
未来可能性 20%	收入预测	40%	6.40%	130	80
	专一性预测	60%	9.60%	90	60
		他人评分（20%）			
评选人	评分理由	权重	真实权重	王小帅	李有钱
父母	门当户对最重要啊	40%	8.00%	75	85
闺蜜	一个有才，一个有财	25%	5.00%	85	90
好友	小帅人不错，李太花了	20%	4.00%	90	70
同事	小王未来不可限量啊	15%	3.00%	85	70

恭喜王小帅，以88.26的高分，打败了富二代，在此次评比中胜出！

你，应该选王小帅。

注：以上案例里不涉及成本问题，在其他问题中，你需要把选择的成本也考虑进去。

在理性的世界里，没有是非，没有感情，只有数字。

选择题到了这里，其实，就是一道计算题！

慢着，好像有哪里不对

说到这里，你可能会觉得，咦？不对啊，现实情况好像不是这样的，爱情呢？

面对一个帅哥，一顿浪漫的晚餐，一个温暖的拥抱，一捧艳红的玫瑰，一段甜蜜的情话，甚至一个迷人的微笑，就足以让你芳心涌动，小鹿乱撞了……

Excel 表？

打个分？

做算术题？

……

哪有空顾这些！

大脑已经完全被荷尔蒙所控制，你的优点我喜欢，你的缺点我也喜欢，哪还会顾你的过去与未来？只要见到你，我就会开心，只要能和你在一起，我什么都可以不顾，我只想和你在一起！

山无陵……天地合……才敢与君绝！

……

爱情中的人，果然都是盲目的……

为什么会这样？

是前面的方法错了吗？

不是。

前面说的，确实是比较科学的决策方法，但是，它是有个前提的：人，是理性的。

在经济学上，这叫作"理性人假设"。

意思是，当我们面对选择的时候，都会非常客观地做利弊分析，量化所有的选项，然后对每一个选项的各项标准进行客观地打分，最后做出理性的决策……

但现实情况是这样的吗？

不是！

不仅在爱情中，我们是没有理智的，是盲目的，一般情况下，我们做的大多数选择，也都是感性驱动的。

你想要减肥，想要少食多动，但面前放着一盘美食，你就是会忍不住……

统计发现，好的股票会越来越好，差的股票会越来越差。但看看自己手上的股票不断下跌，你就是会选择死拿着不放，不甘心，甚至会投入更多，期待它会涨回来，结果越亏越多；而手上赚钱的股票，你又立马卖掉，想落袋为安，结果它越涨越高……

你明知道中彩票的概率比连续被雷劈 10 次还小，你还是会去购买……

为什么会这样？

因为，忍不住啊！

人，是非理性的！

<u>行为经济学家丹尼尔·卡尼曼（Daniel Kahneman）发现，人在生活中其实存在着大量非理性的行为。</u>

比如刚才说的买股票这件事，为什么人们会拿着亏损的股票不卖，而卖掉未来可能会更赚钱的股票？

这个就是在面对损失和收益时，人们的风险偏好是不一样的：

如果损失已经造成，那么他会成为风险偏好者，更愿意承担风险，甚至继续加钱赌一把，这个叫作<u>反射效应</u>；而面对收益时，他又开始变得厌恶风险了，他不想让煮熟的鸭子飞掉，他想落袋为安，他变得谨小慎微，不愿意冒险了，这个叫作<u>确定效应</u>。

那为什么明知道中彩票的概率很低，几乎一定是赔的，人们还愿意去买呢？

因为买彩票的金额特别小，当我们面对特别小的收益时，我们又会变成风险偏好者，想去搏一把大的，反正损失也就 2 元嘛，这个就叫<u>迷恋小概率事件</u>。而如果把买彩票的金额和奖金同比例放大 100 倍，比如要 200 元才能买一张彩票，那估计就没什么人买了。

两件衣服放在你面前，你觉得质量、款式都不错，都挺喜欢的，而且标价都是 399 元。只不过，其中一件原价就是 399 元，另一件原价是 3999 元，现在正好打 1 折，你买哪件？

大多数人可能会觉得，哇，第二件好便宜！但其实两件是一个价格，这个就叫作<u>锚定效应</u>，就是你的价值判断已经被锚定在了它标注的原价上了。

这个效应也经常被用在谈判策略上，讨价还价时，先开价的人就是设置了一个锚，之后讨价还价的过程都会围绕这个锚展开，所以先开价的人在谈判中有优势，能把握锚的位置，争取到对自己有利的结果。

当然，除了这些之外，还有类似于损失规避、心理账户、禀赋效应、可得性偏差、比例偏见、结果偏见、鸡蛋理论等一系列人们非理性的行为特征。

当你的大脑被这些非理性的效应所影响时，你就不可能做出真正客观、理性的判断，你的选择会被情感所左右，你的行为会被商家所引导，你会持续地冲动和不断地后悔……

那怎么办？

这些非理性的效应是怎么来的，你又应该如何避免呢？

人为什么是非理性的

为了深入研究人们的非理性行为，丹尼尔·卡尼曼教授在其著作《思考，快与慢》中把人脑分成了2个思考模式来解释这些现象，分别是"系统1——快思考"和"系统2——慢思考"。

系统1：快思考

所谓"系统1"就是我们日常说的直觉思考，凭感觉行事，甚至是一种本能反应。

比如，一只老虎向你走来，你不会去分析你们之间的距离是多少；看它的肚子，去判断它现在是否饥饿；看它的眼神，看看有没有透出杀气；调查一下它的过往，有没有吃人的经历；预测一下自己被吃的概率有多少……

你会立刻拔腿就跑！

这就是大脑里的系统1在运行。

它非常快速，会根据你当前的所见所闻，立马从记忆和经验中找到判断依据，并迅速做出反应。

这个快，当然有非常多的好处，它可以帮你处理许多简单、重复的问题和行为。

比如，你可以一边走路，一边跟人打电话，而不需要去管具体应该迈哪只脚，甚至，如果你走的是一条熟悉的道路，你都不需要去思考路该怎么走，电话打着打着，不知不觉就走到家了，整个过程就像自动驾驶一样……

再比如，我问你：3+4=？

你会脱口而出：7。

这个就是系统1给出的快速反应。

但是，如果你面临的是一个比较复杂的问题，比如我问你：25×44=？

你可能一下子就懵了，没法一下子给出答案，你可能需要拿出纸笔，或者在脑子里摆出乘法计算的式子开始计算。

这个时候，你的大脑就进入了系统2……

系统2：慢思考

系统2是什么？系统2就是理性思考，是逻辑推理，是量化分析。面对未知、复杂的问题，我们的大脑可能就会开启系统2，把问题拆开了、揉碎了、铺在面前，按照一定的步骤，开始分析各种利弊、因果关系、逻辑推理……

这个思考过程会比较慢，但不容易出错。

为什么我刚才说是"可能"会开启？

因为开启系统2，你需要调用大量的注意力来专心分析问题，而大脑是人体的耗能大户，占到人体耗能的20%以上，如果长时间使用系统2，会让你感觉到非常疲惫。

因此，大脑很懒，能不思考就不思考，能用系统1，就不用系统2，即便问题看上去很复杂，我们也懒得去认真思考，本能地选择节省能量，让大脑自动运行……

正是这个机制的存在，非理性就出现了……

系统1是自动运行的，不需要调用大量的注意力，很节能。所以，我们大脑本能的选择，都是凭感觉行事。而且，速度非常快……

但也正是因为这个快，系统1它非常容易出错，判断经常不靠谱，前面说的那些认知偏误，都是拜它所赐，它讨厌损失，它厌恶风险，它盲目自大，它冲动感性，它简单直接……你如果长期用系统1思考，只凭自己的本能行事，你甚至学不会任何有点难度的东西。

基于这个发现，丹尼尔·卡尼曼将经济学的基础假设从理性人，变成了非理性人，由此发展出了一套全新的经济学理论：行为经济学，并在如今的商业社会大行其道。

有了这个大脑模型，那我们就有办法对付自己的不理性了……

怎么克服非理性

1. 启动元认知，开启系统2

面对选择，首先要让大脑慢下来，启动系统2。而这个过程，其实是反人性的，因为我们本能地不喜欢集中注意力，耗费能量，用力思考，我们真的很懒……

怎么办？

请复习第 7 章"你思考过你的思考吗",提高自己的元认知能力,让自己有能力意识到大脑的思考过程,然后主动切换到系统 2。

2. 让思考离开大脑,强制限速

为了让自己的思考更慢、更客观、更理性,你可以让思考的过程离开大脑:比如拿出一张白纸,打开 Excel 表,或者使用 Xmind 等脑图软件,将自己思考分析的过程可视化,把自己变成第三人视角……

这个时候,你运用的就自然是系统 2 了。

3. 设置外部提醒

如果你的元认知经常失效,还会常常忘了把思考过程抽离大脑,依然会本能地拍脑袋,怎么办?

你可以设置一些外部提醒,比如遇到问题时多去问一下别人的意见,或者召开一次会议,让自己的想法接受别人的批评与挑战……通过这些外部的力量激活你的系统 2。

4. 识别认知偏误

刚才说了那么多认知偏误,比如心理账户、反射效应、确定效应、迷恋小概率事件……这些你都要去学习了解,并烂熟于心,以防自己踩坑。

当然,你也可以反过来运用这些认知偏误,优化你公司的营销策略,让用户的大脑只运行系统 1,让他不断买买买……

当你能绕开认知偏误,开启系统 2,进入慢思考,你才能开始用本文开篇的方法,做出一次科学的决策!

小结一下:我们该如何做决策

1. 让自己思考慢下来,遇到重要决策时,启动系统 2。
2. 设定标准,把选择题变成计算题,量化选项,理性决策。

如果你能做到这 2 步,你的决策水平已经可以秒杀绝大多数人了!

小试牛刀

有了这套决策方法,你想,再也没有选择题可以难倒你了。

正好，你最近有个跳槽的机会，已经收到 2 家公司发来的 offer：
- A 公司：老牌国企，钱多事少离家近，办公环境也是高大上，就是没什么晋升空间，行业也比较传统；
- B 公司：创业公司，公司刚拿了 A 轮融资，行业好，增长快，虽然给你的工资只有 A 的一半，但是职位好，提成高，做得好收入也不低，还给你期权，最重要的是，工作内容是你非常喜欢的……

怎么选？

于是，你开启了慢思考，并打开一张 Excel 表，把你认为重要的标准都写上，比如增长速度、工作内容、业务数据、办公环境、工资待遇、期权数量……

结果，B 公司因为发展前景特别好，预测收益特别高，工作内容又是自己喜欢的，在你这张表上，得分完爆 A 公司。

因此，去 B 公司！

你非常开心，当天就把工作辞了，回到家，把这个好消息告诉了媳妇儿，你满心欢喜，期待收到一个爱的拥抱，结果……

你老婆，以迅雷不及掩耳之势，给你来了一套降龙十八掌，把你扇到床底下……说："收入少一半，又是创业公司，哪天倒闭都不知道……孩子怎么办？房贷怎么办？！"

你怎么回？

你说："真是妇人之见，我为你的见识感到担忧！"

那是会打起来的……

你感到很无辜，明明是用科学决策做出来的理性决定啊，怎么她就不能理解呢？

但是静下心来一想，老婆希望你选个稳定、收入高的工作，也有她的道理，怎么办？

又变成石头、剪刀、布的问题了……

你是该妥协还是坚持？

难道要再列个表，分析一下"坚持"和"妥协"这两个选项的得分吗？

那衡量的标准又是什么？

选择"坚持"就会伤害老婆甚至家庭，选择"妥协"就会伤害自己的理想，错过这次机会，两边好像都不行，这次是真的左右为难了，怎么办？！

答案是……

不要盯着选项看，要看目标

答案一定在选项里吗

之所以我们经常陷入左右为难的处境，就是因为我们眼里只把选择题看成了选择题！

- 要么接受我的方案，要么接受你的方案……
- 谈判双方，纠结于价格问题，要么对方让步，要么自己让步……
- 跳槽选公司，要么听我的，要么听老婆的……

我们经常陷入这样的情境中，在有限的选项里，做个非此即彼的选择，而忘记了我们为什么要做这道选择题！这就好像在《奇葩说》里打辩论，非要在辩题的两端做一个选择，偏偏双方又都巧舌如簧，论点充足，让你原本清晰的头脑，再次深陷问题之中，开始左右纠结……

比如，在《奇葩说》第四季有一集的辩题是：分手该不该当面说？

你先闭上眼睛想一下，你会怎么选？

当时现场 100 个人有 72 个人选择了该，不知道和你是否一样。

然后，选手们开始展开激烈的辩论，各种金句神言层出不穷，说的观众们是举棋不定：

- 反方选手刘凯瑞说："时代在进步，我们的社交方式、交朋友的方式不再局限于面对面的相亲。既然谈恋爱可以通过手机了，分手为什么不可以？"
- 正方选手范湉湉说："他提出分手时站在制高点，这不公平！应该给对方一个机会，让他见面和我说再见。"
- 反方选手陈咏开说："我理想的感情状态：轻松。我们要开始学习如何用平常的心态来面对爱情。"
- 正方选手赵大晴说："我要的是热烈、真实而且深刻。我宁愿要这种狗血的真实的深刻，也不愿要微信上那句简简单单的'再见'，因为它不配我的爱情。"

观众们被说得一愣一愣的……

一会儿认为："该！"

一会儿又认为："不该！"

终于，BBKING 级别的选手邱晨（反方：不该）出场

她说："对方辩友把分手形容成盛大的闭幕式上的烟花表演，但其实不是，分手是所有的烟花都散去之后，无尽的空洞和冷漠。我们要分手，就是因为我

们俩不能从爱情这所学校里毕业了，现在你却要求我进行一场退学考试，甚至是退学面试，为什么？为什么？如果我们还剩下一丝一毫可以见面的勇气，能不能把它用来在一起，而不是分手！"

说的全场热泪盈眶，比分几乎完全翻转，变成28∶72，高手就是高手！

为什么她这段话有那么大的杀伤力？

那是因为，她不是在说"不该"的论点，而是在给选择定义标准，她在告诉你，什么才叫分手！

通过刚才的学习你应该知道，一旦问题有了标准，答案就能很容易出来。

好，这下怎么办？

还剩下蔡康永和罗胖两位导师没有发言，正方的康永哥能力挽狂澜吗？该说的论点都已经说了，邱晨也已经把标准给定义好了，怎么办？

导师蔡康永（正方：该）出场

他说："参加每一期《奇葩说》的这在场的100个人，都是跟我们一起承担我们所传递出去的那个结论。这次的节目结束后，我们要传达出去的结论是什么？你们现在按蓝色键的人，做的是什么选择？就是我们《奇葩说》这一期传递出去一个结论：要分手的时候不该见面分。我想看到这个结论的人都会十分诧异，就是你们在说什么？谈恋爱的时候在一起，分手的时候不该见面分？你不觉得很荒谬吗？"

此话一出，比分瞬间开始一边倒，高手们则相视一笑。

为啥？

因为他并不是在辩论，他是在为问题"设定目标"。

我们为什么要做这道选择题？做出这个选择题之后，是为了达成什么效果？

不同的目标，解决方案自然就会不一样，选择的标准也会不同，一旦大家认可了他设定的"新目标"，对应的答案可能马上就出来了，所以比分立刻呈现出了一边倒的态势……

好，现在该轮到罗胖（反方：不该）上演女娲补天了……

罗胖说："我们的目标是什么？目标：分手，且尽可能不伤害对方。"

你看，又重新给问题定义新的目标，这才是高手过招，他们哪是在做选择题，真正的顶级高手，都是在给问题设定目标！

目标决定你选择的标准，而标准，决定你的选择！

罗胖接着说："各位，你们手里有一个投票器，你们的投票器最终产生的结果是什么？"

是不是又是熟悉的味道？

罗胖接着说："我们一定要向我们这期节目的所有观众，传达一个信息，看

《奇葩说》的人，正在长大……"

最终，罗胖绝地反击成功，反方获胜！

过程中高手们相视一笑……

所以，回到你和你老婆的争执，你们的问题并不出在选项本身，而是在于你们两人的选择目标不统一，如果你们忽视目标而只看选项，那就会陷入非此即彼的争执，谁都有理，谁都说服不了谁，选择任何一个，其实都是错误的选择……

那怎么办呢？

你永远都有第三选择

一、找到问题的目标

面对选择题，首先不要只看选项本身，而是要还原目标：你要问自己，做这个题到底是为了什么？你最想要达到的结果是什么？

比如你面前放着两把宝剑，请问你应该选更锋利的一把，还是更好看的一把？

你只盯着这两把宝剑是选不出来的，你得看你要用来干嘛。你是要上沙场杀敌，还是要放在家里当装饰？目标一旦确定，标准就有了，答案也就自动出现了。

那如果你找不到目标怎么办？

特别是那种你只能做一次选择，做完不能后悔和更换的，比如选老公这件事，确定后更换成本极大，那我该如何在结婚前，就确定他是不是我的目标人选呢？

你可以试试麦穗理论：

- 第一步，你先设定一个寻找期限，比如你现在 22 岁，你目标在 30 岁之前结婚，那么寻找期限就是 8 年；
- 第二步，将 8 年分成 37% 和 63% 两个部分，也就是约等于 3 年和 5 年；
- 第三步，前 3 年只看不选，在这 3 年里你不做任何决定，只是和尽量多的男孩子接触，然后观察哪些是你想要的、喜欢的。你也可以用我们开篇的方式，给每个人都打一个分数，3 年一结束，得分最高的那个人就是你的目标人选。
- 第四步，如果这个人还没有女朋友，那么你就可以回去找他；如果这个人已经有女朋友或结婚了,你在之后的5年里,就以这个最高值为目标,一旦遇到比这个目标值高的,就立刻下手。不要犹豫,不要再去幻想还有没有可能遇到更好的,大概率上,他对你来说就是最好的。

如果你的选择还牵涉到多方利益,那你就得先统一目标:

我们在香港电影里经常看到这么一个场景,就是两伙人要打架,然后跑出来一个和事佬站在中间劝架,他通常第一句话是什么?

"大家都是为了财。"

这是什么?

这就是把双方的目的先统一起来。

大家如果是为了同一个目标,那么剩下的就是方法和行动的不同了,冲突就变成"如何在目标不变的情况下,找到让双方利益最大化"的问题了,这样就比较容易和气生财。

二、将选择题转化成简答题

一旦问题有了目标,请问选择题还是选择题吗?

不是,选择题变成了简答题!

基于目标,我们来思考方法和行动,这个时候,你已经不满足于摆在桌面上的那些答案了,因为你现在不是要在它们之间选一个,而是要解决目标问题,你已经从原来非黑即白的选项中跳了出来。

这就像你在考试时做选择题,答案是从选项里挑出来的吗?

不是!

是你根据问题算出的答案,然后在选项里找到一个和你一样的而已!

如果你还在选项中纠结,或者都选C……那就说明你要么没看题,要么你是真不懂。

如果是不懂,那么你要解决的也不是纠结的问题,而是去学习相关知识……

三、找到第三选择

有了这个思维习惯,当你再遇到"选A还是选B"这样纠结的情况,你首先应该问自己的是:"目标是什么?还有更好的选择吗?"

比如在谈判中,对方觉得你们的产品太贵了,希望可以降价。怎么办?

你不要在降不降价的问题上纠结,你应该说:"通过与贵公司的合作,增加彼此的整体利润是我们共同的目标。降价是可以的，不过这样会对我们的利润造成很大的影响，我们对贵公司的 C 业务也很感兴趣，是否可以在 C 业务上给我们一个位置更好的广告位作为交换？"

这就是跳出了原有的选择框架，找到了更好的第三选择，得到双赢的结果。

再回到刚才找工作的问题，你和你老婆的核心矛盾是目标不同，老婆要稳定，你要前景和热情，那么你们是否可以达成一个统一的目标，找到可以兼顾这两个需求的方案？

比如，在能保证家里每月有 1.5 万元开支的情况下，寻找一个成长潜力巨大的公司。

那你的答案也许可以是：选择 B（成长潜力更大的公司），不过在此基础上另外再找一份兼职，补充每月固定收入；或者先都不选，等待更适合的机会出现……

<u>世上本无选择题，所有的选择题，都是简答题。</u>

好累……

读到这里你可能会觉得，完蛋了，做个选择好复杂……

既要慢思考避免认知偏误，又要量化分析做理性决策，还不能局限于现有的选项，要找到问题背后的目标，把它转化为简答题，再扩充选项……

如果每一个问题都要这样，活得多累啊……

这样下去，也许不是选择能力变强了，而是会变得更拖沓……

咋整？

答案是：没办法……

<u>想要做出正确的选择，你就得这么做！</u>

要不然怎么说"选择 ＞ 努力"呢？

你在"选择"这件事情上不花更多的精力，你怎么证明你已经把选择看得比努力更重要？

难道只是嘴上说说，实际上却懒于思考？

那你今天学这些干嘛呢？你又不去用……

但这样真的会累死，怎么办？

<u>好消息是：真正需要你做决策的事情，其实并不多！</u>

你说不对啊，我每天都面临着各式各样的选择：出门该穿什么衣服？中午该吃什么饭？回家路上是看书还是打游戏？到家了是陪老婆看电视，还是继续工作？

这些，不都是选择吗？

没错，这些在你这里确实是选择题，但在某些人那里，也许连问题都谈不上……

比如很多人每天早上纠结于出门穿什么，但是像扎克伯格、乔布斯这样的人从未为此事纠结过，他们永远只穿同样一件衣服……

为什么？

因为，这不重要……

选择哪件衣服，是否会影响形象？

会！

但这个影响，对于他们真正要去达成的目标来说，不重要！因为时间有限，所以没空纠结……

如果你心中没有大目标，就会纠结于眼前的小事，你仔细想想自己每天纠结的事情，其实大多数都是屁大点的事……

而如果你竟然还觉得这些屁大点的事，就是天大的事，那么你最终只能做成些天大的屁事。

当然，我这里不是鼓吹你也要像他们俩学习，把衣服也都换成一样的，更不是看不起你目前在做的事情，而是想告诉你，若你心中还存有梦想，你就要把目光始终盯在那些真正重要的事情上。

什么是真正重要的事？

就是我们在第 6 章里说的精神层次、身份层次里的那些事；就是 5 年、10 年、30 年之后，再回过头来看也依然觉得很重要，影响重大的那些事。

你能看到多远，你的格局就会变得有多大！

成大事者不纠结

我们经常听人说："成大事者不纠结"，意思是，如果你要做大事，做选择的时候就不要纠结，只专注于当下，别考虑那么多，要当机立断，要快速决定……

扯！

这叫冲动！

冲动只会带来魔鬼，而不是大事有成！

什么叫成大事者不纠结？

如果事情不重要，那就没有必要纠结，选 A 还是选 B？答案是：都可以！

而如果事情很重要，那就开启系统 2，分析问题寻找目标；然后把选择题变成简答题，扩充选项；再把选择题变成计算题，进行量化决策。

这个过程，你也用不着纠结！

成大事者不纠结，不是让自己做任何决策都变得果断有效，而是让这些小选择从此变得无关紧要。

成大事者，不做选择题！

小结

我们来简单小结一下做决策的流程，这次我们从下往上看：
- 第一步：紧盯核心目标，过滤大多数问题，不在小事上纠缠；
- 第二步：面对关键问题，不要纠结于仅有的选项，要找到核心目标，将问题转化成简答题，并寻找第三选择；
- 第三步：绕开认知偏误，开启系统2，进入慢思考；
- 第四步：制定标准，给所有的选项打分，量化结果比大小。

最后，投下你理性、客观、正确的一票！

祝你成一番大事，而不再纠结！

思考与行动

看完 ≠ 学会，你还需要思考与行动

思考题1：你目前正在面临什么样的选择？请试着用这四步来为你的问题，做一次科学的决策。

思考题2：如何用这些知识来优化你公司的营销方案，影响用户的决策，让你的用户更愿意购买你们的产品？

微信扫描二维码，把你的思考结果和学习笔记分享至学习社区，与其他同学互相切磋、一起成长，哪怕只是一句话，也会让你对知识的理解更加深刻，收获也会更多，还能让其他人从你的感悟中获得启发。

做计划！不是列一份愿望清单

概念重塑　　　　　　大脑升级

重新理解财富　重新理解自己　重新理解世界　解开大脑的封印　思维力提升　解决所有问题

`████████████████████████████████████ 92%`

注意力　时间商　人生密码　复利　角色化　理解层次　元认知　多维能力　势能差　估值模型　四域空间　运气催化剂　负面词语/情绪　学习三步法　背景知识　专注的力量　透析三棱镜　线性思维　结构化思维　系统性思维　选择　计划　演化　创新

22

最近，你正打算创业……

那具体做什么呢？

你夜观星象，发现中国未来的电影市场会越来越火爆，人工智能领域也是时代赋予的好机会，那应该选哪个呢？

这是一个选择题。

通过上一章的学习，你做了一次科学的决策……

最终，你决定拍一部爱情电影，由自己担任男一号，饰演一个出身贫寒却勤奋好学的农村孩子，凭借自己的智慧与坚韧，在大城市里成功逆袭，然后当上 CEO、赢取白富美的励志故事，并打算邀请著名影星范火火，出演女一号，在影片中扮演自己的妻子……

每每想到这个场景，你不由地从梦中笑醒，嘴边流淌着温热的口水……

这个主意真是太棒了！

就这么定了！

然后怎么办呢？

带着一笔钱，找几个兄弟扛着摄影机去找范火火，先拍起来再说吗？

如果在电视剧里，你应该活不过第二集……

电影要怎么拍

首先，你得先把这个想法变成一个故事，再把故事变成一个剧本，然后立项保护产权，写计划书，接着找投资人去筹钱。

投资人如果喜欢，好，做预算，给钱。

然后你需要组建导演组，确认影片风格，制定拍摄计划，编写剧本分镜头细目表。

这步完成后，大家看满意了吗？

满意。

好，下一步开始选景，选演员，组建摄制组，准备器材、服装、道具、设备，然后开拍。

一年之后……

拍摄完毕，你还需要音视频后期制作，然后联系发行商，确认排期，制作预告片，投广告，影院上线销售……

这才算制作完成了一部电影。你必须要先有一个影片完成的样子，然后再以这个"终"开始，完成计划中的每一步，才能把目标实现，这叫作"以终为始"。

这个概念是史蒂芬·柯维在他享誉全球的畅销书《高效能人士的七个习惯》里提出的第二个习惯，也是我们成熟的标志之一。你要达成一个目标，必须先学会如何做一个好计划。

图　22-1

计划应该怎么做

是像图 22-1 这样的吗？

这不是做计划，这只是一份愿望清单，写得还很不标准……

那是像图 22-2 这样的吗？

图　22-2

先罗列未来所有要做的事情，再排个轻重缓急，最后安排为年计划、月计划、周计划、日计划？

这也不是做计划，这只是你的待办任务列表……

那什么是计划

计划，是实现目标的路径。

比如你月底想要买个最新款的 iPhone 给女朋友，但是口袋里的钱不够怎么办？

因此你计划在未来 20 天，每天加班两小时赚加班费，每天多打 50 个陌生电话冲业绩，月底如果还不够，就问老李借 3000 元。

买 iPhone 是目标，加班、打电话、借钱是你为了要达成目标而计划的行为，只有两者结合在一起，才能称之为计划。

而我们生活中经常看到的那些所谓的计划，要么是只有目标没有具体行动的愿望清单，要么是只有一个个待办任务，而没有目标的整天瞎忙……

不同的目标，计划的方式也不同

我们把所有的事情，沿着一条横轴一字排开，越是往左侧的代表难度越低，越是往右侧的代表难度越高（见图 22-3）：

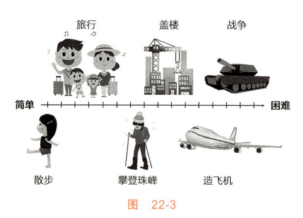

图 22-3

并不是所有事情都需要做计划的，简单的事情我们不需要，直接执行就可以了，比如说吃完饭去散个步，难道还要计划一下行走路线、步行速度以及耳机里播放的歌曲列表？

没必要，直接走就可以了。

而越往右侧走，随着事情的"复杂度"和对目标达成的"要求"不断提高，事情会变得越来越困难，这时候你拍脑袋直接干就不行了。

你就得开始做计划，把一个目标分解成多个任务去逐个执行。

比如，你要出去旅游，那至少得先确定去哪里，需要带哪些东西，然后买机票、订酒店。如果对旅行的品质要求高一点，比如5天内要游完15个景点，吃遍当地的美食，那么你还得提前做详细的攻略；而你如果打算去攀登珠峰，那需要准备和计划的东西就更多了……

再往右侧走，事情将变得更加困难和复杂，仅仅做个人计划已经不够了。比如你要造个飞机，那你个人能力再强，行动力再高，计划做得再详细也没用，这辈子也造不出来。

这时候，你不仅需要任务分解，还需要团队的分工协作。

你得组建一个团队，把一个极其复杂的事情，拆解成每个成员手上可执行的一件简单任务，最后通过整合每个人手上完成的小任务，来完成整体的大目标。

所以，在这根横轴上，对于不同难度的问题，我们采取的策略是不同的，并不是所有事情都需要做计划，而有些事情仅仅做个人的计划也是完全不够的。

这就像我们玩游戏，左侧是 EASY 模式，一个人就能随便虐电脑，不用做计划，直接干就是了！而到了右侧的 HARD 模式，我们就得提前做准备，穿上最厉害的装备；要开始计划路线，步步为营地前进；甚至要找小伙伴组团，通过精妙的团队配合才能完成。

因此，我们把上面这条横轴切分成三段，分别对应事情的不同难度等级：EASY、NORMAL、HARD，以及适合它们的不同应对策略，如图22-4所示：

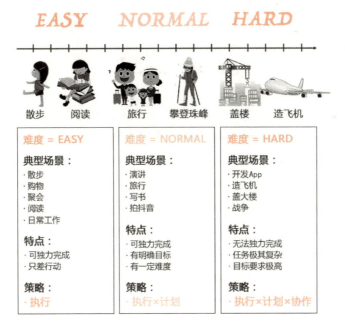

图　22-4

只有在对的场景下，使用对的策略，你才能事半功倍。

那么接下来，我就按这个难度级别逐个递进，来分别和你讲一下，在不同难度之下这几个应对策略具体该怎么操作。

场景1：EASY 模式

先来看图 22-5。

EASY 模式不需要做计划，我们就不用讲了吗？

很可惜，很多人连 EASY 模式都无法通关……

在这个场景下的任务有两个特点

① 任务可以独立完成，你无须其他人帮助；

② 你什么都不缺，就缺行动力和时间，只要你想，就能把它轻松完成。

图 22-5

比如刚才说的那些：散个步，读一本书，写一篇读书笔记，拍一段视频，参加一场聚会，去健身房锻炼一次，去淘宝买一件衣服，陪老婆看场电影，收发电子邮件，写一份工作报告，维护两个老客户，做一件已经做了几百遍的工作……

这些有什么难度的，直接做就好了。

但是，这里面有一个前提：

就是你得有时间，这些事虽然都没什么难度，但是花时间啊，如果以上这些事，要求你在一天内完成，你可能就会手忙脚乱了。

到底先做哪个呢？

结果，你顾此失彼，做了这个，忘了那个……

一个字：烦！

怎么办

在这个场景下的任务虽然简单，但是多而杂乱，因此，你的应对策略，就是有效管理好这些待办任务，让它们变得有序且不遗漏，提高你的处理效率。

那用什么办法呢？

用脑子记录和安排吗？

那太不靠谱了，大脑是用来思考的，不是用来记事的。

你需要用到一种更高效的任务管理方式，叫作 GTD。

什么是 GTD

GTD 的英文全称是：Get Things Done，意思是把事情做完。这是由著名的时间管理人戴维·艾伦在他的著作《尽管去做》里提出的一套移动硬盘式的任务管理方法，它的秘诀就是把所有待办任务都从大脑里移出去，清空大脑，在外部管理任务，让大脑的全部带宽都用来思考。

具体怎么做？

GTD 共分为四个步骤[1]。

第一步：收集

把任务从你的大脑中清空

你需要把接收到的、自己计划的所有任务，统统放进一个"收件箱"里，市面上有很多任务清单软件都是基于 GTD 的原则去设计的，比如滴答清单、奇妙清单、To-Do、Doit……里面都有这个"收件箱"的功能，它就是用来收集这些任务的，而我比较推荐 GTD 大神级的软件 OmniFocus（见图 22-6），下面我会以这个软件作为案例来讲解。

图 22-6

当然，也许你看到这里的时候，已经有更好的软件开发出来了。不过，软件的选择并不是重点，重要的是掌握这套方法，软件的话选一个自己用起来顺手的就行，功能都大同小异。

---

[1] 我对原书的步骤做了一些改动，当然，你也可以参考原书建议的五个步骤来进行操作。

22　做计划！不是列一份愿望清单

第二步：整理

把任务从你的收件箱里清空

你需要对收件箱里的任务进行处理，每个任务可以有四种处理方式：

1. 删除

如果发现它可做可不做，可能是一时兴起记下的，那就把它删除。

2. 立刻执行

如果这件事 5 分钟内可以解决，那就马上解决它。

3. 委托他人

如果这件事需要其他人来执行，那就把它安排给其他人，并把这条任务归类到一个文件夹中，比如叫"等待"，将来就可以在这个"等待"文件夹内去检查那些被委托出去的任务是否已经被完成了。

4. 整理归类

如果不是以上三类[⊖]，那么就是需要自己下一步去执行的任务，你可以把它们移入你事先建立好的任务分类里，比如工作、家庭、健康、某某项目等。

然后，为你认为重要的任务打上重要标志，为任务设定好截止日期，补充一些任务说明。

然后，你就可以把它们从大脑中彻底忘了！

以下是我自己任务管理的部分分类，仅供参考（见图 22-7）：

第三步：执行

就是把任务逐个完成！

这些已经设置好，并且已经被你"忘了"的任务去哪里了呢？

OmniFocus 有个核心功能叫作"预测"，它会按你设定好的"重要程度"和"时间顺序"自动生成一张未来一段时间的任务列表（见图 22-8）：

这张列表会同步出现在你的手机、电脑、Pad 端，你可以随时查看和操作。

然后，你就可以根据这张列表，从头到尾逐个完成它们即可。你不用再担心哪个任务没有做，有没有把重要的事情先做，软件都帮你计划好了，你只需要一条条做就好了！

⊖ 你也可以按原书上的建议，建立"将来/可能""下一步行动"等分类。

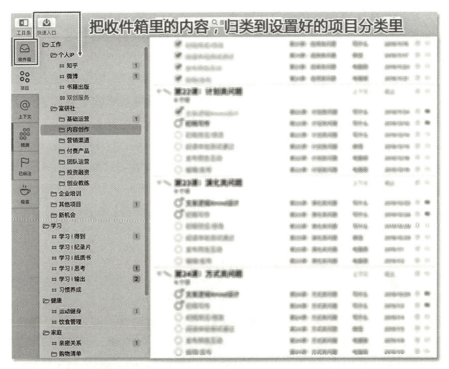

图 22-7

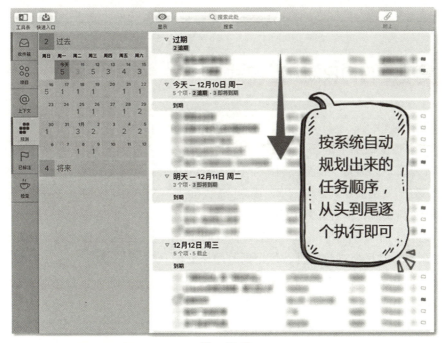

图 22-8

22 做计划！不是列一份愿望清单

另外，处理任务的时候记得要保持专注，一次只做一件事。专注，是最高效的生产力！

第四步：回顾

最后，你需要定期对所有任务进行一次回顾，看看收件箱里有没有未处理的任务；检查一下委托给别人的任务有没有完成；下周的任务安排是否太过紧凑，是否需要调整；对已完成的任务再总结一下心得……

发现收件箱里空空如也？预测栏里也无事可做？

看来你最近真的是挺空的，那就去再找些活来干吧。

感觉自己很高效？

如果你能做到这一步，就已经很有规划和自律了，用 GTD 的方法来管理和处理一般的任务已经完全没有问题，时间已经被你安排得井然有序。

但是，你别忘了，现在仅仅是在 EASY 这个难度场景下的，如果问题开始变得复杂，比如你要开始写一本书，或者要去攀登一次珠峰，那你就不能在收件箱里简单列个待办任务说：明天开始写书；后天出发去登珠峰……

这就不行了，你会在半路挂掉的！

因为它们已经到了 NORMAL 级别，你需要开始做计划才能把它们完成……

场景2：NORMAL 模式

先看图 22-9。

这个难度级别下的任务，光有执行力和能力已经不够了，还得每一步都正确，你不能走一步算一步，你需要提前规划好每一步。因为一旦中间某个环节你做错了，很可能整个任务都得推倒重来。

比如，你要写本书，那么整本书讲的主题是什么，分成几个章节来讲，每个章节的核心内容是什么，每篇内容的结构又需要怎么安排……如果你要写小说，那么要先设计整个故事的世界观、价值观、玄幻小说还得设定一些特殊的物理定律，不能瞎编。然后设计剧情的结构，故事中

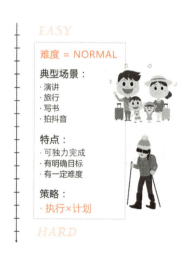

图 22-9

每个人物的性格，各自的命运，故事的主线、副线、伏笔、悬念……

你不能觉得，干嘛要想那么多，先写起来再说，想到什么了写什么，全凭灵感……然后发现写到一半写不下去了，前后逻辑不一致了，主角已经被你写死了，怎么办？

晚了，已经写了大半了，要烂尾了！

最后只能推倒重来……

所以，在这个难度下的任务，一定要提前计划好才能开始行动，每一步都要有章法。

那这个计划应该怎么做呢？

第一步：设定一个目标

计划之前先要明确一个目标，所有计划都是为了目标的达成而服务的，没有目标，则没有计划。那么目标该如何设定呢？

首先，目标分为主动目标和被动目标两类。

被动目标，就是别人安排给你的任务，比如公司要求你达成的业绩目标。

而主动目标，则是你自己想去完成的事情，是选择的结果。每个人想做的事情有很多，但是能做到的事情很有限，未来一年，你可能既想环游一次世界，又想赚它个100万元，还想遇到个真命天子完成婚姻大事……

但是，所有的结果，都是需要你用注意力和时间去交换才能得到的，而你的时间和注意力是有限的，如果你什么都想要，最后就什么也得不到。

只有专注才能产生效率，这点我们在本书里已经讲过很多遍了。

所以，如果你想设定一个主动去完成的目标，就需要先对当前所处的环境、自身的情况做一次充分的分析；然后，基于你的人生大目标，在面前摆出所有的可选项；最后，通过我们前一课讲的科学决策做一次选择，确定一个在未来一段时间内，你有能力百分百专注的目标。

当然，不管是主动目标还是被动目标，你都需要把目标进行标准化。

这个你可以遵循第17章提到过的 SMART 原则[一]：

- Specific/ 具体明确的；
- Measurable/ 可衡量的；
- Achievable/ 可独力完成的；
- Rewarding/ 值得的；
- Time-bound/ 有时间限制的。

[一] 如果你不记得具体内容了，请复习一下第17章"一秒钟，看透问题本质"。

第二步：把大目标拆解成小目标

当你有了一个明确的目标，比如你希望在今年年底之前赚到 50 万元，那么下一步，你就需要对这个目标进行一次分解。为什么？

因为，如果你面对的是一个看上去有点挑战的目标，你可能一下子想不出解决办法，更不知道下一步该如何走，明天的工作安排是什么。

因此，你需要先将它拆分成许多个小目标，让每个小目标看上去都有可实现的路径，然后，你再通过逐个击破这些小目标来完成最终的那个大目标。这样，整个任务相对来说就会比较容易了。

好，那我们该如何分解呢？

分解目标主要有加法分解和乘法分解两种：

1. 加法分解

请看图 22-10。

所谓加法分解，就是将一整个目标，像切蛋糕一样切成许多小份，然后一口一口吃掉，每块小蛋糕吃完了，大蛋糕也就吃完了。

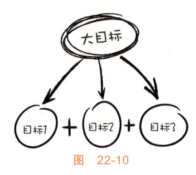

图 22-10

第一种加法分解是按时间来分：

比如说，你一年的业绩目标为 1000 万元销售额，那么每个月的销售目标就是 1000/12 ≈ 84 万元，每周的目标就是 84/4=21 万元。当然，你也可以不平均分配，前期需要做很多准备工作，那么就可以分成前少后多的结构。

第二种是按空间的方式来分解：

比如说你想提高个人收入，那么可以把自己的收入分成多个组成部分，比如工资收入、业绩奖金、期权折现、滴滴兼职司机收入、理财收益、房屋/物品出租租金、书籍出版的版税等。然后把总收入提高的这个大目标，拆分到每个小分类中，看看各个部分需要如何改善，是否还需要开发新的收入来源等。

当然，你也可以把这两种方法组合起来分解。

2. 乘法分解

请看图 22-11。

乘法分解是比加法分解更高级的方式。

比如 Space X 的创始人埃隆·马斯克，他有一个疯狂的火星移民计划：把 100 万人送上火星。

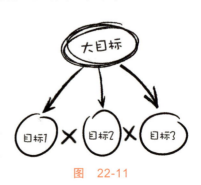

图 22-11

这个目标是不是听着有点扯？

因为目前（2018年）把一个人送上火星的成本差不多需要100亿美元（根据NASA公开的一些数据），全世界没几个人能负担得起这笔差旅费，而现在是100万人，这简直是天方夜谭。

那多少钱是大家能承担得起的呢？

马斯克的目标是：50万美元。如果能把运送一个人的成本降到50万美元，那么许多中产家庭的人都有机会能负担得起，购买力就不成问题了。

可问题是，从100亿降到50万，这是2万倍啊，你马斯克之前又没造过火箭，这又是个天方夜谭的目标，怎么办？

然后马斯克就把这个目标拆分成了这样一个神奇的公式：

$$20\,000 = 20 \times 10 \times 100$$

这是什么意思？

看图22-12。

20是指什么？

载人能力提高20倍。目前火箭发射一次大约能载5人左右，如果能一次运送100人上天，那一次发射成本，平摊到每个人可不就下降了20倍嘛。好，目前Space X正在研发一款叫ITS的星际运输系统，它的单次运载能力

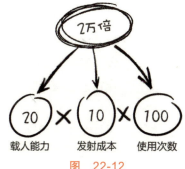

图 22-12

就能超过100人，这个目标看上去未来还是很有可能实现的。

10是指什么？

火箭发射成本降低10倍。通过马斯克的努力，他们现在自行生产了火箭发射所需的大部分零件，已经将成本降到了原来的1/5，而随着技术的进步，成本降低10倍这个目标看上去也是有可能的。

再来，100是指什么？

每个火箭能重复使用100次！现在的火箭发射都是一次性的，发射后所有零件全部报废，下一次得重新造，这个成本就非常高了。就像坐飞机，如果每次飞机飞完就得报废，那我们的机票估计就得几百万元一张了。如果火箭的发射也能像飞机一样重复使用，就可以降低100倍的发射成本。而现在，Space X已经多次实现了火箭的成功回收。因此，这个目标现在看上去也指日可待！

你看，是不是很神奇？一个看似完全不靠谱的目标，被分解成几个有乘法关系的小目标之后，就变得可解决了（当然，这三个目标也都不容易达到，只是相对于原来的总目标看上去容易得多），这就是乘法分解的威力。

如果你想把你的目标也做一次乘法分解，就需要找到与之相对应的数学公

式，比如：销售额 = 流量 × 转化率 × 客单价。一旦找到了公式，你就可以四两拨千斤，让任务以指数级的速度向前推进。

第三步：把目标拆解成任务

如果你已经把目标分解得足够细和精准了，那么就要进行最关键的一步：把目标分解成任务！

什么意思？

比如说，你在上海火车站，现在要去人民广场，那人民广场就是你的目标。怎么去呢？请出门左转走100米，坐1号线地铁，乘坐往莘庄方向的那班车，在人民广场站下车，1号口出来就到了。这个怎么去的过程就是任务。

把目标拆解成任务，就是把"结果"翻译成实现结果的"过程"。

很多人口中的订计划，其实是列愿望清单……比如减肥20斤，业绩完成100万元，收入增加50%……

然后具体该怎么做呢？

没有……

那订了有什么用，激励一下自己吗？

所以，一切没有具体行动步骤的计划，都是"耍流氓"。

那具体该如何将目标拆解成任务呢？

1. 正向规划

就是如果你想达成目标，应该分成几步才能完成，应该先做什么，后做什么。比如你想今晚亲自下厨，给老婆做一道她最爱吃的剁椒鱼头，可自己并不会烧，怎么办？

你打开电脑，搜索了一下剁椒鱼头的做法，发现一共有六个步骤，于是，你严格按照这六个步骤，逐项操作，最终，一道地道美味的湖南剁椒鱼头就能摆上餐桌（见图22-13）。

这个就是正向规划，你知道目标是什么，也知道达成这个目标的方法和步骤，因此，你只需要将这些步骤变成自己的待办任务，然后逐项去完成就可以了。

这种方式的前提是，达成目标的方式已经很成熟了，你不需要再重新发明轮子，自己在那边捣鼓这个鱼头该怎么搞，直接照搬成熟的步骤，按部就班地执行即可。这些就是所谓的套路，专业选手和业余选手之间的本质区别之一，就在于是否熟练掌握了相关的套路。

图 22-13

而反观我们现实生活中则不然，很多人就是喜欢"不按套路出牌"，喜欢自己摸索，搞一些他们眼中的创新，结果一了解才发现，他们并不是不按套路出牌，而是根本不知道套路的存在，期待乱拳打死老师傅，以身试法，步步试错，结果就倒在了一些不必要的路上，很可惜。

你要善于站在巨人的肩膀上前行。成熟的创新通常都是在掌握了基本的套路之后才发展出来的，而不是凭空创造的，凭空创造出来的大都是低水平的发明。

<u>那如果眼前的这个目标，没有任何成熟的步骤、参考资料、历史的经验可以借鉴，怎么办？</u>

那就只能拍脑袋订计划，试着自己推演了，但这样的风险真的很高。当然，你也可以学习一下诸葛亮，来一段隆中对，未出茅庐，已能定天下三分，将此刻起的每一步都提前规划好，并能保证计划的正确性。

可世上又有几个智力近乎于妖的孔明（鲁迅语）呢？

很少……

那怎么办？

你可以试试第二种方式……

2. 逆向规划

所谓的逆向规划，就是从最终的状态开始，试着一步步向前倒推，再对应到当下的每一步该如何走，这个就是我们通常说的逆向思维。

有些问题你可能以此刻为出发点去思考，很难想清楚每一步该怎么走，也不知道下一步是对的还是错的，但如果从终点出发，逆向倒推，有时候问题就会变得简单起来。

有一个很有意思的游戏，叫"抢20"：两个人从0开始轮流报数，每次可以在上一轮的基础上+1或者+2。比如第一人报1；第二人可以报2或者报3；第一人再根据第二人报的数字选择+1或者+2，以此类推，谁先报到20谁就赢了。

如果你先从第一步开始计划，这个游戏就变得很难，因为你不知道对方会报几，也不知道自己+1好还是+2好。但是，如果你从最后一步开始向前逆推，就能看得很清楚了：如果你想抢到20，就必须拿到17，因为只要拿到17，无论对方+1还是+2，你下一个数字都能报20。而想要拿到17，你就得先拿到14，以此类推，你需要拿到11、8、5、2其中一个数字，你就赢定了，这样你就知道现在的每一步该如何走了。

我们生活中也是一样，比如你年初定下了今年的业绩目标是要成交100个客户，那怎么完成呢？每周的计划怎么安排？明天做哪些工作？你可能一下子会比较迷茫，怎么办？

你就可以从这个结果出发开始思考，根据自己的历史成交率，倒推出100个成交客户需要多少个准客户，再平均到每天，推算出每天需要打几个陌生电话，拜访几个老客户，发几个朋友圈宣传，请哪位犹豫超过10天的人吃饭……这些就是你每天具体的工作任务。

如果你还是推不出来怎么办？

那就采用一种叫作"事前验尸"的方法：

就是假设你现在任务已经失败了，你来分析一下可能的原因是什么。

比如你想出一本畅销书，如今已经变成了滞销书，你认为可能是什么原因导致的呢？

是书名起得不好？还是内容写得太专业别人看不懂？或是封面设计太难看？还是内容本身没有吸引力？又或者是出版社的渠道实力不强，还是自身的名气不够大？……

把这些可能导致失败的原因都列出来，然后逐个找出解决方案，把这些解决方案转换成你的待办任务，它们就是你的下一步计划！

孙子兵法有一句我非常喜欢的话，叫作："不可胜在己，可胜在敌"。意思是能不能赢我不知道，这个在于对方，我能做的是让自己不可战胜。

如果你不知道如何赢，那就尽量让自己不要败，把一切你能想到的导致失败的原因都提前预防到位，让最终失败只有一种可能，就是"没有料到"……

如果早就想到了，但还是失败了，那就是最大的失败！

第四步：执行

有了具体的规划和任务，下一步就可以把这些任务放入你的 GTD 系统，开始逐项执行了。如果任务难度比较大，你还可以尝试引入 PDCA 循环，在过程中设置检查点，让计划在不断优化中前行。

当然，随着你个人能力的提升，操作的熟练，某些 NORMAL 难度的任务，对你来说就会变得 EASY，你就不需要做那么复杂的计划了，直接执行即可。如果你是青蛙，你才需要摸着石头过河，你得详细计划之后的每一步，而提高自己的能力，把自己变成河马，你无须计划，踏水而过。

终于，你在这里也会遇到自己的极限，某些任务已经变得极其复杂和困难，你个人能力再强，计划做得再周密，仅凭一己之力也不可能完成了，比如盖一幢大楼、举办一场演唱会，甚至制造一支铅笔，你都不可能独力完成，这个时候，事情就来到了 HARD 级别，你必须依靠团队的力量……

场景 3：HARD 模式

先观察图 22-14。

事情到了这个级别，想靠一己之力去完成目标已经不可能了，你得调动几十人、几百人甚至上千人协同作战才行。

但是，让一群人行动和你独自行动有着天壤之别，这里不在于你的计划有多完美，而在于你是否能让大家都信任你，都按你的计划行事。这里不在于你的个人能力有多强，而是在于你是否能够调动群体智慧，让大家都很拼命，从而发挥出团队的力量。

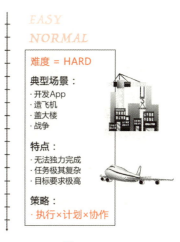

图 22-14

那具体怎么做呢？

在这里，我借用一个概念："NLP 理解层次"（见图 22-15）。

这个概念我们在第 6 章《你是第几流人才》里讲过，如果你不记得了，可以翻到前面复习一下。

当时我们用这个框架来分析我们面对问题时思考层次的差别，以及帮助你做人生的规划。而在这里，我将带你再次使用这个分析框架，来设计一套能够调动一群人行动的计划方案。

为了便于你记忆，我称这种方式为"N 计划"。

第一步：为目标赋予意义，统一共识

请看图 22-16。

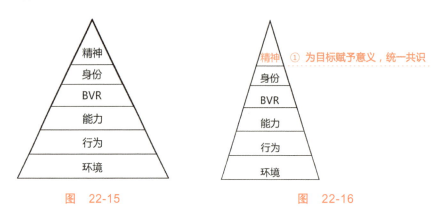

图　22-15　　　　　　　　图　22-16

先设定一个目标。怎么设定呢？

直接告诉大家我们今年的目标是×××，你的计划是×××，然后把任务分配下去，散会，各自干活吗？

然后，你就摩拳擦掌，期待着大家会齐心协力，全力以赴，愿意为团队牺牲自己，共同朝着目标而努力奋斗？

不是的，他们也许看似都在努力，在彼此协作，但其实每个人都心怀鬼胎，有着各自的利益诉求，都希望自己的收获大于付出，这是人性，你先要正确认识到这一点。

那怎么办呢？

为整个团队设定目标，不仅要符合 SMART 原则，成为一个明确的目标，更重要的是，你还需要为目标赋予重大的意义！

什么是意义？

意义就是你为什么要制定这个目标，而不是其他目标。完成这个目标我们团队能获得什么？对我们团队的长远发展能起到什么样的关键作用？客户能因此获得什么？整个社会能获得什么？你们每个人能获得什么？对成长的帮助，对收入的贡献……

回想一下，你在设定个人目标的时候，会设定些什么目标？

年底前减肥 20 斤？月收入达到 5 万元？

这些目标是你最终想要的吗？

不是。

达成这个目标之后所带来的效果才是你真正想要的!

你想年底前减肥20斤,可能是因为明年1月份要结婚了,太胖穿不了礼服;或者是你遇到了真命天子,想在他面前有一个更好的身材状态;或者你是最近才发的福,发现原来的漂亮衣服都穿不了了……

你想月收入达到5万元,可能是因为想要尽快凑足买房的首付;或者你是想要买辆跑车,载着美女去兜风;又或者你是欠了高额的银行债务,想要尽快清偿……

订个人目标的时候,你不会说这些,因为它们都在心里明摆着,你很清楚为什么要订这些目标。可如果对象变成了团队,那同一个目标,在100个人眼里,可能就有100个意义了……

- 你说:"今年我们公司的目标:销售额1个亿!"
    - 王经理心想:"如果完成,我能有1%的提成100万元,太棒了,今年年底可以买学区房了,儿子的学校妥妥了……"
    - 张法务心想:"我去,这得多少份合同要审啊,老婆已经骂我每天加班太多了,这下死定了,不行,明天得找老板要人去……"
    - 李销售心想:"1个亿?10个亿跟我也没关系,下个月的业绩我还不知道在哪呢,估计考核还得涨,我是不是该寻找下家了?……"
    - ……
- 你接着说:"大家要齐心协力,共创辉煌!"

如果你能看到每个人内心的想法,这句话会显得多么的苍白无力……

所以,目标本身不重要,为什么要达成这个目标,才重要!

你们要达成的共识,并不是目标的共识,而是目标背后的那个意义的共识!

就像战争的目标就是要赢,这个没什么好说的,非常明确,但你为什么非要打这场战争?非要去残害同胞?非要不顾生死,背着炸药包冲入敌人的战车底下与对方同归于尽?是什么支撑着你这些悲壮的行为?

是"赢"背后的意义!

两军对垒,将军通常都会对士兵们发表演说,鼓舞大家的斗志,而实际上,他是在为每个人赋予这次战争的意义!就像在电影《勇敢的心》里,威廉·华莱士在阵前说的那样:"战斗,你可能会死;逃跑,至少能苟且偷生,年复一年,直到寿终正寝。你们!愿不愿意用这么多苟活的日子去换一个机会,仅有的一个机会!那就是回到战场,告诉敌人,他们也许能夺走我们的生命,但是,他们永远夺不走我们的自由!"

为什么要完成这个目标,远比这个目标是什么重要得多!

想想英国首相丘吉尔,在英国的至暗时刻喊出的那一句:"We shall fight on the beaches!"

想想美国黑人民权运动的领袖马丁·路德·金,在华盛顿林肯纪念堂上喊出的那一句:"I have a dream!"

如果你的团队只为目标和任务而工作,那么你只能用金钱,换来大家的汗水;而如果,你能让团队为了某种意义而工作,大家可以为此付出鲜血,跟你去拼命!

因此,如果你希望把大家团结起来,朝着目标玩了命地奔跑,那你就需要赋予目标重大的意义,并把它讲出来,统一大家对此的共识,而不是只讲目标!

一个有意义的目标自带影响力,它能够吸引斗士,它能够凝聚人心,它能够激发每个人心中的熊熊烈火……

人是为意义而活的,团队是为意义而战斗的!

设定一个好目标,并为它赋予伟大的意义,让大家达成共识,你就已经成功了一半。

第二步:确认领袖,组建核心班底

请看图 22-17。

设定了目标,赋予了意义,统一了共识,下一步就开始计划具体的行动了吗?

还不行。

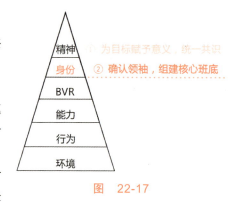

图 22-17

一流的团队,能把三流的计划做成功,而三流的团队,会把一流的计划给搞砸……

所以,当你设定好了目标,下一步是要组建一支一流的团队,而其中最关键的一步是要找到团队的领头人,并组建核心班底。

一个好的领头人可以是整个团队的灵魂,把大家凝聚起来,带领大家披荆斩棘;而一个不胜任的领头人可能会成为整个团队的瓶颈,让成员的能力与热情无处安放,将熊熊一窝,拖垮整个队伍……

那怎么选呢?

你可以用我们前面说的科学决策法,从三个方面去考量:

- **过去**:在这件事情上曾经有哪些成功的经验;

- 当下：是否拥有领导的品质，比如领导力、格局、智慧、性格，等等；
- 未来：对这个目标如何达成的战术思路是否靠谱，信心是否足够，意愿是否强烈，等等。

这一步要非常慎重，千万不能抓壮丁，在开会的时候提出一个新项目，然后问："这事儿谁来负责？"

大家默不作声，只有刚入职的小王跳了出来，说："那我试一下吧！我想有个锻炼的机会。"

你说："好好好，小王同学初生牛犊不怕虎，很有责任感，这次就你来挑大梁吧！加油干！"

最终，小王由于能力的不胜任，导致项目失败。

结束后你安慰小王："没事，年轻人，就当锻炼了，损失公司买单……"

请问，就算对于他本人，这样真的能有成长吗？

并没有，带来的也许只有挫败感，打击的却是全团队的士气。

当然，如果你自己就是那个当仁不让的领头人，你需要永不停歇地去提升自己，别让自己的思维和格局成为团队的瓶颈。

第三步：制定团队的行事原则

请看图 22-18。

有了目标和领导班子，接下来，你们核心团队就要制定一套行动原则来管理团队，而不是都靠人来管理。

原则包含三个方面：

1. 信念

什么是信念？

就是你认为事情应该是怎么样的？

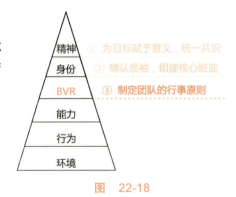

图 22-18

世界是怎么运行的？你们的行动应该遵循哪个法则？整个计划应该遵循什么因果逻辑？……

比如基督教的基本信念是相信上帝的存在，这一点不容置疑，在这个框架下的所有法规、戒条、人们的生活方式等，都必须符合这一点，一旦这点受到质疑，整个体系就会崩塌。

信念也可以是某套理论体系或概念，比如行为经济学、长尾理论、网络效应，等等。当你相信某套理论，相信未来会按它说的那样发展，那么你就可以以它为基础，开始设计你的规则，安排你的计划，建立你的行为和之后结果之间的因果关系。

2. 价值观

什么是价值观？

就是你认为什么是对的，什么是错的；什么是重要的，什么不重要；什么是我们要的，什么是我们应该坚决说 NO 的。

这些好坏对错的标准，都应该围绕是否有助于实现目标来制定。比如阿里巴巴的目标是要成为一家 102 年的公司，那么它的价值观（客户第一，拥抱变化，团队合作，诚信、激情、敬业）的设立，就是为了确保团队都在做正确的事，因为一旦偏离了价值观，比如"客户第一"变成了"员工第一"，那么客户利益就会受到伤害，企业就会受到质疑，失去信任，最终也就无法实现"成为一家 102 年的公司"这样一个目标。

每个人都有自己的观点和喜好，没有绝对的正确与错误，但如果身处一个团队之中，所谓正确的事，就是符合团队价值观的事！

为了让目标背后的意义得以实现，你们的价值观应该怎么确立？这是你们核心团队需要思考的最重要的事情之一！价值观，它不是贴在墙上的装饰，它是一把标尺，督促团队中的所有人，在正确的道路上不偏不倚！

3. 规条

信念和价值观略显抽象，你需要把它们具象为具体的行为要求，比如对国家来说就是宪法和各种条例，对企业来说是制度，对团队来说是规则，对学生来说是行为规范……

比如，阿里巴巴的行为准则中有这么一条："决策前积极发表建设性意见，充分参与团队讨论；决策后，无论个人是否有异议，必须从言行上完全予以支持。"

这条规则，乍一看是一种好习惯的倡导，或者是有点军事化管理的味道，但其实，这是阿里巴巴对价值观"团队合作"的具象化，用这个行为来体现出这个核心价值观，而价值观的稳定，是为了保证团队目标的实现，这并不是随意设定的。

如果你们已经确定了信念、价值观，那么就需要把它们细化成一条条像这样具象化的规则，并让整个团队按这些规则行事，用制度去管理整个团队。

把信念、价值观、规条这三者结合起来，就叫"原则"。

原则将指导你们团队之后的所有计划和行动，确保你们的每一步都走在正确的道路上，向着目标健康迈进。

瑞·达利欧，全球最大的对冲基金公司"桥水"的创始人，他将这些年来引领桥水成功的那些信念、价值观、规条，总结成了一本书，名字就叫《原则》。

第四步、第五步

请看图 22-19。

前面三步是带领一支团队完成一项艰巨任务的核心步骤，平时我们一般不怎么注意到它们，甚至完全看不见，但它们是整个计划的内核。之后的计划可以改，团队成员可以调整，合作伙伴可以更换，但是目标以及完成它的意义、团队领袖、核心班底、行事原则，这些不能轻易地改动，一改全乱！

图 22-19

接下来我们说外三层。第四步、第五步在执行的时候会有交叉重叠，所以我们放在一起讲。

完成了核心部分的建设，然后就要进入具体计划的部分了，接下来你需要做：

1. 分解目标

将大目标分解成小目标，化整为零。

2. 将目标分解成任务

你不能说某个小组目标为1000万元，然后10个人每人领100万元的指标，然后散会，这是"耍流氓"……你要通过正向规划或逆向规划将目标翻译成可执行的任务后再分配，这是一名管理者的基本素养。

3. 分配资源

根据目标和任务的难度，开始补充配置各小组的人力、财力、物力，资源多多益善，别期待以少胜多、以弱胜强的奇迹，这是妄念，要戒，目前有多少资源就干多大的事，实在需要就想办法去借，或者调低目标，步步为营，把雪球滚起来了再干大事。

4. 专业化分工

尽量保证每个人只专注于一件事，而不是很多事，让专注产生个体效率，再通过彼此的分工协作形成整体效率的最大化。

5. 开始执行

将拆分好的任务放入每一个人的 GTD 列表中并开始执行，记得采用 PDCA 循环，在过程中不断优化每个人的具体行为和步骤，把高效率的行为给固化下来，变成团队的能力。

6. 执行力保障

任务进度落后了怎么办？过程中出现了意外怎么处理？

你需要为团队安置一张"燃尽图"（见图 22-20），时刻记录目前团队的任务进度，每天更新，进度慢了赶紧回去干活；你还需要提前制定预案，将可能发生的负面事件的处理办法提前制定并交由专人负责。

第六步：找势能高地借力

请看图 22-21。

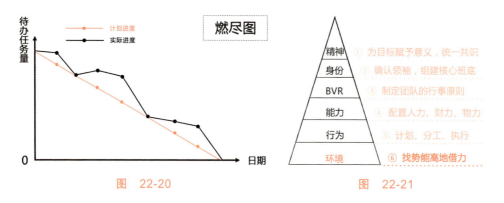

图 22-20　　　　　图 22-21

最后，计划一旦开始，你就不应该天天抱怨团队成员的能力不行，他们已经是你在前几步里能找到的最好的人了。如果上面几层都没问题，那么这时候你应该去外部找资源，为你的团队赋能，这就叫求之于势而不责于人，让团队站上有势能的高地，让他们顺势而为！

关于这点，你可以复习一下第 9 章《未来世界给你发来的信号》里的内容。

小结

好，三种模式下的应对策略都讲完了，接下来，我小结一下本课的内容。

当确定了一个目标之后，你就应该马上开干吗？

不是……

你要学会先做计划，学会以终为始，心中要先有那个"终"，你才知道下一步该怎么"始"，然后根据制定的计划，步步为营，最终达成目标。

那计划应该怎么做呢？

按问题的困难程度，我们将之分为 EASY、NORMAL、HARD 三个等级，在不同等级下我们应采取不同的策略来应对，分别是：

- EASY 模式：执行
  在这个模式下，完成任务并不难，核心是如何管理它们，你应该使用 GTD 任务管理方式，将大脑清空，通过外接一个硬盘来管理自己的日常事务。
- NORMAL 模式：执行 × 计划
  在这个模式下，直接开干已经行不通了，你需要提前做计划，计划的方式共分成四步：① 设定一个目标；② 将大目标分解成小目标；③ 将目标分解成任务；④ 放入 GTD 开始执行，善用 PDCA 循环，提高完成质量。
- HARD 模式：执行 × 计划 × 协作
  在这个模式下，你只做个人计划已经不能胜任，你需要借助团队的力量。而管理团队，你需要先管理他们的脑，才能调动他们的手。因此，在你制定团队计划时可以使用 N 计划，共分成六步：① 为目标赋予意义，统一共识；② 确认领头人，组建核心班底；③ 制定团队的行事原则；④ 配置人力、财力、物力；⑤ 计划分工与执行；⑥ 找势能高地借力。

每一级需要的技能都是下一级的基础，所以，当你没有在低难度里锻炼好就直接开困难模式，是很容易被团灭的，你要像打游戏一样，从简单到困难逐级提升自己的能力才行。

那 HARD 模式是到头了吗

到目前为止，我们提到的所有问题，都是有一个大前提的，就是你计划中的行为和结果之间有很强的因果关系，你知道目标是什么，也知道通过哪些步骤可以达成这个目标。这里边透露出一个很强的信息：确定性。就是把 ABC 做好了，你就能得到 D，而计划的作用，就是来保证这份"确定性"的实现，比如拍电影、造飞机、盖大楼，在成熟的业务里达成既定的目标……

但在现实生活中，我们面对的都是这样具有很强确定性的问题吗？

不是！

如果还记得我们在第 11 章《你这么努力，最后还是输了所有》里讲过的"镜像世界"，你就知道，这世界上还有另外一大半的事情是由"不确定"构成的：你永远不知道明天某只股票是涨还是跌；你的商业计划书写得再完美，也跟不上市场的瞬息万变……

当计划赶不上变化，你该怎么办？

还有……

计划它能有效还需要一个大前提，就是你得有一个明确的目标。

可你万一找不到目标怎么办？

你不知道未来市场上的下一个风口会在哪里，你不知道产品做成什么样用户才最喜欢，你也不知道自己未来的人生究竟该活成什么样子……

你就像漂浮在一望无际的大海上的一叶孤舟，没有过去，没有未来，没有地图，你只有当下的时候！你该怎么办？

计划给了你确定性的同时，也拿走了你的弹性，当你面对充满不确定的问题时，你就需要用到另外一种行动策略……

这个，我们下章再说！

思考与行动

看完≠学会，你还需要思考与行动

思考题 1：请用 NORMAL 难度里介绍的方式，写下你个人未来一年的目标和具体计划。

思考题 2：如果你所在的团队正在为某个目标而奋斗，请用 HARD 中介绍的方法，分析一下你们团队在这六个步骤中哪些做得比较好，哪些做得还不够，下一步该如何改进。

微信扫描二维码，把你的思考结果和学习笔记分享至学习社区，与其他同学互相切磋、一起成长，哪怕只是一句话，也会让你对知识的理解更加深刻，收获也会更多，还能让其他人从你的感悟中获得启发。

如何在迷茫中找到答案

概念重塑
重新理解财富　重新理解自己　重新理解世界

大脑升级
解开大脑的封印　思维力提升　解决所有问题

96%

注意力　时间　人生商人　复利密码　角色化　理解层次　元认知　多维能力　势能差　估值模型　四域空间　运气催化剂　负面词语/情绪　学习三步法　背景知识　专注的力量　透析三棱镜　线性思维　结构化思维　系统性思维　选择　计划　演化　创新

23

计划为什么会失败

目标万元户

在我写作本书的时候，正好是喜迎改革开放 40 周年。于是，我就从改革开放期间的一点事说起。那时我还没出生，这个故事是听我父亲告诉我的……

他说，那个时候钱很值钱，米价 0.14 元，肉价 0.95 元，去上海最好的和平饭店吃上一顿大餐，也就几块钱。所以，虽然那时大家的平均工资都只有 30 元钱左右，但也基本够用了。

而如果谁的存款能有 10 000 元，在那个时候就能称得上是巨富，钱基本上是"花不完"的，可以买齐当时所有的高档商品：自行车、电视机、收音机、手表……走路可以横着走……

这在那时还有个别称，"万元户"。

对，万元户！这是富有的标志，是那时候许多年轻人追逐的梦想。

我父亲那时还在港务局工作，他有位同事叫老蒋（化名），在单位里已经是老干部了，他也和大家一样，在很早之前就立下了这个伟大的目标：成为万元户！

于是，他开始做计划，要开源节流……

老蒋在单位年限比较长，又是劳动模范，别人的工资平均是 30 元左右，而他能拿到一百多元，在那个时候是很夸张的高工资！可是他几乎不用……把能省下的钱都省下来了，衣服能穿就绝不买新的，上班能走就绝不坐公交，每顿饭都是泡饭加腐乳，一块腐乳还可以用筷子夹开，分三顿吃……

就这样坚持了七八年。终于，在 80 年代初，他真的如愿成了一名万元户。

老天，总是奖赏那些懂得坚持的人！

梦碎万元户

可是，好景不长，随着改革开放的效果逐渐显现，经济开始飞速增长，到了

1983、1984 年，大家的收入开始有了显著的提高，有许多人的月收入都过千了。

换句话说，所谓的万元户，在那个时候已经变成了常态，也就是许多人一年的工资而已。

至此，万元户这个称号，便成了历史……

而老蒋，他银行里的一万多元存款，再也不是花不完的神话，物价飞涨，早已没了当年的价值。而他，依旧每天白粥就着腐乳，只是心里的滋味，变了味道……

为什么计划成功了，结果却失败了

不是说成功 = 达成目标吗？

如果是因为计划执行不到位，或者遭遇不确定的风险，比如钱被偷了、被抢了，导致目标没达成，这个很正常，怪天怪自己。

可现在这些都没发生啊，计划也严格执行到位了。并且，历经了千辛万苦，吃了那么多年的白粥加腐乳，当初设立的目标也达成了，可迎来的为什么不是鲜花与掌声，而是唏嘘与叹息呢？

因为……

计划有效得有两个大前提

1. 必须得有目标，且必须正确

所有的计划都必须建立在一个目标之上，如果没有目标则谈不上计划。而且，目标还必须得正确，你所有的努力都为了实现它，但是如果这个目标本身就是错的呢？你计划执行得越完美，结果就会错得越离谱……

可为什么你会制订一个错误的目标呢？

想一下，你通常是如何设定目标的。一般情况下，我们会根据过去，根据目前所处的环境来预测未来并设定目标。比如说，在 70 年代的时候，万元户就是大家追求的梦想；到了 80 年代，一个黑白电视机、一辆凤凰牌自行车、一块上海牌手表就是人生追求。

你为什么会订这些目标？

因为在那个时候，你能看到、想到最好的，就是这样。

可如果时代变了，这些属于时代的目标，也就没了意义……

再来看今天（2019 年初）。

如今，你的梦想也许会变成：成为一名网红，通过妖娆的舞姿，迷人的歌喉，一夜之间火遍大江南北；或者成为一名自由的自媒体撰稿人，一个人，一台电脑，在旅行中向世界发声……

但就在几年前，用于安放这些梦想的微信、抖音、快手等软件、平台都还没有被开发出来……

这些说明了什么？

说明你的视野会被当下的时代所局限，你很难跳出当前的背景框架，来想象未来的样子。

这就是我们第15章说的背景知识，当你还没有遇到这些背景知识的时候，你根本想象不到建立在这些背景知识之上的事物，影响你未来生活的许多背景知识，也许至今都还没有被发明出来……

所以，你也许刚立下了一个十年目标，可没过两年，这个目标就已经没有了意义，已经淘汰了，你又有了一个新目标！

因此，你现在笃信的一个目标，在未来，它真的会是一个靠谱的目标吗？

还真不一定……

如果目标不一定靠谱，那你的计划又如何正确？

好，假设你的目标是靠谱的，那还有一关在等着你，就是你的计划也必须靠谱。

2. 计划必须靠谱

案例中的计划还是比较简单的，在那个时代，工资的弹性很小，想靠工资来成为万元户，靠省吃俭用是能达成的，可如果问题开始变得复杂了呢？

那你就必须得跨过另外两座大山。

第一座大山叫作"不确定"。

比如，你设定了一个全年的健身目标：慢跑1800公里。

这个看着很简单吧，根据前面的内容，你把目标分解成任务，安排到每一天的清单中。你只需要每天晚上划出一部分时间慢跑5公里，并按计划每天严格执行就可以了。

但，真的是这样吗？

如果来到现实生活中，这期间就会出现各式各样的意外。比如，今年的天气怎么样？有多少天会下雨，影响户外活动？公司是否会特别忙，需要一直加班？老婆是否会怀孕，需要你加倍照顾？自己身体是否健康，能保持全年的活力，而且不受伤？等等。

你需要完成目标的时间越久，这期间发生意外的概率也就越高，你就会感觉不顺心的事如雨点般扑面而来……

你刚创业的时候，怀着雄心壮志，写下了未来三年的目标，并做了详细的商业计划，可不到半年，也许它们已经变成了废纸，因为市场变了，你们还没开发完的产品就已经被市场淘汰了，巨头们已经介入，用户们已经蜂拥而去了……

或者，你们好不容易把产品打磨完成，发现巨头们还没反应过来，你欣喜若狂，准备快速推向市场，结果一纸禁令颁布，销售需要牌照了，这时候你又咋办？

你计划的时候，考虑的是现在的情况，是静止的，是不变的。而计划一旦开始，你发现所有的一切都在改变，市场在变，用户在变，技术在变，政策在变，竞争对手也在变，不确定充斥着未来，风险不断增加，什么事情都有可能发生……

第二座大山叫作"复杂性"。

那么，如何避免这些"不确定"呢？

你得把这些"不确定"考虑进计划，你得提前做好预案。比如刚才跑步的例子，为了避免下雨天对跑步的影响，你需要在家购置一台跑步机；为了避免加班对跑步的影响，你需要把锻炼时间改到早晨，每天早起1小时；为了避免老婆在今年怀孕对跑步的影响，你需要……咳咳……

总之，为了避免这些在过程中可能出现的不确定，你需要提前做更多的规划和预防措施。时间跨度越大，你这个计划的复杂度也会膨胀得越大，最终膨胀到无法执行的地步。

这就像改革开放前的那些年，为了避免重复建设、企业恶性竞争、工厂倒闭、工人失业、地域经济发展不平衡等在市场经济发展中可能存在的不确定问题，我国实行了多年的计划经济，通过复杂的顶层设计，来统一调配资源，避免这些风险。

在刚开始的几年，计划经济确实起到了非常积极的作用，让我国的经济在一片废墟中站了起来。可是随着时间的推移，市场变得越来越复杂，中央大脑再也无法触达市场的每一处细节、每一次变化。然后，不确定引发了更多的不确定，复杂性成倍增长，计划难度越来越大，最终导致整个市场效率低下，反应缓慢，直到僵化。

那怎么办呢

不仅你的计划可能是不靠谱的，连目标都有可能是错的！找不到靠谱的目标，未来又充满着不确定，你的内心就会冒出两个字："迷茫"！

目标缺失，计划失效，感觉自己就像漂浮在大海中的一叶孤舟，没有过去，看不清未来，找不到方向，你该怎么办？

除了拍脑袋随便先定一个不靠谱的目标，然后硬着头皮开始做计划，怀着不撞南墙不回头的勇气，杀入危机四伏的真实市场，我们还有没有其他的行动策略可以选择？

答案是：演化。

什么是演化

1859年11月24日，查尔斯·达尔文发布《物种起源》轰动全球，至此一个新概念来到我们的世界，它叫"Theory Of Evolution"。在中国，它被翻译成了"进化论"！

当然，"evolution"如果翻译成"演化"可能更为精准，因为进化是有目的的，是说事物总是由低级到高级，从简单到复杂，是往一个"更好"的方向发展的，而达尔文在他的观测中发现，其实生物的演化，并没有一个明确的方向，而是完全随机的，所以更正确的翻译应该是《演化论》。

好，那什么是演化呢

演化，并不是指随时间变化，比如一张照片，随着时间的流逝慢慢褪色，这个不叫演化。

演化，是指种群间的连续代际变化。比如人原来是类人猿，然后通过一代代的繁衍，每代都会发生一些变化，最终，慢慢变成了人的样子。

这个演化究竟是如何发生的呢？还是说，类人猿生来就是要变成人的？

演化有两个重要基础

第一，遗传变异

动植物在代际遗传的过程中，基因复制会发生随机性的错误，也就是我们常听到的基因突变。比如在几十万年前，有一个刚出生的小猿猴，它的基因突然发生了变异，多了一个名为FOXP2的基因；然后，它又把这个变异的基因遗传到了下一代，它的子子孙孙们也都拥有了FOXP2基因，而这一拨猿猴，最终便成了我们人类的祖先。

第二，自然选择

基因的突变是随机的，也就是说，除了FOXP2基因，还有很多奇奇怪怪的基因在历史上也曾经出现过，可为什么FOXP2这个基因被保留下来了呢？

因为FOXP2基因是负责我们语言功能的，这只小猿猴获得了这个新能力之后，便拥有了更强大的信息传递能力，能与更多的猿猴发生协作，这便提升了它在种群中的生存能力和繁殖机会。由于这些优势，FOXP2基因也就能更容易地被保留下来，并遗传到了后代。

而其他变异的基因，如果没有帮助猿猴获得更大的生存优势，那么这些变异的基因便没有更多的机会被遗传到下一代，因此也就在历史中消亡了。

这个过程，就叫作"自然选择"。

就是说演化的方向不是由事物本身决定的，而是由环境决定的。基因突变本身是没有方向的，是完全随机的，至于哪次突变能被保留下来，就看这次突变能否帮助这个种群获得更大的生存优势，从而在大自然的残酷竞争中脱颖而出。

物竞天择，适者生存，而不是强者生存。无情的自然"剪刀"，会把那些更适合环境的物种保留下来，而剪掉那些不适合的。

比如，狼群中那些身形较为弱小的狼，会被狼群排挤，它们原本的命运可能会被自然剪刀给无情地剪断，而它们却来到了人类的身边，帮助我们捕猎、守护村庄，从而也换来了食物，因此逃脱了自然选择，获得了繁衍的机会。而这一小支狼群，便逐渐演化成了如今我们熟悉的狗狗。

因此，演化是"遗传变异+自然选择"共同的结果，两者缺一不可。

演化不仅发生在动植物身上

生物的演化，是通过基因变异后的遗传来实现的。而演化不仅限于生物体，也发生在非生物体上，比如我们日常使用的各种产品，它们其实也分别是一个种群，也会发生连续的代际变化。

比如汽车的演化，从最早的马车（当然有人非说是中国的轿子），到后来的蒸汽汽车，再到内燃机车，再到流水线上批量生产的汽车，再演化到如今我们看到的各种现代汽车（见图23-1）……

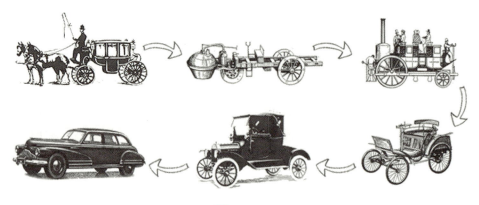

图　23-1

再比如计算机的演化，从最早的大型机，到后来的个人电脑，再到笔记本电脑，再到如今每个人包里的Pad、口袋里的智能手机（见图23-2）……

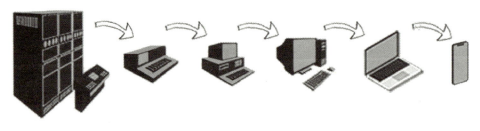

图　23-2

它们也是种群，也有连续的代际变化，而且演化速度特别快，生物要完成这种大尺度的进化可能得需要几百万年甚至上亿年，而它们只需要几年的时间，就可以进化成另外一个物种……

它们的演化也离不开这两个基本条件

1. 遗传变异

每一代新产品都会在上一代的基础上做一些创新，这个就像是生物体的基因突变。

比如在汽车上加个狗袋，方便开车的时候携带狗狗（见图23-3）。

图 23-3

比如弄个发光的轮胎,成为夜空中最亮的车(见图 23-4)。

2. 自然选择

只不过以上这些小发明,有些很受欢迎,它们在后代中被保留了下来,就相当于基因遗传了;而有些则没有受到市场的追捧,它们就被淘汰了,相当于这个突变的基因灭绝了。

市场就像是生物界的自然环境,用户的喜好就是那把自然剪刀,某个产品喜欢的人越多,它就繁衍得越快,就会不断地演化,来更好地满足人们的需求,然后不断地复制,扩大自己的种群规模,直到占满每个人的口袋;而如果产品没有人喜欢,它就会被停产,也就是被灭种。

图 23-4

商业世界和自然环境一样,也有一把残酷的剪刀!

好,什么是演化我们解释清楚了,那么它对我们一开头提到的问题有什么帮助呢?

为什么要用演化的策略

开头我们说了,杀死计划的有三大元凶:一是没有目标或者目标错误;二是未来充满了不确定；三是计划如果过于复杂的话就很难执行。

使用"演化策略"能很好地解决问题

1. 演化，不存在目标

不管是生物种群的演化，还是非生物种群的演化，都没有一个明确的目标，它们并不知道自己未来会变成什么样，也不知道自己会去向何方，它们只需要专注于当下，不停地做着创新与优化，不断顺应环境的变化，就能在时间的长河中，慢慢演化成最好的存在。

2. 演化，也不需要计划与设计

没有一个造物主或者超自然的存在自上而下设计了这一切——精巧如眼睛，智慧如大脑，它们都不是设计出来的；人类从前怕狼后怕虎的弱势群体，到现在一跃站上了食物链的顶端，成为地球的主宰，这条逆袭之路也不是谁事先计划好的。

3. 演化，它也不惧怕风险

计划的天敌是不确定，我们害怕风险打乱我们的计划，担心行为得不到预期的结果，而演化不担心，因为演化中的每一天，都在与不确定为伍，虽然我不知道这一次的变异，能否帮助我获得竞争优势，我也不知道下一次的创新，用户们是否会喜欢，但是没关系，因为我有一万次改变的机会。我就这么不断地演化下去，这其中总会有那么一次，就那么一次，让我逃过了那把自然剪刀，跃升成了另一个物种，被自然选中，被用户爱戴。

其实，地球上所有的一切都在演化之中……

生物在演化，国家在演化，组织在演化，产品在演化，人生在演化，你的每时每刻，其实都在演化……

演化，是一场持续了40亿年的无可奈何。

演化，不需要谁的设计也能精妙无比！

演化，才是这个世界的真正底牌！

当你找不到方向，内心充满困惑，不断地遭遇各种不确定的打击，眼前写着大大的"迷茫"二字，演化，就是你最好也是最本能的行动策略！

好，那么我们该如何让我们的产品、团队、事业，包括我们自己的人生，也能像生物一样，拥有自我演化的能力，能够在迷茫中找到正确的答案呢？

下面，我们就根据演化的特性，来人为地构建一个能自我演化的系统。

如何拥有自我演化的能力

构建一个自我演化的系统，需要遵循演化论的两块基石，我们先来回顾一下：

1. <u>遗传变异</u>：个体在将基因复制到下一代身上的时候，某些特性会有一定概率发生变异。

2. <u>自然选择</u>：哪个变异能够在这个种群被保留下来由外围的环境决定，也就是适者生存。

基于这两块基石，我来说一下自我演化系统的具体设计步骤：

第一步：开启初始状态

请看图 23-5。

就像生物演化需要基因一样，任何一个自我演化的系统，不管是产品也好、团队也好，你也需要从 0 到 1，先开启一个初始状态，作为演化的起点。

图 23-5

这一步不要去憋大招，一上来就想去设计一个包罗万象，号称要改变世界的产品，这又回到前面计划的策略了，结果很容易事与愿违。这一步的关键是要开启一个演化循环，让你的产品或者团队快速进入并适应眼前的市场，好产品、好团队、好结果都是演化出来的。

在《精益创业》这本书里，把这种最初代的产品叫作 MVP（Minimum Viable Product，最简化可实行产品）。所谓 MVP，就是围绕目标用户最核心的痛点，开发出一款只包含最核心，与痛点最相关，功能最小组合的可用产品。

比如我们如今已经非常熟悉的微信，当初 1.0 上线的时候，除了通讯录和能发免费的文字信息功能之外，其他如语音、朋友圈、摇一摇、微信支付等功能全部没有（见图 23-6）。

当然，根据产品属性的不同，我们第一代的产品开发到什么程度也不一样，比如互联网产品可以用这种 MVP 直接上线先跑数据，验证自己的市场假设，因为产品没有库存，后续可以快速迭代，用户可以无缝升级，这样的方式效率很高。

图 23-6

而实体产品则不行，你不可能开发一款半成品就先开始卖。比如你们要设计一款包包，你先卖塑料袋，说这是 MVP，然后告诉用户别着急，我们会快速迭代，然后每 10 天发布一款新产品……

那样你和你的客户都会疯！

实体产品，开发周期长，制造数量多，你和你的用户更新换代的成本都很高。因此，你得围绕用户的需求，一次性把产品体验做到最好，然后用这个目前最好的产品来作为初代产品推向市场，再开启演化。

当然，随着现代制造业技术的改进，包括未来可商业化的 3D 打印技术的成熟，小批量甚至单件产品的生产已经成为可能，实体产品也可以以 MVP 化的方式推向市场，低成本启动，加快演化效率。

团队也有它的初代。

团队的初代是什么？就是我们前面讲到的创始团队 + 使命、愿景、价值观，就是阿里巴巴的十八罗汉 + 独孤九剑，就是乔布斯 + 沃兹尼亚克 + 那颗改变世界的苹果。

无论后期团队如何扩张、发展，都是从这一点出发演化出来的，他们是整个团队的基因和灵魂，他们就是整个团队的初代。

第二步：自然选择

请看图 23-7。

"在大自然的历史长河中，能够存活下来的物种，既不是那些最强壮的，也不是那些智力最高的，而是那些最能适应环境变化的。"这句话出自达尔文的自传。他是在告诉你，不要关起门来制造产品，不要自我陶醉，不要企图制造一款你认为最好、最棒、最划时代的颠覆性产品，没用，你认为最好的产品，并不一定能在市场上活下来，你是否能获得成功，你说了不算，市场说了才算。

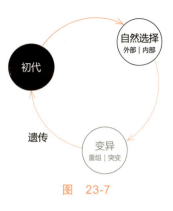

图 23-7

比如开发多年，耗资数亿美元，曾经占据各大媒体头条的现象级产品 Google Glass，被公司寄予厚望，被认为是个划时代的产品，是对手机的革命。然而，上市后的市场反馈却非常不理想，发售不到 1 年的时间，官方就宣布将其停售。

你的成功，不是自己定义的，而是别人给你的！

因此，你一定要面向市场，面对有生存竞争的环境，才能获得真实的反馈，是骡子是马，得拉出来遛遛。那具体怎么遛呢？

1. 外部的剪刀

把自己的产品、服务投放到市场上去，接受用户的点赞或者吐槽，把用户的喜好当成一把自然剪刀，对自己进行一番修剪。

比如小米公司，起家的时候并不是直接做手机的，而是做了一款对 Android 系统进行二次开发的手机操作系统，叫作 MIUI。

简单来说，MIUI 就是一个优化版的 Android 系统，它改良了包括电话、通讯录、短信等多种在原生系统上体验不好的功能，重新设计了操作界面，更符合国人的使用习惯，并增加了一些贴心、实用的小功能，用户体验比原生系统要好出不少，并且这款系统可以刷在当时几乎所有主流的 Android 手机上，深受一些手机发烧友们的喜欢。

为了能让 MIUI 越做越好，小米开设了 MIUI 社区（现在叫米柚），专门在平台上由工程师和用户直接对话，直面用户的各种吐槽、建议、批评甚至是谩骂，等等。

然后，根据收集到的反馈，给自己做手术，忍痛切掉一些用户不喜欢，但团队却花了很大心思做的功能设计。

一轮优胜劣汰之后，每周五更新一次版本，继续接受下一轮用户的挑剔考验。

就这么一轮轮自我摧残式的更新迭代，使MIUI系统越来越成熟，而且由于系统的许多功能都是由用户自己提出的，相当于整个系统是用户们一起参与设计的，所以，每当用户发现自己的某个建议在下一个版本中被实现了，自己发现的某个bug在下一个版本中被修复了，就会兴奋上老半天，这导致用户们的忠诚度都非常高。

逐渐，这群参与"设计"MIUI系统的用户群体越来越庞大，他们，就是被亲切地称之为"米粉"的一群人。

MIUI在这一轮轮演化中也变得越来越好用，终于有一天，米粉们忍不住了，说："我们的MIUI别刷到其他手机上去了，我们小米自己开发一款手机吧！"

就此，小米手机横空出世！

2. 内部的剪刀

除了外部这把剪刀，你还可以在团队内部设计一个竞争环境，让员工、团队、产品在内部进行各种厮杀，互相PK，优胜劣汰，完成企业整体的自我演化。

比如腾讯内部有个"赛马制"，当时在微信推出之前，其实有包括QQ团队、成都团队、广研院三个团队同时在做类似微信的产品，然后各团队进行内部PK，最终张小龙带领的广研院团队获胜，其他两个团队就地解散，失败的团队成员内部应聘，没人要的直接解雇……很残酷！

但就是因为腾讯对自己内部的残酷，才能孕育出微信这样优秀的产品，帮助腾讯完成一次成功的基因突变，演化成了一个更大的移动社交帝国，在移动互联网元年起死回生！

其实，包括早期的QQ秀，再到后来大红大紫的王者荣耀，都是赛马制的产物。

当然，赛马制的这把剪刀很贵，并不是哪个团队都能用得起的，它带来企业对外优势的同时，也会成倍地消耗掉企业内部更多的资源。

那普通平民团队该怎么办？

你可以采用末位淘汰制，不以团队为竞争单位，而是以员工个人为单位进行内部竞争，每个季度或每半年进行一次人员流动，奖励优秀员工，招募新鲜血液，淘汰末位成员，让团队始终保持活力。

竞争，要么来自外部，要么来自内部，没有竞争，企业就像一棵枯树，留给你的，就只有倒数的秒针……

第三步：变异

请看图 23-8。

经过内外两把剪刀的轮流摧残，你已经精疲力竭，虽然已经根据自然选择的结果做了不少优化，不过这并没有结束，小修小补并不能让你成为另一个物种，想要获得更大的竞争优势，你得要"变异"！

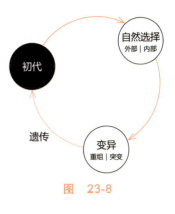

图 23-8

变异，是生物演化过程中最核心的步骤。在生物体上的表现，是上一代中没有的特性在下一代身上突然出现了，而如果把这种现象放到非生物体上，就是我们常说的"创新"！

所以，我们经常说企业的核心竞争力就是创新，为什么？因为如果没有创新，就像是生物不能发生变异，是无法演化的，而如果生物无法演化，那么自然环境一旦发生改变，整个物种都可能会面临灭绝的风险。

好，那么这个变异是如何发生的呢？

在生物学上，可遗传的变异中有两种形式可以被我们借鉴，分别是：基因重组和基因突变。⊖

1. 重组式创新

所谓的基因重组，就是把原来就有的各种要素，用新的方式组合起来，形成一个新的个体。

比如你本人就是基因重组的产物，你的基因就是由你爸妈两人的基因重新组合而成的，这个过程并没有产生新的基因，而是老基因有了新的组合。所以你和他们虽然不一样，但是却有很多相似之处。

用基因重组的方式来创新，我们在第 15 章《如何提高思考能力》中已经提到过，太阳底下没有新鲜事，排列组合就是创新。决定这种创新效果的有两个关键，一是组合的方式，二是要素的数量。

我们先来说组合方式：

任何组合方式都能产生新的结果，但什么样的组合方式能产生"好"的创新呢？

当然是找一个优秀的爸爸，再找一个优秀的妈妈，这样就能生下一个优秀

⊖ 还有一种叫"染色体变异"，由于它是由于外界的有害因素，比如辐射、化学污染、病毒等对生物造成的有害变异，在这里我们暂不考虑。

的孩子了。

优秀的爸爸是谁？

就是你的初代产品，特别是在上一步自然选择过程中体现出"生存优势"的那部分，受到用户喜欢的那部分。

那优秀的妈妈是谁？

可以是在内部赛马制中输掉的团队，他们虽然输了赛马，但是否也有亮点，被用户特别喜欢的部分？他们可以作为妈妈；或者是同行的产品中，是否有那些已经被市场认可的功能和设计，你也可以把它们当成妈妈（注意，是借鉴或者购买，不是抄袭）；

又或者是其他行业中的某个特别棒的设计、功能、技术，它们如果对你的生存优势有很大的提升，那也能来做妈妈。比如乔帮主当初开发第一代 iPod 的时候，iTunes 来源于对音乐软件 SoundJam MP 的改造；硬盘技术来自于东芝新开发的一款 1.8 英寸⊖的小尺寸硬盘；底层的软件系统来自硅谷的初创公司 Pixo；电池技术来自于索尼；硬件的设计蓝图购买自硅谷的初创公司 Portal Player，等等。

好，找到了这些妈妈，然后怎么办呢？

对了，然后就是将这些优秀的基因组合在一起，就能演化成一个新物种（见图 23-9）……

图　23-9

再来说要素数量：

我们看到，你能找到的优秀的爸爸妈妈们越多，你能产生的组合方式也就越多，创新的空间也就越大，这个叫"外部多样性"。如果资金有富余，你还可以组合出多种新产品，在下一轮演化中同时投放到市场上，然后把优胜者再进行互相组合，加快演化速度。

除了增加外部多样性之外，你还能增加"内部多样性"来加速新想法的诞生。什么叫内部多样性？

⊖　1 英寸 = 0.0254 米。

就是你团队中的人彼此擅长的部分、所属的领域等差异越大，越容易产生新的创意。比如，一个由数学家、艺术家、工程师、销售员、歌唱家这五个人组成的团队，比五个工程师组成的团队创意会更多。这个用我们第15章的内容也很好理解，越是不同领域的人在一起，他们彼此的背景知识拼在一起的总量越大，背景知识越多，相当于能用来创新的积木变得更多了，当然就能组合出更多的新想法（见图23-10）。

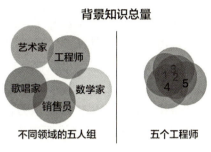

图 23-10

因此，通过重组的方式来创新，关键是两点：一是增加多样性，包括内部多样性和外部多样性；二是在这些多样性之间建立新的联结，组成新结构。

我们平时见到的大多数创新其实都属于重组式创新，新技术用到旧行业，老生意加上新模式，一盒调色板，画出万千世界……

2. 突变式创新

生物演化除了基因重组这种方式外，还有一种更重要的方式：基因突变。

所谓基因突变，就是指某个特性，原来在谁身上都没有，但是在某一代的身上，就这么平白无故地突然出现了，就像人类身上的那个FOXP2基因，整个世界上原来谁都没有，但它就是那么巧，在某一刻突然降临到了一个幸运的小猿猴身上，导致整个地球生物史发生巨变，人类开始登上历史舞台。

那这种突变是怎么发生的呢？

答案是：因为错误！

基因在遗传复制的时候，下一代的基因完全是从上一代那里复制而来的（如果是两性繁殖，就是从父母那里分别复制并重组而来的），这个过程有点像抄英文单词，一般情况下是不会出错的，比如原单词是"love"，那我抄的也是"love"。但是，如果连续抄1000遍，那就难免会出错了，比如把"o"抄成了"i"，变成了"live"，这就变成一个新单词了，意思也就完全不一样了。

基因突变的发生机制也是这样，每次复制都会有一定的几率发生随机的"错误"，这种错误可能很小，小到你在下一代身上完全察觉不到；而有时候，却很可能是个致命错误，会导致这个变异的个体走向死亡；但也有那么一种情况，这次"出错"带来了一个好的结果，出现了一个更有用的新基因，就比如这个FOXP2基因，它反而成了这只小猿猴新的生存优势，进而演化成了一个更强大的物种。

那么，我们是否也可以使用这种机制，通过"主动试错"来创新呢？

当然可以！

比如原来的手机都是有实体键盘的，但是就有那么一次"复制错误"，这些键盘在新一代的手机上没有了，只剩下一个大大的屏幕，所有的操作都靠触摸完成，用户们还都特喜欢，于是手机界就诞生了一个全新的物种，完成了一次成功的基因突变。而这个新物种由于生存优势明显，开始大量地繁殖，并最终完全淘汰掉了旧物种，成为如今的主流。

再比如，原来男士的剃须刀自从发明以来都是单锋的，但是1971年，吉列公司在制造剃须刀时就把这个特点给"复制错误"了，单锋复制成了双锋，却"意外"提升了男士的剃须体验，从此之后，单锋被淘汰，双锋变成了标配，然后三锋、四锋、六锋……纷纷登上了历史舞台！

当然，如果资本充裕，还可以做一些大尺度的"错误尝试"。

比如谷歌有个神秘部门叫"Google X"，专门研发一些天马行空的项目，比如太空电梯、冷聚变，在海面上盖房子，利用磁悬浮技术开发悬浮滑板，从海水中提取价格低廉的燃料，对抗衰老和死亡，当然也包括著名的Google Glass……

这些想法听着就很荒诞，很不靠谱……

而事实上，它们也确实基本都失败了……

但又有什么关系，就像是那些复制错误的基因，消亡就消亡吧，只要其中有一个项目能完成实质性的突破，能带来新的生存优势，也许就能再造一个Google，甚至变成一个更厉害的物种。

而如今，GoogleX 也确实成功孵化出了一些靠谱的项目，比如自动驾驶汽车的项目 Waymo，能够送快递的 Project Wing 无人机，还有利用糖尿病人的眼泪来监测血糖的隐形眼镜项目，等等。

这个就是基因突变式的创新，它不仅需要勇气和智慧，而且需要一点点的运气！

关于这部分的具体方法，我们下节课还会详细讲。

第四步：遗传

请看图 23-11。

通过了自然选择的摧残，完成了基因的变异，然后呢？然后你就需要把这些经验和找到的生存优势遗传给下一代。

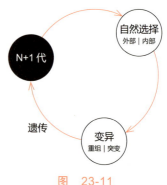

图 23-11

这是一轮演化的最后一环，也是最关键的一环。

人类的发展，文明的进步，是因为有了高效的记录手段，能够把获得的优势积累起来，从而加快了演化速度。而如果没有积累，一切的经验、创新都没有意义。

中国人最早发明了瓷器，并且拥有当时全世界最高的制作技艺，价格更是堪比黄金，被无数欧洲贵族视为珍宝，谁家里如果能拥有一件来自中国的瓷器，那便是地位和财富的象征。

可时至今日，欧洲的瓷器已经占据了全世界高档瓷器 90% 以上的份额，而剩下的也主要来自日本和韩国。中国的瓷器呢？大多已沦为了低档的日用品，最高技艺全部留在了过去，我们甚至很难达到几百年前自己的制作水平。为什么？

因为中国古代不重视量化标准，总是盐多一点、水少一点这样的含糊描述，导致烧出来的瓷器时好时坏；而且也没有实验记录，中国的各种名瓷就总是在发明、失传、再发明、再失传的怪圈中不断循环。而欧洲人发明瓷器则是做了包括材料配比、制作流程、工艺步骤等详细的实验记录，以至于我们今天可以对照这些记录仿制出历史上任何一款瓷器，并且还能在记录中发现新的规律，并在此基础上做进一步的改进，这就是有积累的作用，它能让这项技术的演化持续进行甚至加速（见图 23-12）。

图　23-12

所以，如果你没有记录的习惯，你也就无法积累优势；没有积累，你就永远无法取得长久的进步，永远都在做低水平的重复发明！

开启下一轮演化循环

完成了第四步的遗传，把这一轮取得的经验和突破都安放到了下一代身上，你便完成了一轮演化。但是这并没有结束，因为下一轮的演化已经开始，又一次残酷的自然选择在等待着你……

演化没有尽头，成长永不停歇！

回到开头的故事

在开头的故事里,主人公老蒋的梦想是要成为一名万元户。然后,他通过省吃俭用,勤俭节约,终于把这个目标给实现了。但没想到,现实却给了他一记重重的暴击,时代的剧变,让他的努力和坚持都成了泡影!

那如果当初,他没有选择计划性地去省钱,而是采取了演化的策略,努力去成为当时最适应这个新市场的那拨人,结果又会是怎样的呢?

也许,他可以顺应国家的号召,用那些存款开启一份属于自己的小生意……

也许,他可以选择进入一个充满竞争的新环境中,直面那把自然剪刀,在压力中学会生意的门道……

也许,他能找到新的合作伙伴,演化出自己的团队,拥有一个本土品牌……

也许,到了1984年,他通过做小生意,又一次赚到了这10 000元钱!但不同的是,这次的10 000元来自一个新系统的增量,而不是省吃俭用留下的存款。

也许,这个新系统还会随着市场继续演化、不断膨胀,在未来,它会带来更多个1万、10万、100万!

也许,然而已没有也许……

老蒋的故事并没有结束

其实,老蒋的故事如今正在许多年轻人身上不断地重演,一套房子,掏空了多少年轻人的口袋,又让多少人为了还房贷,而过上省吃俭用、节衣缩食的生活,这个剧本,是不是像极了40年前的老蒋?

历史,它一直都在不断地重演!

未来,房子会不会像当年的万元户一样贬值?

我不知道,这也并不重要……

重要的是,当你眼里只看到这些数字的时候,你想到的永远是开源节流,做计划并严格执行,这是静态的思维,这是基于你目前的收入和环境得出的计算结果,是不考虑环境变化和自我成长的。

而你,如果能切换到演化的视角,忘掉这些具体的数字,紧紧地盯住那把自然剪刀,让它不断地修剪自己,不断地自我革命,不断地重组、突变,保持创新,不断地积累优势,不断地更新迭代,不断地跟着环境一起持续演化,不断地在每一个当下，都能比身边 90% 的人更具有生存优势，那么，万元户也好，昂贵的房子也罢，这些属于每个时代的礼物，最终，都会奖励给在那个时代中，最具竞争力的你！

物竞天择，适者生存！这是 40 亿年以来，地球上唯一的生存指南！

小结

好，下面我对本章的内容做个小结：当你看不清目标，找不到行为和结果之间的因果关系，未来充斥着不确定与风险的时候，用计划的方式去达成目标这套方法已经失效。在迷茫之中，你需要一套全新的行动策略：演化。

什么是演化？

演化，是指种群间的连续代际变化。不仅仅生物会演化，非生物也会演化，国家、城市、组织、产品等等，世界的一切几乎都在演化。演化，才是这个世界的真正底牌！

那么，具体怎么搭建一个能自我演化的系统呢？可以分成四步：

① 从 0 到 1，开启初始状态；

② 置入一个充满竞争的环境，让内部和外部两把自然剪刀轮流地摧残自己；

③ 除了摧残后的小修小补，你还需要来一次基因重组或者基因突变，让自己脱胎换骨；

④ 将这一轮演化中总结的经验、找到的优势，积累起来，遗传到下一代中，并开启下一轮的演化，不断循环。

当然，这个演化步骤不仅可以用于案例中主要讲的产品演化，它还可以是个人能力、财富收入、商业模式、企业组织、法律法规、政府国家、科学技术等几乎一切的领域。用演化的方式，你可以抛弃不靠谱的目标，对冲环境的不确定，让自己始终处在时代的领先位置，跟着时代一起，慢慢变好！

这，就是在迷茫中最好的行动策略！

还有个疑问。

说到这里，你可能心底会有一个疑问：前面说要达成目标，你得学会做计划，要以终为始；而这里又说不要计划，要跟着时代一起演化！这两者明明就是冲突的，那么面对问题时，我到底应该用哪个呢？

计划和演化有着各自的优缺点

计划的缺点是抗风险能力差,但好处是效率高,可以在短时间内高效地完成任务;而演化的优点是抗风险能力强,不需要具体的目标就能越变越好,但缺点是效率低、耗时长!

它们俩就像是中国太极中的阴阳两仪(见图23-13),分别对应着不同的应用场景:阴面,代表着演化,在别人看不见的地方,默默更新迭代,持续地成长,积聚能量;阳面,代表着计划,当出现具体的短期目标时,瞬间聚集所有的能量,在一个点上爆发,给出迅速而炸裂的一击,达成目标!

图 23-13

同时,阴中有阳,在演化中,依然会有一个个短期小目标需要你去冲刺;阳中也有阴,在计划中,依然会有无数的不确定需要你去随机应变。

当你能把这两种策略互相配合使用时,那么你就能打出漂亮的组合拳,发挥出它们最大的威力。任天下风起云涌,而你,却能稳占鳌头,立于不败之地!

下章预告

在演化的过程中,最核心的步骤是"变异",也就是创新。创新的好坏几乎决定了整个演化的最终成败,它也决定了企业的核心竞争力。本章,我们已经讲了创新的两套基本逻辑,重组式创新和突变式创新,让创新已不再那么玄乎和捉摸不定。

可重组的具体步骤是什么?又有哪些主动试错的方法?

如何提高创新的质量?如何让好创意可以重复地出现?

这些,我们下章再讲。

思考与行动

看完≠学会,你还需要思考与行动

思考题1:你还看到过哪些产品、公司或者个人,是通过演化的策略慢慢变得很厉害的呢?

思考题2:如何将演化的策略运用到自己的学习、生活、工作以及创业的过程中呢?

微信扫描二维码,把你的思考结果和学习笔记分享至学习社区,与其他同学互相切磋、一起成长,哪怕只是一句话,也会让你对知识的理解更加深刻,收获也会更多,还能让其他人从你的感悟中获得启发。

重修一个决定生死的能力：创新

概念重塑
重新理解财富　重新理解自己　重新理解世界

大脑升级
解开大脑的封印　思维力提升　解决所有问题

注意力　时间商　人生密码　复利　角色化　理解层次　元认知　多维能力　势能差　估值模型　四域空间　运气催化剂　负面词语/情绪　学习三步法　背景知识　专注的力量　透析三棱镜　线性思维　结构化思维　系统性思维　选择　计划　演化　创新

24

又一颗改变世界的苹果

1976 年 4 月

在位于美国加利福尼亚州的一间普通车库里,悄然诞生了一家公司:苹果。

它的创始人是史蒂夫·乔布斯和史蒂夫·沃兹尼亚克,他们在那个时候,创造了一个叫作"Apple I"的新奇玩意儿(见图 24-1),并成功售出了 50 台。

图 24-1

1977 年 4 月

苹果公司在 Apple I 的基础上继续创新,推出了人类历史上第一台个人电脑:Apple II(见图 24-2)。

就此,世界又被一颗苹果改变,人类正式迈入了个人电脑的时代,而 Apple II 也被疯狂售出数百万台,获得了巨大的成功!

1980 年 12 月

苹果公司上市,成为在 1956 年后最大的 IPO(首次公开募股),在不到一个小时内，产生了 4 名亿万富翁和 40 名以上的百万富翁。苹果公司成立不到五年，就进入了世界 500 强，创造了当时最快的纪录。

Apple II
人类历史上第一台个人电脑

图 24-2

1984 年 1 月

苹果发布麦金塔电脑，又创新地增加了图形界面和鼠标，重新定义了个人电脑（见图 24-3），再一次改变世界！

Macintosh
我们每个（不懂电脑的）人的电脑

图 24-3

1985 年 4 月

乔布斯被董事会扫地出门，挥泪离开了由自己创立的公司……

1985～1997 年

失去乔布斯的苹果，就像没了灵魂的躯壳，曾经光芒万丈的它，在长达 12

年的乏善可陈中慢慢凋零，甚至一度濒临破产……

1997 年

在苹果命悬一线时，乔布斯王者回归，3 年内砍掉公司 90% 的产品线，股价上升 8 倍，公司起死回生！

2001 年

苹果推出创新产品：iPod（见图 24-4）。

图 24-4

整个音乐行业就此改变！那个充满创意、能够引领时代的苹果又回来了……

2007 年

苹果推出划时代的创新产品：iPhone（见图 24-5）。

图 24-5

它重新定义了手机，间接开启了移动互联网时代，再一次，改变了一切！

今天，我给你说了一遍苹果的极简史，并不是想让你了解一下苹果这家公司的前世今生，又或者重温一下乔布斯的传奇人生，更不是想让你心生憎恨，对那群在 1985 年赶走乔布斯的人咬牙切齿。

而是想要给你看一幅鲜活的画卷，这幅画卷讲述了一家企业是如何从一无所有到举世瞩目，又是如何从万仞之巅跌落神坛，最终又是凭借什么扭转乾坤，再次矗立于世界的故事。

这幅画卷的名字，叫"创新"！

创新，是一家企业的核心能力

当一家企业拥有强大的创新能力时，它可以无中生有地变出财富与荣耀。

比如，亨利·福特，他第一次把流水线引入了汽车制造，让汽车可以被批量化地生产，这大大降低了汽车的生产成本和销售价格，使大多数人都能买得起车了。他改变了人们的出行方式，并因此让福特多年稳居全球最赚钱的公司之一；马克·扎克伯格，他创造了一种全新的社交工具，改变了人们的社交方式，并因此让 Facebook 成为如今全球最大的社交平台，利润可观。

而如果一家企业失去了创新能力，即便它已经站上了食物链的顶端，已经成了一个庞然大物，也依然可能会被无情地拉下马，赶出历史的舞台。

比如发明了手机的摩托罗拉，曾经占据全球手机市场半壁江山的诺基亚，曾经相机市场的绝对霸主柯达，它们都因为后期缺乏持续的创新，甚至抑制创新，最终遭到了毁灭性的打击。

因此，是否拥有创新能力，将左右一个人、一家企业甚至一个国家的兴亡盛衰。

好，创新很重要！

可是，你我并不是上帝选中的下一个乔布斯，也没有扎克伯格那万里挑一的超高智商，我们就是一群智商平平的普通人，如果今生也想有所作为，为世界创造出新的产品、新的理念，也想通过创新为自己带来财富与荣耀，我们该怎么办？

是枯坐到清晨，等待一束灵感从天而降？

还是拉上一群人，关在房间里火拼三天三夜，期待在激烈的脑暴中，抓住那转瞬即逝的创意火花？

相信这样的方式，你已经尝试过无数次，可结果却往往事与愿违，这是为什么?

如果所有人都在用这种方式,然后结果都不好,那么通常不是因为大家的能力有问题,而是这种追求灵感的创新方法,也许本身就错了!

创新,不需要灵感

创新,它也许根本就不需要灵感!

你之所以会觉得创新来源于灵感,是因为你不知道这个灵感从何而来,它就像你观看魔术表演的时候,一个不可思议的效果突然出现,你会觉得它很神奇,自己却怎么也想不明白,弄不出来,就真的会觉得眼前这位魔术师是有魔法的。为什么?

那是因为你不知道这个效果的生产机制。而你,如果走到了魔术师的身后,看到那些他藏在桌子底下的工具和手法,也许,你就会扑哧一笑:"原来还可以这样!"

对!

就是因为你不知道,所以你才会百思却依然不得其解,而一旦知道,它就能像福特公司流水线上的汽车一样,被源源不断地批量生产!

那么今天,我就想斗胆请你来到这位"创新"魔法师的身后,来窥探一下,他藏在桌子底下的那些不为人所知的套路和秘密,让创新也有机会被批量生产……

什么是创新

在讲具体方法之前,你先要知道什么才是创新,如果目标不对,定义都没搞清楚,结果自然相差甚远……你可能会说,这还需要说吗?创新不就是创造新的东西吗?

还真不是,创新一定包含新的东西,但是新的东西并不一定是创新。

比如图24-6,一个杯子和一把钥匙,它们造型独特、设计新颖:

但请问,这两个是创新吗?

不是,这只能说是创意。它们有新的元素,但没有产生新的价值。比如这个杯子,它的造型像是

图 24-6

一个烛台,确实很有创意,但这并不能让喝酒的体验变得更好啊;再看另一把钥匙,设计师则更有创造力,他把钥匙柄垂直于钥匙主体,可是,这把钥匙插入锁里后,该怎么开锁又如何拔出来呢?

所以,除了需要有新东西之外,还得产生新的价值,不然就只是创意,而不是创新!

那有了新元素,并且有了新的价值,就能说是创新吗?

也不见得。

比如,你想发明一艘超光速的飞船,等三体文明来袭的时候,可以逃离二向箔的降维打击!这听着就很有创意,也很有价值,就是做不出来而已。

做不出来的创新,只能称之为科幻……

所以,一个东西能被称之为创新,需要同时满足三个条件。

创新三要素

1. 新元素

当然它必须得有新的元素,可以是新技术、新创意、新材料,也可以是新的定位、新的应用、新的解决方案。

2. 价值增量

除了有新元素之外,这个新东西还得有积极的作用,能满足市场上的某些需求。没有价值的创新,只能称之为创意。

而且光有价值还不行,必须得有价值增量,也就是说这个新价值,得比目前能找到的同类产品的价值更高才行。比如,你不能说,我设计了一款新车,它的速度更慢,更费油,更容易出故障,还更贵……那就没什么用,你至少得在某一方面比其他同行做得更好,那才叫有价值增量。

3. 可实现

想法不能完全天马行空,得落地,你要衡量一下以自己的能力、资源,能否把它实现,能实现的才叫创新,不然就是空想、幻想。

很多创业者的新想法真的特别好,听着就很激动人心,只是不适合当时的他们而已。当能力欠缺、资源匮乏、行动力不足的时候,想法就只能是想法。你只能眼睁睁地看着其他公司,把你所谓的好想法变成它们的创新……

还有一点要强调的是,新发现、新发明也不能算创新。很多发明至今还没有找到应用场景……

比如说"多点触摸技术",你可能对它已经很熟悉了,就是你在手机上,可以用两个手指对照片进行放大、缩小、旋转等操作,这个如今看来已经司空见惯的操作体验,在 iPhone 上第一次出现的时候,它简直像是魔法一般的存在,要知道,在那之前我们只能用"点按钮"的方式来完成这些操作,这两种用户体验有着天壤之别。但其实,这项技术很早就被发明出来了,包括 IBM、微软、贝尔实验室等,很早就掌握了这个技术,但当时大家都不知道这个技术能拿来干嘛,只有苹果率先发现了这项技术能够给用户带来革命性的操作体验,这才把它带出了实验室,变成了一次伟大的创新。

像这样的例子其实还有很多,在美国,平均只有 12% ~ 20% 的研发项目,最终能成为创新的产品或者工艺。所以,创新理论的鼻祖熊彼特很早就说过:"所谓的创新,就是发明的第一次商业化应用。"苹果的厉害之处,就是能找到适合那些黑科技的应用场景,并把它们产品化,给用户带去前所未有的价值感受。这样,真正的创新才能在用户的一次次尖叫声中得以实现。

创新三要素,缺一不可

只有当一个东西,能同时满足了以上这三个要素,才能称之为是一次创新。它们就像是一个三角形的三条边,缺少一个,三角形就不能闭合(见图 24-7)。

所以,用一句话再来总结一下,创新是什么?

创新,是一个新事物创造价值增量的过程。换句话说,光有好想法没用,你得有本事把想法实现,并且有人愿意为此买单,这才叫创新。

好,有了这个基本定义,接下来我们聊的创新方法就不会变形,不会只看到创意而忽略价值。那么,具体该如何批量生产创新呢?

图 24-7

在上一章《如何在迷茫中找到答案》中,我已经提到了创新的两条基本思路,分别是重组式创新和突变式创新。今天,我们就继续从这两条线出发,来详细说说这其中的道道……

重组式创新

所谓重组式创新,就是把原来就有的各种元素,用新的方式组合起来,形成一个新的个体，比如我提到过的 iPod。

那面对一个具体创新需求的时候，你应该去哪里找来这些新元素加入并进行重组呢？设计 iPod 的时候，你又如何像乔布斯一样，能想到去用在千里之外的东芝小尺寸硬盘呢？

接下来，我就和你具体说一下重组式创新的操作步骤。

第一步：创造适合的环境

想要让创新不断涌现，首先，你需要一个能促成创新发生的良好环境，就像生命离不开水一样，重组式创新也有它赖以生存的环境，一旦离开了这种特定的环境，重组式创新就几乎不可能发生。这种环境需要包含两个条件：

1. 具有足够的多样性

之前我曾提到过，重组式创新就好像是玩乐高积木，积木的种类和数量越多，你能拼接出的作品就越多。因此，你想要创新，第一步就是要增加积木的种类和数量。

什么是积木的数量？

就是你个人的背景知识量，你拥有的背景知识量越大，能用来组成创意的元素也就越多。㊀因此，为了提高你的背景知识量，你需要阅读，大量地阅读，不停地阅读，这是创新的基础。

什么是积木的种类？

一个人看再多书也是有限的，而且大多会集中在你感兴趣的领域上，因此你在某个方面越专业，了解得越深入，可能就越缺乏其他领域的知识。所以，你需要找不同领域的人来和你一起碰撞想法，增加你们的背景知识总量。一个由五个不同领域的人组成的团队，比五个都是同行的团队，能碰撞出更多的创意火花（见图 24-8）。

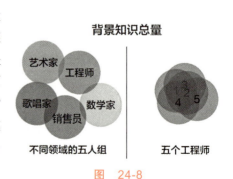

图 24-8

2. 元素之间能发生高效的连接

有了多样性之后，下一步，你就需要促进它们之间的连接效率。就像乐高积木，那个积木上的凹凸搭扣很重要，它可以让任意数量的积木彼此连接、自

㊀ 关于背景知识的概念请复习第 15 章。

由组合（见图 24-9）。

成员之间也需要有这样的搭扣设计。那怎么设计呢？

<u>首先，不管是你一个人在思考，还是很多人在一起讨论，记得都不要说"No"，而是要说："Yes…And…"</u>

这是什么意思？

No，是否定想法；换句话说，就是在积木堆中出现了一块看上去很丑的积木，你觉得它肯定没用，于是就准备把它扔了！

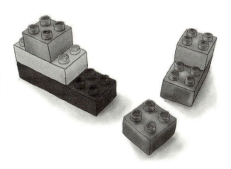

图 24-9

可是刚才说过，创新的前提就在于多样性，这个看上去很丑的积木，也许就是一个新品种出现了，目前看上去没有什么用，但是一旦积木越来越多了之后，你也许就会突然发现它大有用处。

因此，你需要用"Yes…And…"来先肯定这个怪想法，然后基于这个怪想法接着思考："如果加上了这个想法，接下来可能还会发生什么呢？"这样就很容易跳出固有的思维框架，来到一片新大陆，产生意想不到的结果。

这个方法在"即兴喜剧"中甚至被当成了金科玉律，基于这个原则，你可以从无到有地马上生成一部妙趣横生的舞台喜剧。比如："我正在写文章，突然来了只蝴蝶，它停在了我的包包上，我的包包突然发出一束红色的闪电，把蝴蝶变成了一位美女，美女从口袋里掏出了一堆乐高积木，把它们拼成了一部iPhone 手机，突然，手机响了……来电人的名称是蜘——蛛——侠……"

像这样，你可以继续用"Yes…And…"的方法，把脑袋里冒出来的这些毫不相干的怪想法，永远这么地链接下去，不断丰富这部不会停止的创意剧本，最终走到未曾料到的远方。

<u>其次，如果是多人讨论，你们就需要设置一些规则，来保证彼此能充分链接，让想法不断涌现。</u>

比如"头脑风暴"就是一种很好的会议模式。不过，看到这里你可能就要喷了，因为你可能对头脑风暴的印象不太好，因为总有那么个下午，一群人被关在小黑屋里吵吵闹闹几个小时，然后得到两个字："再议！"

或者，会议刚开始不久，还没等几个新想法出现，有些在公司略有地位的人，就开始跳出来指点江山，接着，这些大佬们就开始试图彼此说服，急于证明自己的想法特别厉害，分分钟为别人的智商感到担忧。

然后，一言不合，就开启辩论模式，头脑风暴眼看就要变成一场辩论大会，场中央的领导实在看不下去了，一拍桌子举手表决！看着大佬们唇枪舌剑杀红了眼，明明有了新想法的小透明们也不敢多插一嘴，只得默默地把票投给了自己的上司……

与其说这是头脑风暴，不如说是舞台选秀，谁的嗓门大，谁的地位高，谁的人缘好，谁就能赢取最终的胜利！请问，这样的方式之下会有创新吗？

恐怕很难……

为什么会这样？

因为大多数团队用错了这个工具。其实，头脑风暴就是群体版的"Yes…And…"，是靠点子来激发点子的沟通方式，任何一个新想法的出现，都需要被鼓励，甚至是夸张的鼓掌支持，然后由这个不靠谱的想法展开，链接到越来越多不靠谱的想法，就像水中的涟漪，层层裹挟，不断散开，最终踏入一片未曾想象到的领域，进而迸发出真正的创新火花。

至于头脑风暴的具体操作流程，网上有很多，我之后也会再说到，这里就不做展开了。总之，你需要用一套明确的规则来保护每一个想法，去捕捉那一点来自黑暗深处的奇特微光，让它来到台前，成为一颗真正的创新火种。

最后，你还得创造一个能促进彼此链接的办公环境。

通过刚才头脑风暴的例子你能看到，小透明的想法，在一个有明显话语权差异的地方是很难被听见的，但他们的想法就不重要吗？当然不是，任何一个想法的价值，不仅在于这个想法本身，而是它能打开一扇新的窗户，链接到一片新的风景，激发出其他更有价值的想法——好创意是不断迭代出来的。

因此，想要让有价值的创新更快地诞生，你就需要创造出成员之间更频繁、更平等的交流环境。

比如，曾经创造了《玩具总动员》《怪物电力公司》《飞屋环游记》《寻梦环游记》等无数票房神话的皮克斯动画，为了在公司里营造更好的创新环境，他们撤掉了全公司的长会议桌和座次牌，因为老板觉得这些会造成成员之间的层级感，影响链接的效率，比如坐在长桌子中间的人，总是更有权威感，让其他位置上的人不敢畅所欲言，而全部换成圆桌之后，沟通效率大大提升。

再比如，Google 的办公环境举世闻名，但这不仅仅是因为它们设计得很好看，或者是员工们能遛狗搭帐篷，更重要的是，在这个空间里还有两个能激发创意的精心布局，一个是有大量空旷的公共空间，它能让不同部门、不同领域的人，方便地聚在一起碰撞想法；另一个是工位之间又极其拥挤，这也是为了让员工一转身就能和其他同事发生更多的交流互动。

在 Google 的食堂，还有个特别有意思的设计，就是让打饭的排队时间，差不多控制在 4 分钟左右，为什么？因为如果时间超过 4 分钟，大家就会掏出手机自己玩自己的，而低于 4 分钟又太快了，大家还来不及交流，只有当时间刚好控制在 4 分钟左右的时候，不同部门的人就能有意无意地彼此扯上两句，又一次碰撞了灵魂，迸发出一些创新的火花。

第二步：收集创新元素

拥有了能激发创造力的环境，下一步我们就要来到这位"创新"魔术师的背后，看看创新是如何被生产出来的了……

许多人对创新其实一直存在着一个非常大的误区，觉得创新是从 0 到 1 的，就是大家讨论着讨论着，灵感突然蹦出来了，然后创新就完成了！0.1 在哪，0.5 在哪？好像从 0 到 1 是没有这些中间状态的。

这样的结果就是，如果这个所谓的灵感迟迟不来，就不知道该怎么办了，不知道继续苦思冥想还有没有意义，也不知道下一步该往哪里去继续寻找，然后就是一遍遍地开会，一遍遍地无功而返……

这个就像是你要去找一颗大钻石，但是不知道它可能会落在哪些区域，也不知道它埋在地下多深，你只能这么到处瞎转悠，碰运气，像个无头苍蝇一样到处乱撞，这样的搜寻效率是非常低的，那怎么办呢？

你需要一张寻宝图！

图上标记出了大钻石可能会出现的几个位置，你只需要按照提示逐个深挖，就总会找到。

有了寻宝图，整个搜寻过程就会变成一个可量化的工程问题，每一步努力都有了方向。

创新，其实也有一张这样的寻宝图，拿到它，你的创新就有了方向和进度，不再需要碰运气和期待所谓的灵感，你只需要按照它指示的方向努力挖掘，就总能在其中找到属于自己的宝藏。

那么接下来，我就具体介绍一下这张"创新寻宝图"

像普通的地图一样，这张创新寻宝图也是由两条轴线组成的一个坐标系，横轴代表离创新本体的距离，纵轴代表元素属性的虚实，然后以"创新本体"为轴心（以产品创新为例），由近及远地把寻宝图分成 5 个层级（同行、异业、原型、环境、时空），共 10 个板块，如图 24-10 所示。

这 10 个板块就像是寻宝图的 10 个矿区，寻宝的时候，你会通过不断地挖开土地来寻找这个区域内的宝物；而换成创新，你就需要在这些区域内，通过不断地填入相关信息的方式来搜寻创新元素。如果发现某个元素能和本体进行重组，并且能产生有价值的效果，这就是挖到宝藏了，也就是找到了一条备选的创新方案！等备选方案足够多了之后，你就能在其中找出最有价值的一条，开始创新实践了。

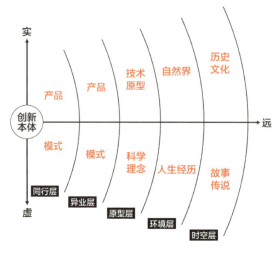

图 24-10

听着有点晕？

没关系，下面我来给你逐层详细讲述。

1. 同行层

请看图 24-11。

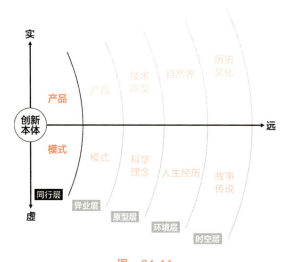

图 24-11

这个是离创新本体最近的一层，是指你在同行中寻找那些可以借鉴的部分，然后把它们拿过来和自己的产品重组，从而让自己变成一个更好的创新产品。

比如你所熟悉的 Windows 系统，最早就是借鉴了苹果当时麦金塔电脑里的图形界面操作系统中的大量设计，最终成就了一款划时代的产品，这也让微软一举登上计算机系统的霸主地位，成为世界上最赚钱的公司之一。

同行层中的元素包含两个部分，一半是看得见实体的部分：产品，比如同行产品中某处优秀的界面设计，某个让人着迷的互动玩法，又或者是某项对用户帮助极大的功能和技术，等等；另一半是看不见的、虚的部分：模式，比如同行的战略定位、商业模式、组织运营，等等。

你要尽可能多地在这些区域里列举出相关信息，然后看看里面有没有可以拿来和你的产品进行重组的元素，一旦发现有重组的价值，便可以完成一次创新。

这个过程需要灵感吗？不需要，需要的是大量的信息收集和配对测试……

当然，这里并不是要让你去"抄袭"同行，那是很拙劣的方式，还可能侵犯到对方的知识产权。毕加索曾经说过："拙工抄，巧工盗。"这里强调的是重组，是指在不侵害他人专利的情况下，你要善于借鉴、学习他人优秀的部分，对有专利保护的部分要舍得购买，然后引入自己的产品中，和原有的部分重新组合，再加上自己的理解和发挥，做进一步的优化，变成一个更好的新产品。

比如腾讯，从 QQ 到微信，从王者荣耀到绝地求生……你几乎都能找到与它们相似的早期同行产品，但是，一旦腾讯将它们和自己已有的优势部分重组，比如优秀的社交基因、庞大的用户基础、成熟的技术与运营，等等，它们就会变成另一个全新的物种，给用户提供更高的价值，这就是创新。

只要是创新，就意味着不确定，如果做什么都要成为第一个吃螃蟹的人，当然勇气可嘉，但失败的概率也是最高的，借鉴在同行中已经被验证过的优秀功能，拿来和自己重组成一个新产品的方式，能大大降低风险，提高创新成功率。

太阳底下没有新鲜事，排列组合就是创新，这句话我说了很多次。其实所有的重组式创新，都是找到原来就有的元素，然后在它们之间建立起新的链接，组成新的东西而已，只不过，此处的链接发生在有竞争关系的同行身上，会有政治不正确的嫌疑。

好，如果你觉得心里有些不舒服，耻于用这种方式，那我们走远一点，来到下一层级。

2. 异业层

请看图 24-12。

异业层和同行层一样，也分为产品和模式，只不过对象换成了其他行业，拥有了更大的范围。比如你是做手机的，除了向同行学习借鉴之外，你还可以跑到汽车业、家具业甚至娱乐业等其他行业中去找寻创新元素。

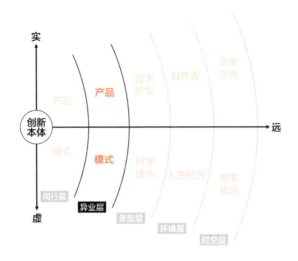

图 24-12

比如，当年乔帮主在设计苹果产品的外观时，就曾经借鉴了诸如保时捷汽车、Bösendorfer（贝森朵夫）钢琴、Miel 洗衣机、Braun 收音机／音响，甚至是 Cuisinart 厨具、Henckel 菜刀以及克莉丝娜的食品加工机等许多其他行业里的产品设计理念和样式（见图 24-13）。

再比如，19 世纪末期，当时新生儿的死亡率奇高，一直得不到有效的解决。一个名叫斯蒂芬·塔尼的妇产科医生，在一次逛动物园的时候，偶然看到了园内的一个小鸡孵化器，刚出生的小鸡在这个小温室里活蹦乱跳，这给他带来了启发。之后，他便与奥迪尔·马丁一起借鉴了小鸡孵化器的模式，制造出了人类婴儿用的恒温箱，挽救了数以亿计的生命。

还有一种，就是可以把在其他行

图 24-13

注：你能在这些产品中看到 Apple 的影子吗？

业中出现的新模式引入本行业中，完成一次创新。比如2010年左右开始的共享模式，从共享出行最早的Zipcar开始，到标杆企业Uber、AirBnb的成功，国内各行各业都开始把这个新模式引入自己的行业内进行变革创新，使共享汽车、共享房屋、共享单车、共享充电宝、共享雨伞等遍地开花……

当然，引入其他行业的新模式，并不一定代表创新，比如共享经济如日中天的时候，我听到过最过分的竟然还有叫"共享书店"的！不就是个图书馆嘛……

所以，创新三要素：新元素、新价值、可实现，这三者缺一不可。

3. 原型层

请看图24-14。

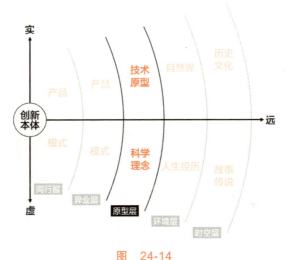

图 24-14

"原型层"离大众视野就比较远了，但是越远的层次，如果拿其中的元素来重组，创新的颠覆感就越强。这一层的实体部分是可能还停留在实验室阶段的技术和原型，它们或找不到应用场景，或无法量产，或还没普及……

比如，文章开头提到过的"多点触摸技术"，当时它在实验室里躺了好几年，愣是找不到应用场景；还有前面提到过的苹果麦金塔电脑，它有两个伟大的创新，一个是图形界面，一个是鼠标，这两个创新直接让电脑进入了寻常百姓家。但其实，它们是乔布斯在参观施乐公司的研发中心时发现的，然后，乔布斯将它们带到了苹果，这才成就了一个改变世界的创新。

所以，你在这一层寻找创新元素的时候，你得去全世界各地搜寻那些还未被广泛使用的黑科技，它不一定完全在实验室里，也可能在其他行业中已偶有尝试，只是效率可能还不高，或者使用的方法不对。你把它们找出来，并试着与你的产品重组，看看能否产生新的化学反应，提升现有价值，实现量产。一旦适配，这通常都是颠覆性的创新。

这其中特别要留意"提高能量使用效率"和"提高信息传播效率"方面的技术突破，这两方面一旦出现了可商用的技术突破，随之带来的可能就会是全行业的整体革命。你如果能够率先应用，将能取得划时代级别的领先优势，比如蒸汽机、内燃机、电力等提高能量使用效率的发明推动了第一次和第二次工业革命；纸张、印刷术、电话、无线通信、互联网等提高信息传播效率方面的技术突破，带来了人与人协作效率的大幅提升，催生出了很多全新的行业。

这个层级中虚的部分是各种科学、理念等，比如牛顿力学、量子力学、行为经济学、博弈论、概率论、复利效应、网络效应、长尾理论、用户体验地图……

这些理论静静地躺在各种书籍里，如果你只是看过它们，它们依然就只是知识，和你没什么关系；而如果你能把它们提取出来，与你的商业模式、产品设计、营销方式等重组在一起，那么，你的产品在市场中，也许就会变身为一个全新的物种，对其他同行实现降维打击！

比如你是开餐馆的，对面的餐馆为了吸引客户，挂出了全场85折的优惠，你该怎么办？（假设你的菜品质量、市场定位等其他方面和对方基本一致）你全场8折？准备和它死磕到底？

如果你学过行为经济学，就可以把其中的"迷恋小概率事件"这个效应给提取出来，和你的营销活动重组在一起。

比如，你可以策划一个活动：吃完饭掷骰子，如果2个骰子相同，半价；如果出现2个6，免单！

这个活动的吸引力看上去就比单纯8折来得更大，用户也会觉得更好玩、更刺激，甚至吃得更多，然后每次吃完饭都摩拳擦掌、充满期待，一旦中奖，朋友圈、抖音、自媒体各种报道，自带强大的宣传效果，还能帮你带来新的客流……

而事实上，这种方式的综合折扣率，通过计算其实只是9折而已，成本低，效果好，如果再配合上确定效应、用户体验地图等理论的组合优化，就能把简简单单一顿饭吃成像冒险般的刺激旅程，让用户念念不忘。

4. 环境层

请看图24-15。

创新元素不仅可以是已经成型的技术、模式或者产品，你还可以到"自然界"和"人生经历"中去寻找。

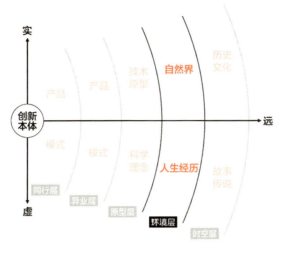

图 24-15

比如洛可可的创始人贾伟，他的女儿2岁时，有一次去拿爷爷给她倒的热开水，由于桌子太高，一个没拿稳，滚烫的开水迎面而下，导致全身被大面积烫伤！贾伟站在医院急诊室门口，听着女儿痛苦的惨叫，如万蚁噬心，眼泪止不住地流下……

他非常自责，心想自己也是个有名的设计师，小时候也被开水烫伤过，怎么就不能设计一款不会烫伤孩子的容器呢？于是不久，一款名为"55度杯"的神器应运而生，火遍中国。而它，其实源于这样一段真实的经历。

除了人生经历，你还可以把在大自然中看到的现象，运用到你的产品中。

这个就更多了。比如，第一次世界大战期间，德国第一次大规模地使用了毒气战，导致英法联军伤亡惨重。为了避免悲剧再次发生，英法联军开始投入研发防毒面具。经过一番调查，他们发现战场上大多数的动物都因中毒而亡，唯独野猪没有死。原来，当毒气来袭时，野猪们会把鼻子拱进泥土里，松软的土壤既保证了呼吸又过滤了毒气，这才让它们幸免于难。科学家就根据这个原理，发明了世界上第一批防毒面具。

再比如，仿生学家洛克，根据蛙眼的原理和结构，发明了电子蛙眼；瑞士发明家乔治，发现商陆草的种子总是粘在衣服上挥之不去，认真研究其结构后发明了尼龙搭扣（也叫魔力粘扣）；水母可以听到海浪与空气摩擦产生的8-13HZ次声波，科学家仿照水母的听觉系统，发明了水母耳风暴预测仪，能提前15小时对风暴做出预报……

再有，把自然界中的生物、自然现象等和人本身结合在一起，就能创造出各种漫画人物，比如将蜘蛛和人结合在一起，变成了蜘蛛侠；把蝙蝠和人结合在一起,变成了蝙蝠侠;把闪电和人结合在一起,变成了中国的雷公电母,日本海贼王里的艾尼路,美国漫威笔下的雷神托尔……

因此,当你缺乏创新元素时,不妨推开门,走到大自然中,去记录那些和产品相关的自然现象,说不定一个伟大的创新,就躺在5米开外的一处小池塘边……

5. 时空层

请看图24-16。

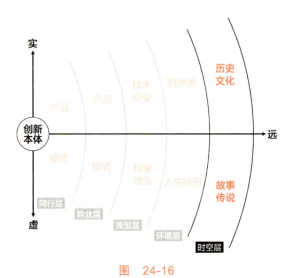

图　24-16

最外层"时空层",就是你可以脱离当下的束缚,跨越时空,回到过去,走进文化,甚至到并不存在的虚拟故事中去提取创新元素。

iPhone是目前世界上最受欢迎的产品,而上一个能受到全世界追捧的产品,大名唤作"青花瓷"。

这不仅仅是因为瓷器在当时非常名贵且有很高的实用价值,还因为它非常好看,不管是中国人,还是中亚的阿拉伯人、伊朗人,还是欧洲人,都很喜欢它。可是,审美这东西你知道,每个人千差万别,同住一个屋檐下的夫妻俩还经常为一件衣服或某个装饰的不同看法而争吵,为什么青花瓷却能受到几乎全世界人的喜爱呢?

那是因为,它创新地融合了多个民族的文化元素,比如它的底色是蒙古人钟爱的白色;花纹使用青蓝色是受到伊斯兰文化的影响,中东干旱,水是最宝贵的资源,而上色用的钴蓝颜料最早也来自于当时已皈依伊斯兰教的波斯;花纹的选择上,既有蒙古人喜欢的芍药牡丹,也有汉族人喜爱的松竹梅兰、花鸟虫草,还有西亚地区喜欢的葡萄藤花纹等,后来还加入了欧洲人的审美元素……

将本来就贵如白银的瓷器,与众多文化重组在一起,便成就了当时最伟大的创新产品:青花瓷。因此它一诞生,就风靡了整个世界!

创新元素还可以是故事和传说,它们本身就是创新的结果,是虚拟创造出来的东西,你可以直接将它们变换形式,做二次、三次的创新。

比如,你可以把虚拟的形象产品化:蜘蛛人的衣服、海贼王的手办、忍者神龟的背包、流氓兔的抱枕、蓝精灵的茶杯……

你还可以把这些虚拟的形象现实化,比如迪士尼乐园、丹麦童话之城蒂沃利公园、日本环球影城、环球冒险岛乐园……

你还可以把这些不同故事里的虚拟形象集合在一起,比如聚在一起拍部电影,叫作《复仇者联盟》;聚在一起制作个游戏,叫作《英雄联盟》……

可以说,如今只要是一部好电影、好故事、好游戏,就能带动一大批周边产品的二次创新,产生巨大的商业价值。

第三步:重组并验证可行性

当你填完这 10 个模块内的信息,就一定能在其中找到适合自己的创新元素并开始重组创新了。如果你还找不到,那就是收集的信息还不够多,那就继续加油去收集创新元素吧!

所谓的重组式创新,其实就是靠信息量堆出来的结果,为什么要不同背景的人聚在一起头脑风暴?就是为了获得多维度、大量的信息,给创新的进度条提速……

好,那如果你收集的信息足够多,在这张寻宝图中发现了不止一个可用的创新方案,怎么办呢?

那你可以用第 21 章《成大事者,不做选择题》中介绍的方法,列一张评分表,按新元素、价值增量、实现难度这三个维度进行加权打分,对每个创新方案进行统一的量化比较,最终选出 1～3 个方案开始小范围实践,让创新进入演化循环,接受市场最真实的反馈(见表 24-1)。

当然,你也可以将多个创新元素重组在一起,形成更有价值的创新。

比如欧洲人"重新发明"瓷器后的几十年,就将中国瓷器在世界上的地位挤出了,至今一直领跑全球,为

表 24-1

创新想法	新元素	价值增量	实现难度	加权总分
IDEA 1				
IDEA 2				
IDEA 3				
IDEA 4				
IDEA 5				
IDEA 6				

什么？因为他们不仅掌握了制瓷技术，还结合了科学的研究方法，使得制瓷技术获得了可叠加式的发展；再有，他们结合了蒸汽机技术，使用了工业化的制造流程，以此提高了制造效率，使得瓷器可以大规模生产，且能保证更高、更稳定的品质；他们还结合了欧洲人擅长的绘画艺术、洛可可的艺术风格、浮雕艺术、玻璃烧制技术、镀金技术、图案转印技术，等等，让欧洲的瓷器变得富丽堂皇、美轮美奂。将这些创新元素重组在一起，欧洲的瓷器便完全变成了另一种全新的产品……

好，刚才说了那么多，你看其中有哪一个是突如其来的灵感？

没有，整个创新过程甚至有些枯燥，就是从各行各业、各种历史文化中去搜寻大量的信息，然后在其中找到有用的元素，接着就是拿来重组，各种实验，各种记录，各种调试，最终完成创新。

你创新所需的一切，其实这个世界早已为你准备妥当，你只需要找到它们，并进行重组即可。创造力，其实就是整合事物的能力！

未来已来，只是分布不均……

突变式创新

重组式创新，是向外寻找的创新方法，是与优秀为伍，而与之相对的还有一种创新方式，就是突变式创新。

所谓突变式创新，就是像基因突变一样，某个特性原来在谁身上都没有，但是在某一代身上就突然从无到有地出现了！

为什么会这样？

因为突变的出现机制，是基因在遗传复制的过程中发生了错误，从而变异成了另一个新基因。

所以，模仿这种方式的突变式创新和重组式创新不同，它不向外寻找，而是向内探求，试着与错误为伴，在一次次自我"破坏"中，找到创新的方向！

下面，我就来具体说说突变式创新的操作方法：

第一步：拆解

要修改基因就得先知道自己的产品是由哪些元素组合起来的，比如你要对一个电风扇进行创新，那么你要先把电风扇分解成控制装置、风扇叶、电机、外壳这四大部分。

第二步：修改

然后你要对这个结构进行修改，如果把这四大部分看成是一个基因组的四个碱基，我们可以模仿生物在基因遗传过程中会出现的那些错误来尝试对其进行修改。那么，有哪些修改方法呢？

1. 减去一个元素

生物的基因在进行遗传复制时，有可能会丢失部分遗传信息，因而发生变异。你可以模仿这种方式，从分解出来的元素中"减去一个"来实现创新。而且，最好减去的是比较重要的部分，因为如果是无关紧要的部分，那么变化将不会很大。比如刚才风扇的例子中，你可以试试把风扇叶给减掉！

什么！没有风扇叶的风扇？

还真异想天开啊……

没关系，假设要大胆，先别急着说"No"，而是试着说"Yes…And…"

好，现在新元素肯定是有了，那是否能给它补齐创新三要素里的另外两条边——"价值增量"和"可实现"呢？

先思考：如果没有风扇叶，会有哪些好处？

① 小孩子会更安全；

② 噪声应该也能小很多；

③ 外表酷炫到没有朋友，很有未来感！

看来价值增量还不少，应该是很有市场的，现在只差"实现"这一步了……

图 24-17

英国人詹姆士·戴森根据干手器的原理，于2009年10月12日真的就发明了一款没有风扇叶的风扇（见图24-17），火爆全球！

说到这里，你心里可能会有个疑问，如果减去的不是风扇叶，而是其他部件可不可以呢？或者对其他产品创新时，你减去了某个部件，但是发现没有价值增量，或者实现不了怎么办？

请注意，基因突变本身就是一种高风险的创新方式，在自然界中，大多数生物的基因突变，造成的结果都是失败的，或畸形，或死亡，只有少数突变获得了新的生存优势，从而被保留了下来。

好在，现在是模仿生物的基因突变，并不是每一种突变都要去尝试，因为失败的成本太高，你需要在沙盘上先不断地推演，只有凑齐了全部的三个创新要素才能开始实践。

2. 复制一个元素

生物的基因在进行遗传复制时，还可能会把某个碱基复制多次而发生变异。因此，你也可以尝试从分解出来的元素里"复制一个"来实现创新。

比如，智能手机的组成部分有屏幕、主板、电池、按键、摄像头、SIM 卡槽、外壳等等。

我们从中挑选一个元素进行复制，比如原来是一个摄像头，现在复制成两个，背面的用来拍别人，正面的用来拍自己；复制成三个，背面两个，正面一个，背面两个摄像头可以拍出更高质量的照片，或者拍出 3D 效果。

你还可以把一个屏幕复制成两个屏幕，正面一个液晶屏用来玩游戏、刷微博，背面一个墨水屏用来看书。

你还可以把 SIM 卡槽进行复制，双卡双待，三卡三待，天啊，现在竟然都已经有四卡四待了……可四卡有什么价值？自己和自己打麻将吗？

不是，在中国可能用处不大，但如果放在非洲就不一样了，由于非洲有多个通信运营商，不同运营商的电话互打资费很高，所以一个人办理多个卡，用同卡通话来减低通信费，变成了当地的刚需，就像我们国内用中国移动和中国移动的卡通话有优惠套餐一样。有一家来自中国的著名手机公司"传音"就生产了很多款四卡四待的手机，在非洲成了爆款，销量远超 iPhone、三星等，是非洲人心目中的手机第一品牌……

3. 重新组合元素

生物的基因在进行遗传复制时，还可能会出现碱基顺序的变动而发生变异。因此，你也可以尝试将产品原本的结构打乱，将功能或者硬件"重新组合"成另一种形态来实现创新。

比如把产品的某个部件抽离出来，放到其他位置上：在 20 世纪 60 年代之前，对电视机进行操作都是在电视机主体上进行的，后来在 1950 年由美国的一家叫 Zenith 的电器公司，将控制的部分从电视机主体上分离了出来，就变成了如今你熟悉的遥控器，大大方便了我们的日常使用。

再比如，空调主要是由控制器、恒温器、风扇、制冷系统这四个功能组成的，你可以把恒温器拿出来贴在墙上，自动控制温度；将控制器做成手机 App，随时随地控制家里的室温变化，还能自定义到家前 10 分钟先开启空调；再将制冷系统放到室外，减少噪声，增加室内空间；将风扇吸顶或者隐藏起来，变成一个看不见的空调……

以上这些，是把原本一体的事物分离开，我们再试着把原本分离的事物整合在一起。比如，每次上完洗手间你都要去洗手，而马桶每次冲完也需要在蓄水箱里加水，这两件事一直是关联发生的，因此是否可以把这两件事放在一个框架内去思考？

日本的TOTO卫浴就将这两件事结合在了一起，他们在马桶的蓄水池上装了个水龙头，每次冲完水，水龙头就会自动出水，可用于洗手，洗完手的水会进入蓄水池以备二次使用（见图24-18），这样既方便，还能节约空间，节约水资源……

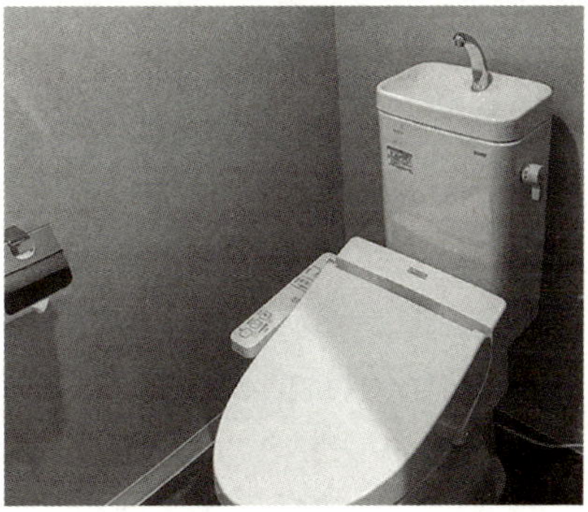

4. 改变元素的特性

变异通常还会造成生物体的某个功能

图 24-18

发生变化。因此，你也可以通过放大、缩小、逆转某个元素的特性来实现创新。

比如，你可以放大某个元素的功能来实现创新。你环顾四周，就能发现许多产品都是通过这种方式来实现创新的，比如更高的运行速度，更大的显示屏幕，更快的上网带宽，更强的输出动力……放大的好处自不必多说，这类创新更重要的是考虑可实现性。

你也可以通过缩小某个元素，让产品获得一种新的特性。比如，将硬盘的尺寸缩小，于是有了U盘；将博客的字数缩短，于是有了微博；将视频的长度缩短，于是有了抖音……

你还可以逆转某个元素的状态或者功能等来实现创新。比如，原来电吹风是将风吹向物体，现在反过来，将空气往机器里吸，于是有了吸尘器；原来是人走楼梯，现在反过来，人不动楼梯动，于是有了自动扶梯；原来电动机是电产生磁场，磁场移动物体，现在反过来，让移动产生磁场，磁场再产生电，于是有了发电机……

第三步：验证可行性

突变式创新，对自身有很大的"破坏性"，看上去会有很强的颠覆感，成功了会变成另外一个产品，不成功也容易把自己改残，变成一个四不像，因此风险很高。

所以，在这里还是得多罗嗦一句，通过这种方式进行创新，创意也许会来得很快，但是先别急着去实践，得先反复确认它是否满足创新三要素，只有创新三要素的三条边完全闭合了才能动手实践，并在初期仅做小范围的测试，获得真实的积极反馈后，再开始大量生产。

记住，创新永远伴随着风险，你要勇于冒险，不然就没有突破，但也绝不能胡乱尝试，让风险失控，从而失去未来创新的资本，毕竟活下去，才是最重要的！

小结

好了，创新的两大核心套路已经讲完了，接下来简单小结一下本课的内容：

通过苹果的极简史，我们了解到了创新能力对于一家公司的重要性，它几乎决定了企业的生死。那我们该如何创新呢？

首先，你得对创新有一个清晰的定义。创新并不等于创意，并不是有了新样式、新功能就叫创新，它必须符合创新三要素：新元素、价值增量、可实现。这三个要素就像是三角形的三条边一样，缺一不可。

其次，创新并不是去等待所谓的灵感降临，而是有一定的方法和套路，能够将其批量生产的。创新的方法主要分为两类：

第一类，重组式创新

它的方式是把各种旧元素，用新的方式组合起来，形成一个新个体。它分成三步：

① 创造一个具备多样性和能产生高效链接的环境。

② 使用创新寻宝图去收集创新元素，寻宝图共有五个层次：同行层、异业层、原型层、环境层、时空层；

③ 把找到的新元素进行重组，并验证可行性，完成创新。

第二类，突变式创新

它与重组式创新相反，它不向外寻找，而是向内探求，与错误为伴，对自身进行框架内的修改来实现创新。它也分三步：

① 将产品拆解成元素；

② 修改元素，方式有四种，分别是：减去一个元素、复制一个元素、重新组合元素、改变元素的特性；

③ 补齐创新三要素的另外两条边，并验证可行性，完成创新。

看到这里，也许你会觉得："我目前不创业，在公司也不负责产品设计，我为什么还要学创新？"

　　其实"你自己"相对于环境中的其他人来说，就是他们眼中的一款产品，他们会使用你的功能，获得情感体验，并为此支付成本，然后给出评价，传播他人。你的成功与失败，财富与荣耀，最终，都是别人给你的，你自己是无法凭空点石成金的。

　　因此，如何设计"自己"这款终身产品，才是你今生最重要的任务！

　　法国文学家罗曼·罗兰曾经说过这么一句话：

　　"大部分人在二三十岁上就死去了，因为过了这个年龄，他们只是自己的影子，此后的余生则是在模仿自己中度过。日复一日，更机械、更装腔作势地重复他们在有生之年的所作所为、所思所想、所爱所恨……"

　　愿你，能够逃离这样的命运！学会创新思维，让自己在这个充满变化的时代中，不断自我革新，站上这浪潮之巅，绽放出生命的光芒！

思考与行动

看完≠学会，你还需要思考与行动

思考题1：你还见过哪些让你拍案叫绝的创新产品，它们分别使用了哪一种创新方式？

思考题2：请试着对"杯子"进行创新，在满足创新三要素的前提下，你能想到几种创新方案？

微信扫描二维码，把你的思考结果和学习笔记分享至学习社区，与其他同学互相切磋、一起成长，哪怕只是一句话，也会让你对知识的理解更加深刻，收获也会更多，还能让其他人从你的感悟中获得启发。

参考文献

[1] 《创新之路》主创团队.创新之路[M].北京：东方出版社，2016.

[2] 高杉尚孝.麦肯锡问题分析与解决技巧[M].郑舜珑，译.北京：北京时代华文书局，2014.

[3] Jesse James Garrett.用户体验要素[M].2版.范晓燕，译.北京：机械工业出版社，2011.

[4] 尤瓦尔·赫拉利.人类简史[M].林俊宏，译.北京：中信出版社，2014.

[5] 李笑来.财富自由之路[M].北京：电子工业出版社，2017.

[6] 李笑来.把时间当做朋友[M].3版.北京：电子工业出版社，2013.

[7] David DiSalvo.元认知[M].陈舒，译.北京：机械工业出版社，2014.

[8] Tim Ferriss.Tools of Titans[M].Houghton Mifflin Harcourt，2016.

[9] 吴修铭.注意力商人[M].黄庭敏，译.台中：天下杂志，2018.

[10] 李中莹.重塑心灵[M].北京：世界图书出版公司，2006.

[11] 彼得·圣吉.第五项修炼[M].张成林，译.北京：中信出版社，2009.

[12] Michael J Mauboussin.The Success Equation[M].Harvard Business Review Press，2012.

[13] 成甲.好好学习[M].北京：中信出版社，2017.

[14] 曾鸣.智能商业[M].北京：中信出版社，2018.

[15] 铃木俊隆.禅者的初心[M].梁永安，译.海口：海南出版社，2010.

[16] 王立铭.生命是什么[M].北京：人民邮电出版社，2018.

[17] Willingham D T.为什么学生不喜欢上学[M].赵萌，译.南京：江苏教育出版社，2010.

[18] 华杉.华杉讲透孙子兵法[M].南京：江苏文艺出版社，2015.

[19] 纳西姆·尼古拉斯·塔勒布.黑天鹅[M].万丹，刘宁，译.北京：中信出版社，2011.

[20] 芭芭拉·明托.金字塔原理[M].汪洱，高愉，译.海口：南海出版社，2010.

[21] 丹尼尔·卡尼曼.思考，快与慢[M].胡晓姣，李爱民，何梦莹，等译.北京：中信出版社，2012.

[22] 史蒂芬·柯维.第3选择[M].李莉，石继志，译.北京：中信出版社，2013.

[23] 戴维·艾伦.搞定[M].张静，译.北京：中信出版社，2010.

[24] 理查德·德威特. 世界观（原书第 2 版）[M]. 孙天, 译. 北京: 机械工业出版社, 2018.

[25] 埃里克·莱斯. 精益创业 [M]. 吴彤, 译. 北京: 中信出版社, 2012.

[26] 德鲁·博迪, 雅各布·戈登堡. 微创新 [M]. 钟莉婷, 译. 北京: 中信出版社, 2014.

[27] 凯利·伦纳德, 汤姆·约顿. 创意是一场即兴演出 [M]. 钱峰, 译. 杭州: 浙江大学出版社, 2016.

[28] 纳西姆·尼古拉斯·塔勒布. 反脆弱 [M]. 雨珂, 译. 北京: 中信出版社, 2014.

[29] 团支书. 该如何面对这个残酷的世界 [Z/OL]. 城市数据团, 2017.

[30] 梁宁. 产品思维 30 讲 [Z/OL]. 得到 App, 2018.

[31] 万维钢. 精英日课第一季 [Z/OL]. 得到 App, 2016.

[32] 万维钢. 精英日课第二季 [Z/OL]. 得到 App, 2017.

[33] 刘润. 5 分钟商学院·基础 [Z/OL]. 得到 App, 2016.

[34] 刘润. 5 分钟商学院·实战 [Z/OL]. 得到 App, 2017.

[35] 吴军. 硅谷来信 [Z/OL]. 得到 App, 2016.

[36] 吴军. 吴军的谷歌方法论 [Z/OL]. 得到 App, 2017.

[37] 古典. 超级个体 [Z/OL]. 得到 App, 2016.

[38] 张潇雨. 商业经典案例课 [Z/OL]. 得到 App, 2017.

[39] 罗振宇. 罗辑思维 [Z/OL]. 得到 App, 2016.

最新版
"日本经营之圣"稻盛和夫经营学系列
任正非、张瑞敏、孙正义、俞敏洪、陈春花、杨国安 联袂推荐

序号	书号	书名	作者
1	9787111635574	干法	【日】稻盛和夫
2	9787111590095	干法（口袋版）	【日】稻盛和夫
3	9787111599531	干法（图解版）	【日】稻盛和夫
4	9787111498247	干法（精装）	【日】稻盛和夫
5	9787111470250	领导者的资质	【日】稻盛和夫
6	9787111634386	领导者的资质（口袋版）	【日】稻盛和夫
7	9787111502197	阿米巴经营（实战篇）	【日】森田直行
8	9787111489146	调动员工积极性的七个关键	【日】稻盛和夫
9	9787111546382	敬天爱人：从零开始的挑战	【日】稻盛和夫
10	9787111542964	匠人匠心：愚直的坚持	【日】稻盛和夫 山中伸弥
11	9787111572121	稻盛和夫谈经营：创造高收益与商业拓展	【日】稻盛和夫
12	9787111572138	稻盛和夫谈经营：人才培养与企业传承	【日】稻盛和夫
13	9787111590934	稻盛和夫经营学	【日】稻盛和夫
14	9787111631576	稻盛和夫经营学（口袋版）	【日】稻盛和夫
15	9787111596363	稻盛和夫哲学精要	【日】稻盛和夫
16	9787111593034	稻盛哲学为什么激励人：擅用脑科学，带出好团队	【日】岩崎一郎
17	9787111510215	拯救人类的哲学	【日】稻盛和夫 梅原猛
18	9787111642619	六项精进实践	【日】村田忠嗣
19	9787111616856	经营十二条实践	【日】村田忠嗣
20	9787111679622	会计七原则实践	【日】村田忠嗣
21	9787111666547	信任员工：用爱经营，构筑信赖的伙伴关系	【日】宫田博文
22	9787111639992	与万物共生：低碳社会的发展观	【日】稻盛和夫
23	9787111660767	与自然和谐：低碳社会的环境观	【日】稻盛和夫
24	9787111705710	稻盛和夫如是说	【日】稻盛和夫